“十三五”国家重点出版物出版规划项目
卓越工程能力培养与工程教育专业认证系列规划教材
（电气工程及其自动化、自动化专业）

电机动态分析与建模仿真

主　编　刘　晓
参　编　高　剑　黄守道

机械工业出版社

本书针对直流电机、感应电机、同步电机和开关磁阻电机等四种典型的电机，从物理模型入手推导并建立了不同类型电机的数学模型。对每一种电机在不同运行工况下稳态、瞬态过程进行了仿真，随后对仿真结果的转速、转矩、电压、电流等波形进行分析，从而介绍电机在各工况下的运行特性。本书的目的是让读者了解几种典型电机的运行特性，掌握电机建模、仿真和分析的方法，并能够利用这些方法研究其他各类电机或工况。

本书可作为高等院校电气工程及其自动化专业本科生和研究生的教材，也可供电气工程技术人员参考。

图书在版编目（CIP）数据

电机动态分析与建模仿真/刘晓主编．—北京：机械工业出版社，2021.7（2025.2重印）

“十三五”国家重点出版物出版规划项目　卓越工程能力培养与工程教育专业认证系列规划教材．电气工程及其自动化、自动化专业

ISBN 978-7-111-68216-5

Ⅰ.①电…　Ⅱ.①刘…　Ⅲ.①电机-动态分析-高等学校-教材②电机-系统建模-高等学校-教材　Ⅳ.①TM3

中国版本图书馆CIP数据核字（2021）第088201号

机械工业出版社（北京市百万庄大街22号　邮政编码100037）
策划编辑：王雅新　责任编辑：王雅新　王　荣
责任校对：郑　婕　责任印制：郜　敏
北京富资园科技发展有限公司印刷
2025年2月第1版第3次印刷
184mm×260mm·11印张·270千字
标准书号：ISBN 978-7-111-68216-5
定价：39.00元

电话服务	网络服务
客服电话：010-88361066	机　工　官　网：www.cmpbook.com
010-88379833	机　工　官　博：weibo.com/cmp1952
010-68326294	金　书　网：www.golden-book.com
封底无防伪标均为盗版	机工教育服务网：www.cmpedu.com

“十三五”国家重点出版物出版规划项目

卓越工程能力培养与工程教育专业认证系列规划教材

（电气工程及其自动化、自动化专业）

编审委员会

序

工程教育在我国高等教育中占有重要地位，高素质工程科技人才是支撑产业转型升级、实施国家重大发展战略的重要保障。当前，世界范围内新一轮科技革命和产业变革加速进行，以新技术、新业态、新产业、新模式为特点的新经济蓬勃发展，迫切需要培养、造就一大批多样化、创新型卓越工程科技人才。目前，我国高等工程教育规模世界第一。我国工科本科在校生约占我国本科在校生总数的1/3。近年来我国每年工科本科毕业生占世界总数的1/3以上。如何保证和提高高等工程教育质量，如何适应国家战略需求和企业需要，一直受到教育界、工程界和社会各方面的关注。多年以来，我国一直致力于提高高等教育的质量，组织实施了多项重大工程，包括卓越工程师教育培养计划（以下简称卓越计划）、工程教育专业认证和新工科建设等。

卓越计划的主要任务是探索建立高校与行业企业联合培养人才的新机制，创新工程教育人才培养模式，建设高水平工程教育教师队伍，扩大工程教育的对外开放。计划实施以来，各相关部门建立了协同育人机制。卓越计划要求试点专业要大力改革课程体系和教学形式，依据卓越计划培养标准，遵循工程的集成与创新特征，以强化工程实践能力、工程设计能力与工程创新能力为核心，重构课程体系和教学内容；加强跨专业、跨学科的复合型人才培养；着力推动基于问题的学习、基于项目的学习、基于案例的学习等多种研究性学习方法，加强学生创新能力训练，“真刀真枪”做毕业设计。卓越计划实施以来，培养了一批获得行业认可、具备很好的国际视野和创新能力、适应经济社会发展需要的各类型高质量人才，教育培养模式改革创新取得突破，教师队伍建设初见成效，为卓越计划的后续实施和最终目标达成奠定了坚实基础。各高校以卓越计划为突破口，逐渐形成各具特色的人才培养模式。

2016年6月2日，我国正式成为工程教育“华盛顿协议”第18个成员，标志着我国工程教育真正融入世界工程教育，人才培养质量开始与其他成员达到了实质等效，同时，也为以后我国参加国际工程师认证奠定了基础，为我国工程师走向世界创造了条件。专业认证把以学生为中心、以产出为导向和持续改进作为三大基本理念，与传统的内容驱动、重视投入的教育形成了鲜明对比，是一种教育范式的革新。通过专业认证，把先进的教育理念引入我国工程教育，有力地推动了我国工程教育专业教学改革，逐步引导我国高等工程教育实现从以教师为中心向以学生为中心转变、从以课程为导向向以产出为导向转变、从质量监控向持续改进转变。

在实施卓越计划和开展工程教育专业认证的过程中，许多高校的电气工程及其自动化、自动化专业结合自身的办学特色，引入先进的教育理念，在专业建设、人才培养模式、教学内容、教学方法、课程建设等方面积极开展教学改革，取得了较好的效果，建设了一大批优质课程。为了将这些优秀的教学改革经验和教学内容推广给广大高校，中国工程教育专业认证协会电子信息与电气工程类专业认证分委员会、教育部高等学校电气类专业教学指导委员会、教育部高等学校自动化类专业教学指导委员会、中国机械工业教育协会自动化学科教学委员会、中国机械工业教育协会电气工程及其自动化学科教学委员会联合组织规划了“卓越工程能力培养与工程教育专业认证系列规划教材（电气工程及其自动化、自动化专业）”。本套教材通过国家新闻出版广电总局的评审，入选了“十三五”国家重点图书。本套教材密切联系行业和市场需求，以学生工程能力培养为主线，以教育培养优秀工程师为目标，突出学生工程理念、工程思维和工程能力的培养。本套教材在广泛吸纳相关学校在“卓越工程师教育培养计划”实施和工程教育专业认证过程中的经验和成果的基础上，针对目前同类教材存在的内容滞后、与工程脱节等问题，紧密结合工程应用和行业企业需求，突出实际工程案例，强化学生工程能力的教育培养，积极进行教材内容、结构、体系和展现形式的改革。

经过全体教材编审委员会委员和编者的努力，本套教材陆续跟读者见面了。由于时间紧迫，各校相关专业教学改革推进的程度不同，本套教材还存在许多问题，希望各位老师对本套教材多提宝贵意见，以使教材内容不断完善提高。也希望通过本套教材在高校的推广使用，促进我国高等工程教育教学质量的提高，为实现高等教育的内涵式发展积极贡献一份力量。

卓越工程能力培养与工程教育专业认证系列规划教材

（电气工程及其自动化、自动化专业）

编审委员会

前　言

电机的动态过程是电机运行状态变化的过程，电机内的各物理量（电压、电流、电磁转矩和转速等）随时间而变化。电机动态过程的数学模型通常为一组微分方程，其各个运行状态的求解即微分方程的解。通常根据所建立的数学模型编写计算机仿真程序或构造计算机仿真模型，求解电机中电磁量和机械量随时间变化的规律。电机的动态分析方法是电机分析的一般方法，这种方法已经成为现代电机研究中的核心内容之一。所以，掌握电机动态的分析方法对于高等院校电气工程及其自动化专业和其他相关专业的学生，以及从事电机工程的技术人员来说，显得尤为重要。

本书从电机的物理模型出发，介绍电机数学模型的等效过程，然后基于数学模型搭建电机的仿真模型，随后介绍电机不同运行状态的仿真方法，同时也介绍了模型建立和求解的相关知识。读者阅读后可以对电机和研究的动态过程针对性地建立模型并进行仿真研究。本书内容丰富，介绍的电机种类、仿真模型和仿真实例多，对于每一种电机都给出了多种仿真模型，仿真分析的内容几乎涉及电机动态运行过程的各个方面。全书共分为5章：第1章介绍电机动态过程建模的基本思想，以及建模和求解的相关知识；第2章介绍并励、串励、他励直流电机数学模型建立方法、典型的动态分析过程和动态过程的仿真实例；第3章介绍感应电机的数学模型，包括相坐标系的数学模型、dq0坐标系的数学模型和考虑铁心损耗的数学模型，详细介绍了三相感应电动机起动、制动和故障情况下的仿真方法和实例；第4章介绍同步电机的数学模型，包括三相电励磁同步电机和永磁同步电机，分析了三相电励磁同步电机电动、发电的动态过程和三相永磁同步电动机动态运行的过程，给出了具体的仿真分析的实例并对结果进行了分析；第5章介绍结构较特殊的开关磁阻电机的数学模型及其动态运行过程，并给出仿真实例，分析仿真结果。书中所有模型都是在MATLAB软件中搭建的，但其方法不限于MATLAB软件，用它们结合本书第1章介绍的求解方法，在其他编程软件中同样可以建立电机的仿真模型并进行仿真。

本书由刘晓、高剑、黄守道编写，也得到了戴其城、卢萌、王梓萌、王雨桐、肖罗鹏和张振洋的协助。

本书可作为高等院校电气工程及其自动化专业本科生和研究生的教材，也可供电气工程技术人员参考。

本书在编写过程中参考了有关文献，在此向这些文献的作者表示感谢。由于编者水平有限，书中的错误在所难免，恳请读者批评指正。

编　者

目 录

第1章 绪论

1.1 电机分析及计算机仿真

19世纪20~30年代，法拉第电磁感应现象的发现拉开了人类对电机理论研究的序幕。随后，法拉第发明了世界上第一台电机——法拉第圆盘发电机。从电机问世后，人们就对其性能不断改进和完善，并发明出了许多不同类型的电机。同时，人们也认识到需要建立一个统一的电机理论，使任何类型、任何运行条件下的电机都能在同一理论的指导下被人们研究。这一理论直到电机发明的一百年后由克朗提出。以张量分析为基础，克朗提出了原型电机的概念，并阐明了任何电机基本运动方程（电压和转矩方程）都可以从原型电机的运动方程导出。

电机的统一理论表明，电机的运动方程是一组微分方程，对称分量或其他各种分量的应用都相当于一定的坐标变换，稳态或动态、对称或不对称情况下的各种性能也仅是方程在特定情况下的特解，电机的稳态分析是电机分析的一个特例，动态分析则是分析电机的一般方法。电机的动态分析通常以时间为变量，数学模型为非线性微分方程，各物理量以瞬时值表示，方程的直接求解有一定困难，通常用数值方法求解。

计算机技术的进步使得微分方程的数值求解成为现实，因此对包含各类运行过程和运行条件的复杂电机瞬时过程进行数值计算和性能仿真，已成为研究电机及其系统不可缺少的一种手段。它可以从理论上揭示电机及其系统在运行过程中的各电磁量、机电量等的变化规律，为分析电机及其系统的性能、确定其性能指标和构成更完备的电机运行控制调节方案提供直接的理论依据。使用计算机进行电机及其系统的仿真主要有以下几个方面的优点：一是在电机制造出来之前就能预测它的性能，发现可能存在的问题并优化性能指标，从而增加样机应用成功的可能性；二是可以进行正常条件下不方便完成的故障、异常等特殊条件和破坏性实验的仿真；三是计算机仿真作为一种快速省时的研究方法，其所需时间、准备步骤和耗费物资都远小于实际的电机实验。未来，计算机仿真技术将在电机分析过程中发挥越来越重要的作用。

1.2 电机动态分析的基本方法

1.2.1 电机物理模型的建立方法

1. *磁路法*

工程中对磁场的处理与电场类似，即引进磁路的概念，并大量沿用电路分析的基本原理和方法，其物理背景由电、磁两种现象统一的麦克斯韦方程组描述，皆为势（位）场，而数学背景归结为同类型偏微分方程的定解问题，如椭圆型、抛物线型、双曲线型等。与电路相仿，人们将磁通比拟为电流，磁路是电机、电器中磁通行经的路径，磁路一般由铁磁材料制成，磁通有主磁通（又称工作磁通）和漏磁通之分。习惯上，主磁通行经的路径称为主磁路，漏磁通行经的路径称为漏磁路。在电机中，主磁通即实现机电能量转换所需要的磁通，主磁路多由软磁材料（永磁电机例外）构成，因此，磁路所研究的对象主要是主磁通行经、以铁磁材料为主的路径。磁路计算的任务是确定磁动势 F、磁通 Φ 和磁路结构（如材料、形状和几何尺寸等）的关系。类比于电路基本定律，表达这些关系的磁路基本定律有磁路欧姆定律、磁路基尔霍夫第一定律和磁路基尔霍夫第二定律等。由于磁路只是磁场的简单描述方式，因此有关磁路定律均可由磁场基本定律导出，下面分别予以讨论。

图 1-1 所示为一个单框铁心的磁路。铁心上绕有 N 匝线圈，通以电流 i，产生的沿铁心闭合的主磁通为 Φ，沿空气闭合的漏磁通用 Φ_a 表示。设铁心截面积为 A，平均磁路长度为 l，铁磁材料的磁导率为 μ（它不是常数，会随磁感应强度 B 变化）。假设漏磁通可以不考虑（即令 $\Phi_a=0$，视单框铁心为无分支磁路），并且认为图 1-1 所示磁路上的磁场强度 H 处处相等，于是，根据全电流定律有

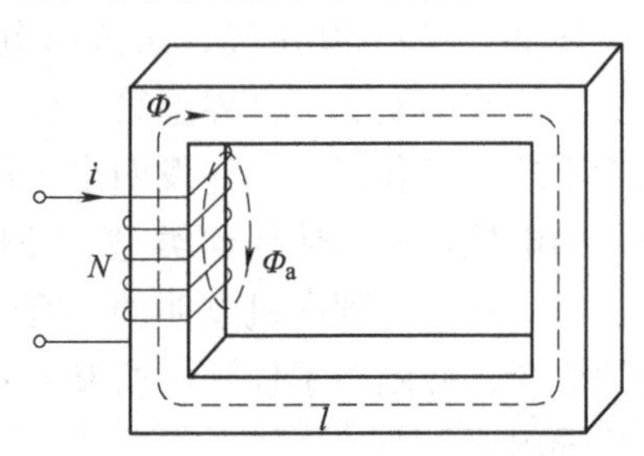

图 1-1　单框铁心磁路示意图

$$\oint H\mathrm{d}l = Hl = Ni \tag{1-1}$$

因 $H=B/\mu$，而 $B=\Phi/A$，故可由式（1-1）推得

$$\Phi = \frac{Ni\mu A}{l} = \frac{F}{R_m} = \Lambda_m F \tag{1-2}$$

式中，$F=Ni$ 是磁动势；$R_m = \dfrac{l}{\mu A}$ 是磁阻；Λ_m 是磁导，$\Lambda_m=1/R_m=\mu A/l$。

式（1-2）即磁路欧姆定律。它表明磁动势 F 越大，所激发的磁通量 Φ 就会越大，而磁阻 R_m 越大，则产生的磁通量 Φ 会越小（磁阻 R_m 与磁导率 μ 成反比，$\mu_0 \ll \mu_{Fe}$，表明空气部分的磁阻 R_{m0} 远大于铁磁材料的磁阻 R_{mFe}，故分析中可忽略 Φ_a）。这与电路欧姆定律 $I=U/R=UG$ 是一致的，并且磁通与电流、磁动势与电动势、磁阻与电阻、磁导与电导保持一一对应关系。

在磁路计算时，若磁路结构比较复杂，单用磁路欧姆定律是不行的，还必须应用磁路基尔霍夫第一、第二定律进行分析。磁路基尔霍夫第一定律表明，进入或穿出任一封闭面的总磁通量的代数和等于零，或穿入任一封闭面的磁通量恒等于穿出该封闭面的磁通量。磁路基尔霍夫第二定律表明，任一闭合磁路上磁动势的代数和恒等于磁压降的代数和，这与电路基尔霍夫第二定律在意义上也是一样的。

2. 等效电路法

在研究电机的运行问题时，人们希望有一个既能正确反映电机内部电磁关系，又便于工程计算的等效电路，来代替既有电路、又有磁路和电磁感应联系的实际电机。

为了建立定、转子统一的等效电路，从电路角度看，需要满足两个基本要求：定、转子

各个回路的电流要有相同的频率；各个回路间的互阻抗要可逆。对于静止电路，这两个要求通常都能满足。对于旋转电机，由于转子的旋转，定、转子电流常常具有不同的频率，另外，定、转子绕组的电抗常常是转角 θ 的正弦函数，因此首先应当进行坐标变换，把转子的坐标系变换到定子的静止坐标系，或者把定子的静止坐标系变换到与转子一起旋转的旋转坐标系，或者把定、转子的坐标系都变换到在空间以某一特定角速度 ω 旋转的旋转坐标系，以使定、转子绕组内的电流具有同一频率，并使时变的电感系数变成常数，变换关系如图1-2所示。关于绕组间的互阻抗问题，在原先未进行变换的自然状态下，回路间的互感本来是相同的（即可逆），经过坐标变换，三相可逆变成两相和一个孤立的零序系统，由于相数发生变化，在新坐标系内，互感可能变成不可逆。此时可以采用标幺值并适当地选择其基值，或者进行适当的绕组归算，使互感可逆。当然，并不是所有旋转电机都能满足这两个要求，但是对于变压器、同步电机和感应电机这三种最重要的交流电机，分析表明能够达到这两个要求，从而建立其等效电路。

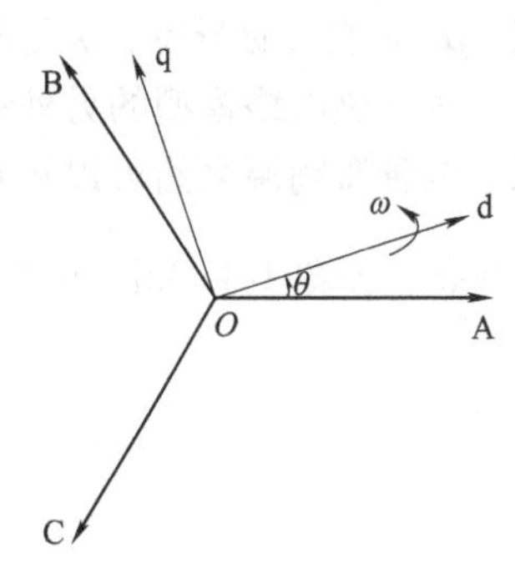

图 1-2　静止坐标系与旋转坐标系之间关系

3. 有限元法

有限元法（Finite Element Method）是一种高效、常用的数值计算方法。科学计算领域常常需要求解各类微分方程，而许多微分方程的解析解一般很难得到，使用有限元法将微分方程离散化后，可以编制程序，使用计算机辅助求解。将连续的求解域离散为一组单元的组合体，用在每个单元内假设的近似函数来分片地表示求解域上待求的偏微分方程，从而使一个连续的无限自由度问题变成离散的有限自由度问题。有限元法可以对任意电机结构进行剖分和计算，具有极高的灵活性和准确性，但该方法对电脑硬件配置要求较高，计算时间也相对较长。

4. 等效磁网络法

等效磁网络法综合了有限元法和等效磁路法的优点。采用剖分的方式，将求解域剖分为多个单元。每个单元分别进行磁路等效，各单元间通过等效的磁路相互连接形成磁网络模型。采用等效磁网络法对电机进行建模分析时，会把电机内部划分成许多单元，各单元的划分和各单元间的节点是固定的，与电机的运动无关，通过对各单元给定磁导值来确定各单元的材料，进而确定电机定子的位置，而单元和单元间的节点没有变化。因而在计算电机的动态性能时，不需要重新进行划分，只需要计算动态时各部分的磁导即可。该方法的剖分单元较有限元法少，无需重复剖分，因此计算时间和剖分时间也较有限元法少，同时该方法能够考虑漏磁和电机内部磁通路径的改变，因此该方法计算精度比等效磁路法高。但等效磁网络法应用于三维磁场电机组成三维磁网络模型时，同样需要大量的剖分单元，建模复杂且计算耗时。等效磁网络一般采用磁通管法，即磁通管中磁通不变，磁通管的两端为两个等磁势面，如图 1-3 所示。

而磁阻的计算方法为

$$R = \int_0^L \frac{\mathrm{d}l}{\mu_0 \mu_r S(l)} \tag{1-3}$$

式中，L 是磁通管的长度；S 是磁通管在 l 处的横截面

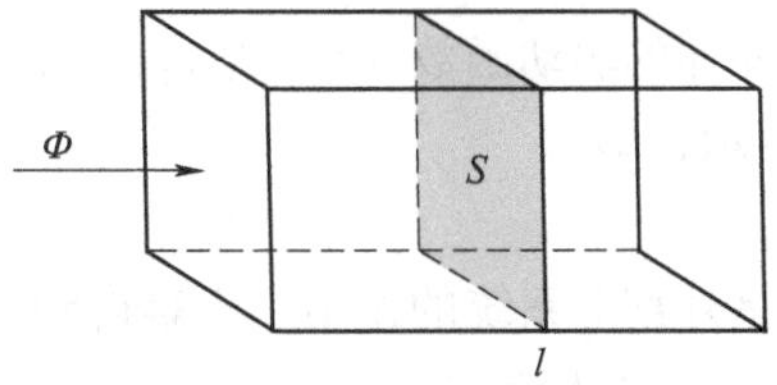

图 1-3　磁通管法计算磁阻

积；μ_0 是空气磁导率，μ_r是磁通管材料的相对磁导率。

等效磁网络模型的另外一个重要的组成为激励源，该激励为磁动势（MMF）或者磁通源，两种激励源之间可以相互转换，磁动势源 F 和磁阻 R 串联可以等效为磁通源 Φ 和磁阻 R 并联，如图 1-4a 和图 1-4b 所示，激励源 $\Phi=\dfrac{F}{R}$。

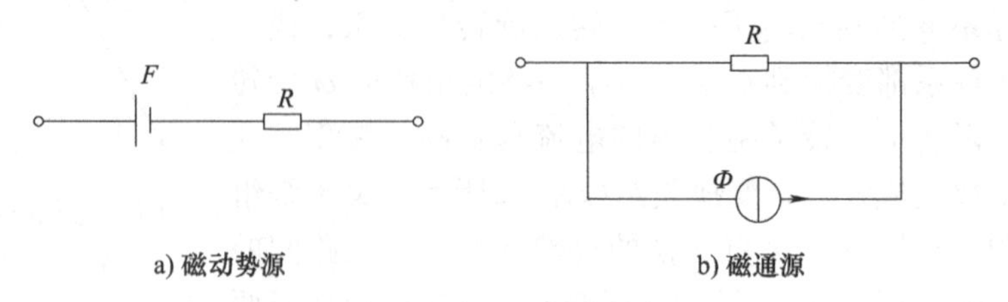

图 1-4　等效磁网络激励源

在电机分析中，磁动势源可以用来表示永磁体和通有电流的绕组，一个永磁体可以等效为图 1-4a 所示的一个磁阻串联一个磁动势源，其磁动势大小为

$$F_{\mathrm{pm}}=\frac{B_{\mathrm{r}}h_{\mathrm{m}}}{\mu_0\mu_{\mathrm{rm}}} \tag{1-4}$$

式中，B_r是永磁体剩磁密度；h_m是永磁体厚度。

如果永磁体在剖分单元中，h_m为永磁体在单元中沿着磁化方向的厚度，μ_{rm}为永磁体相对磁导率。

有 N 匝绕组的线圈通入电流 i 时，其磁动势大小为

$$F_{\mathrm{coil}}=Ni$$

假设等效磁网络中有 n 个电流回路，各回路之间的磁动势和磁阻可用回路标号表示，将基尔霍夫电压定律应用到磁通回路中，在磁回路 k 中磁动势保持为零，即

$$\sum_k F_{\mathrm{k}}=0 \tag{1-5}$$

1.2.2　电机数学模型的建立方法

1. 状态变量

电机及其输入（电源电压、驱动转矩）、输出（负载）构成了一个最简单的电机系统。状态变量是描述系统即时状态的最低数目的变量。状态变量既包含着系统以往的充分信息，也能通过状态方程算出系统将来的行为。由 n 个状态变量 x_1，x_2，…，x_n 为分量所构成的向量称为状态向量，用 $\boldsymbol{x}$ 表示，即

$$\boldsymbol{x}=[x_1,x_2,\cdots,x_n]^{\mathrm{T}} \tag{1-6}$$

由外加的驱动函数（输入）v_1，v_2，…，v_n 所构成的向量称为输入向量（或控制向量），用 $\boldsymbol{v}$表示，即

$$\boldsymbol{v}=[v_1,v_2,\cdots,v_n]^{\mathrm{T}} \tag{1-7}$$

它是外部对系统的作用。不难得到，状态向量与系统、初始条件和输入等三个因素有关。

2. 状态方程

由状态变量 x_i 、输入函数 v_i 和系统的参数所构成的用以描述系统行为的 n 个一阶常微

分方程组

$$x_i' = f_i(x_1, x_2, \cdots, x_n, v_1, v_2, \cdots, v_n, t) \quad i = 1,2,\cdots,n \tag{1-8}$$

式（1-8）称为系统的状态方程。式中 x_i' 为 x_i 对时间的一阶导数 $x_i' = \dfrac{\mathrm{d}x_i}{\mathrm{d}t}$，写成向量形式时有

$$x_i' = f(\boldsymbol{x}, \boldsymbol{v}, t) \text{ 或 } x_i' = f(\boldsymbol{x}, t) \tag{1-9}$$

有了状态方程，根据某一初始时刻 t_0 时的状态 $\boldsymbol{x}(t_0)$，以及 t_0 和以后的输入，就可以确定 $t > t_0$ 时系统的状态。

状态方程可以是线性的，亦可以是非线性的。若式（1-9）的右端项中仅包含 $\boldsymbol{x}$ 的线性项，则方程是线性的，如果包含状态变量的乘积项，则方程是非线性的。

3. 线性状态方程的解

线性状态方程中又有常系数线性状态方程和时变系数线性状态方程两类。

常系数线性状态方程的标准形式是

$$\boldsymbol{x}' = \boldsymbol{A}\boldsymbol{x} + \boldsymbol{B}\boldsymbol{x} \tag{1-10}$$

式中，$\boldsymbol{A}$、$\boldsymbol{B}$ 都是常数矩阵。$\boldsymbol{A}$ 称为系统矩阵，$\boldsymbol{B}$ 称为输入矩阵（或称控制矩阵）。若给定 $t = t_0$ 时状态向量的初值 $\boldsymbol{x}|_{t=t_0} = \boldsymbol{x}(t_0)$ 则式（1-10）的解为

$$\boldsymbol{x}(t) = \mathrm{e}^{\boldsymbol{A}(t-t_0)}\boldsymbol{x}(t_0) + \int_{t_0}^{T} \mathrm{e}^{\boldsymbol{A}(t-\tau)}\boldsymbol{B}\boldsymbol{v}(\tau)\mathrm{d}\tau \tag{1-11}$$

不难看出，式（1-11）由两部分组成：第一部分是 $\boldsymbol{v}=0$（即零输入）时，由初值 $\boldsymbol{x}(t_0)$ 所引起的齐次方程的解；第二部分是初值 $\boldsymbol{x}(t_0)=0$ 时，由外加的输入向量（驱动函数）$\boldsymbol{v}$ 所引起的方程的特解。

对于时变系数的线性状态方程，其标准形式是

$$\boldsymbol{x}' = \boldsymbol{A}(t)\boldsymbol{x} + \boldsymbol{B}(t)\boldsymbol{v}(t) \tag{1-12}$$

式中，$\boldsymbol{A}(t)$ 和 $\boldsymbol{B}(t)$ 是含有时变元素的矩阵。

若给定 $t = t_0$ 时状态向量的初值 $\boldsymbol{x}(t_0)$，则式（1-12）的解为

$$\begin{aligned}\boldsymbol{x}(t) &= \boldsymbol{\Phi}(t,t_0)\boldsymbol{x}(t_0) + \int_{t_0}^{t} \boldsymbol{\Phi}(t_0,\tau)\boldsymbol{B}(\tau)\boldsymbol{v}(\tau)\mathrm{d}\tau \\ &= \boldsymbol{\Phi}(t,t_0)\left[\boldsymbol{x}(t_0) + \int_{t_0}^{t} \boldsymbol{\Phi}(t_0,\tau)\boldsymbol{B}(\tau)\boldsymbol{v}(\tau)\mathrm{d}\tau\right]\end{aligned} \tag{1-13}$$

式中，$\boldsymbol{\Phi}(t,\ t_0)$ 为系统的状态转移矩阵，其导出如下：考虑以 $\boldsymbol{e}_i$ 为特殊初值的齐次方程初值问题，即

$$\boldsymbol{x}' = \boldsymbol{A}(t)\boldsymbol{x}, \boldsymbol{x}|_{t=t_0} = \boldsymbol{e}_i \tag{1-14}$$

式中，$\boldsymbol{e}_i$ 是 n 阶单位矩阵 $\boldsymbol{I}_n$ 的第 i 列，$\boldsymbol{e}_i = [0\ 0 \cdots 1 \cdots 0\ 0]^{\mathrm{T}}$。若式（1-14）的解为 $\boldsymbol{\Phi}(t,\ \boldsymbol{e}_i,\ t_0)$，则以 $\boldsymbol{\Phi}(t,\ \boldsymbol{e}_i,\ t_0)$ 作为第 i 列所构成的 n 阶矩阵，即为状态转移矩阵 $\boldsymbol{\Phi}(t,\ t_0)$，即

$$\boldsymbol{\Phi}(t,t_0) = [\boldsymbol{\Phi}(t,\boldsymbol{e}_1,t_0)\boldsymbol{\Phi}(t,\boldsymbol{e}_2,t_0)\cdots\boldsymbol{\Phi}(t,\boldsymbol{e}_n,t_0)] \tag{1-15}$$

状态转移矩阵表示一个线性变换，使状态向量从初始状态的 $\boldsymbol{x}(t_0)$ 转移到时间为 t 时的 $\boldsymbol{x}(t)$。对时变系数的线性状态方程，一般不能用解析法求出 $\boldsymbol{\Phi}(t,\ t_0)$，仅当下列的矩阵乘积可交换时，即

$$A(t)[\int_{t_0}^{t}A(\tau)d\tau]=[\int_{t_0}^{t}A(\tau)d\tau]A(t) \tag{1-16}$$

此时，$\boldsymbol{\Phi}(t,\ t_0)$ 可求出为

$$\boldsymbol{\Phi}(t,t_0)=e^{\int_{t_0}^{t}A(\tau)d\tau} \tag{1-17}$$

即使是这样，式（1-17）中含有矩阵积分的指数函数仍然是很难求解的。事实上，对于时变系数的状态方程，有效的算法是仿照非线性方程的办法，用数值法和计算机来计算。

对于 $\boldsymbol{A}$ 为常数矩阵的情况，可知

$$\boldsymbol{\Phi}(t,t_0)=e^{A(t-t_0)} \tag{1-18}$$

于是可得常系数线性状态方程的解，即式（1-11）。

1.2.3 电机状态方程的求解

1. 欧拉（Euler）法及相关派生方法

（1）欧拉法

在 xOy 平面上，微分方程的解 $y=y(x)$ 称为它的积分曲线。积分曲线上一点（x，y）的切线斜率等于函数 $f(x,\ y)$ 的值。如果按函数 $f(x,\ y)$ 在 xOy 平面上建立一个方向场，那么，积分曲线上每一点的切线方向均与方向场在该点的方向一致。

基于上述几何解释，我们从初始点 $P_0(x_0,\ y_0)$ 出发，先依方向场在该点的方向推进到 $x=x_1$ 上一点 P_1，然后再从 P_1 依方向场的方向推进到 $x=x_2$ 上一点 P_2，循此前进构成一条折线。

一般地，设已画出该折线的极点 P_n，过 P_n（x_n，y_n）依方向场的方向再推进到 P_{n+1}（x_{n+1}，y_{n+1}），显然两个极点 P_n，P_{n+1}的坐标有下列关系：

$$\frac{y_{n+1}-y_n}{x_{n+1}-x_n}=f(x_n,y_n) \tag{1-19}$$

即

$$y_{n+1}=y_n+hf(x_n,y_n) \tag{1-20}$$

这就是著名的欧拉法。若初值 y_0 已知，则依式（1-20）可逐步算出

$$y_1=y_0+hf(x_0,y_0),y_2=y_1+hf(x_1,y_1),\cdots \tag{1-21}$$

人们常以泰勒（Taylor）展开为工具来分析计算公式的精度。为简化分析，假定 y_n是准确的，即在 $y_n=y(x_n)$ 的前提下估计误差为 $y(x_{n+1})-y_{n+1}$，这种误差称为局部截断误差，即有

$$f(x_n,y_n)=f[x_n,y(x_n)]=y'(x_n) \tag{1-22}$$

应用欧拉法，式（1-20）的局部截断误差为

$$y(x_{n+1})-y_{n+1}=\frac{h^2}{2}y''(\xi)\approx\frac{h^2}{2}y''(x_n) \tag{1-23}$$

（2）后退的欧拉法

方程 $y'=f(x,\ y)$ 中含有导数项 $y'(x)$，这是微分方程的本质特征，也正是它难以求解的原因。数值解法的关键在于设法消除其导数项，通常采用离散化的方法。由于差分是微分的近似运算，实现离散化的基本途径之一是直接用差商替代导数。例如若对点 x_n列出方程

$$y'(x_n)=f[x_n,y(x_n)] \tag{1-24}$$

并用差商 $\frac{y(x_{n+1})-y(x_n)}{h}$ 近似替代其中的导数 $y'(x_n)$，结果有

$$y'(x_{n+1}) \approx y(x_n)+hf[x_n, y(x_n)] \tag{1-25}$$

设 $y(x_n)$ 的近似值 y_n 已知，用它代入式（1-25）右端进行计算，并取计算结果 y_{n+1} 作为 $y(x_{n+1})$ 的近似值，这就是欧拉法。

对于在点 x_{n+1} 列出的方程 $y'=f(x, y)$，有

$$y'(x_{n+1})=f[x_{n+1}, y(x_{n+1})] \tag{1-26}$$

若用向后差商 $\frac{y(x_{n+1})-y(x_n)}{h}$ 替代导数 $y'(x_{n+1})$，则可将式（1-26）离散化，得

$$\frac{y(x_{n+1})-y(x_n)}{h}=f[x_{n+1}, y(x_{n+1})] \tag{1-27}$$

即

$$y(x_{n+1})=y(x_n)+hf[x_{n+1}, y(x_{n+1})] \tag{1-28}$$

此为后退的欧拉法。

后退的欧拉法与欧拉法有着本质的区别，后者是关于 y_{n+1} 的一个直接的计算格式，这类格式是显式的；而式（1-28）的右端含有未知的 y_{n+1}，它实际上是关于 y_{n+1} 的一个函数方程，这类格式是隐式的。

显式与隐式两类方法各有特点。考虑到数值稳定性等因素，人们有时需要选用隐式方法，但使用显式算法远比隐式方便。

隐式方程式（1-28）通常用迭代法求解，而迭代过程的实质是逐步显式化。

设使用欧拉法，且 $y_{n+1}^{(0)} \approx y_n+hf(x_n, y_n)$ 给出迭代初值2，用它代入式（1-28）的右端，使之转化为显式，直接计算得

$$y_{n+1}^{(1)} \approx y_n+hf(x_{n+1}, y_{n+1}^{(0)}) \tag{1-29}$$

然后再用 $y_{n+1}^{(1)}$ 代入式（1-29）的右端，又有

$$y_{n+1}^{(2)} \approx y_n+hf(x_{n+1}, y_{n+1}^{(1)}) \tag{1-30}$$

如此反复进行迭代，得

$$y_{n+1}^{(k+1)} \approx y_n+hf(x_{n+1}, y_{n+1}^{(k)}) \tag{1-31}$$

如果迭代过程收敛，则极限值 $y_{n+1}=\lim\limits_{k\to\infty} y_{n+1}^{(k)}$ 必满足隐式方程式（1-28），从而获得后退的欧拉方法的解。

再考查后退的欧拉法的局部截断误差。假设 $y_n=y(x_n)$，则按式（1-28）有

$$y(x_{n+1})=y(x_n)+hf[x_{n+1}, y(x_{n+1})] \tag{1-32}$$

由于 $f(x_{n+1}, y_{n+1})=f[x_{n+1}, y(x_{n+1})]+f_y(x_{n+1}, \eta)[y_{n+1}-y(x_{n+1})]$

式中，η 介于 y_{n+1} 和 $y(x_{n+1})$ 之间，并且

$$f(x_{n+1}, y_{n+1})=y'(x_{n+1})=y'(x_n)+hy''(x_n)+\cdots$$

代入式（1-31）并与泰勒展开式相减，得

$$y(x_{n+1})-y_{n+1}=hf_y(x_{n+1}, \eta)[y(x_{n+1})-y_{n+1}]-\frac{h^2}{2}y''(x_n)-\frac{5h^3}{6}y'''(x_n)\cdots \tag{1-33}$$

再注意到

$$\frac{1}{1-hf_y(x_{n+1},\ \eta)}=1+hf_y(x_{n+1},\ \eta)+[hf_y(x_{n+1},\ \eta)]^2+[hf_y(x_{n+1},\ \eta)]^3+\cdots$$

最后整理得

$$y(x_{n+1})-y_{n+1}\approx-\frac{h^2}{2}y''(x_n) \tag{1-34}$$

（3）梯形法

比较欧拉法与后退的欧拉法的误差公式即式（1-23）和式（1-34）可以看到，如果将这两种方法进行算术平均，即可消除误差的主要部分 $\pm\frac{h^2}{2}y''_n$ 从而获得更高的精度。这种平均化方法通常称为梯形法，其计算过程为

$$y_{n+1}=y_n+\frac{h}{2}[f(x_n,y_n)+f(x_{n+1},y_{n+1})] \tag{1-35}$$

梯形法的这种平均化思想亦可借助于几何图像来直观说明，仍设顶点 $P_n(x_n,\ y_n)$ 落在积分曲线 $y=y(x)$ 上，如图 1-5 所示，用欧拉方法求解时，过点 P_n 以斜率 $f(x_n,\ y_n)$ 引直线交 $x=x_{n+1}$ 得出顶点 A，而用后退的欧拉法求解时，则以点 $Q(x_{n+1},\ y_{n+1})$ 的斜率 $f(x_{n+1},\ y_{n+1})$ 从顶点 P_n 引直线交 $x=x_{n+1}$ 得另一顶点 B。A 和 B 两点均偏离点 Q 比较远，然而从图像上可以明显地看出，AB 的中点 P_{n+1} 相当接近点 Q，可见梯形法确实改善了精度。

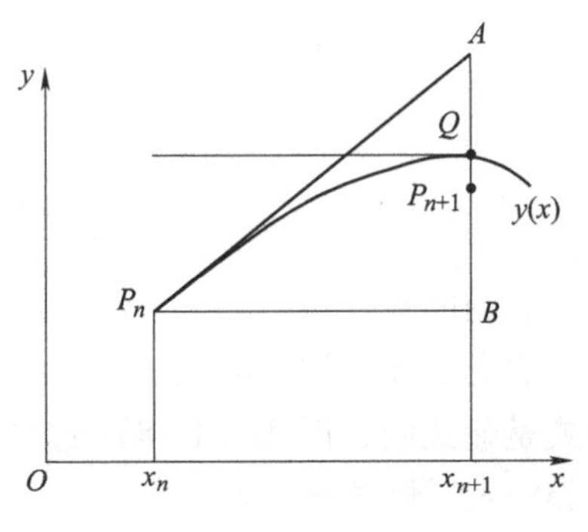

图 1-5　梯形法

梯形法是隐式的，可用迭代法求解。同后退的欧拉法一样，仍用欧拉法提供迭代初值，则梯形法的迭代公式为

$$\begin{cases} y_{n+1}^{(0)}=y_n+hf(x_n,y_n) \\ y_{n+1}^{(k+1)}=y_n+\frac{h}{2}[f(x_n,y_n)+f(x_{n+1},y_{n+1}^{(k)})] \end{cases} k=0,1,2,\cdots \tag{1-36}$$

为了分析迭代过程的收敛性，将式（1-35）与式（1-36）相减，得

$$y_{n+1}-y_{n+1}^{(k+1)}=\frac{h}{2}[f(x_n,y_n)-f(x_{n+1},y_{n+1}^{(k)}) \tag{1-37}$$

于是有

$$|y_{n+1}-y_{n+1}^{(k+1)}|\leqslant\frac{hL}{2}|y_{n+1}-y_{n+1}^{(k)}| \tag{1-38}$$

式中，L 为 f（x，y）关于 y 的李普希茨（Lipschitz）常数。如果选取的 h 充分小，使得 $\frac{hL}{2}<1$，则当 $k\to\infty$ 时，有 $y_{n+1}^{(k+1)}\to y_{n+1}$，这说明迭代过程，即式（1-36）是收敛的。

（4）改进的欧拉法

梯形法虽然提高了精度，但其算法复杂，在应用式（1-36）进行实际计算时，每迭代一次，都要重新计算函数 f 的值，而迭代又要反复进行若干次，这导致计算量很大，而且往往难以预测。为了控制计算量，通常希望只迭代一两次就转入下一步计算，进而简化算法。

具体地说，先用欧拉法求得一个初步的近似值 $\bar{y}_{n+1}$，称之为预测值。预测值 $\bar{y}_{n+1}$ 的精度

可能很差，再用式（1-35）将它校正一次，然后按式（1-36）迭代一次，得 y_{n+1} 这个结果，称之为校正值。而这样建立的预测-校正系统通常称为改进的欧拉公式，即预测为

$$\bar{y}_{n+1} = y_n + hf(x_n, y_n) \tag{1-39}$$

校正为

$$y_{n+1} = y_n + \frac{h}{2}[f(x_n, y_n) + f(x_{n+1}, \bar{y}_{n+1})] \tag{1-40}$$

式（1-40）亦可表示为

$$y_{n+1} = y_n + \frac{h}{2}\{f(x_n, y_n) + f[x_n + h, y_n + hf(x_n, y_n)]\} \tag{1-41}$$

或表示为下列平均化形式，即

$$\begin{cases} y_{\mathrm{p}} = y_n + hf(x_n,\ y_n) \\ y_{\mathrm{c}} = y_n + hf(x_{n+1},\ y_{\mathrm{p}}) \\ y_{n+1} = \dfrac{1}{2}(y_{\mathrm{p}} + y_{\mathrm{c}}) \end{cases}$$

例 1-1 用改进的欧拉公式求解初值问题

$$\begin{cases} y' = y - \dfrac{2x}{y} \ (0 < x < 1) \\ y(0) = 1 \end{cases}$$

解：改进的欧拉公式为

$$\begin{cases} y_{\mathrm{p}} = y_n + h\left(y_n + \dfrac{2x_n}{y_n}\right) \\ y_{\mathrm{c}} = y_n + h\left(y_{\mathrm{p}} + \dfrac{2x_{n+1}}{y_{\mathrm{p}}}\right) \\ y_{n+1} = \dfrac{(y_{\mathrm{p}} + y_{\mathrm{c}})}{2} \end{cases}$$

仍取 $h=0.1$，计算结果见表 1-1。

表 1-1 改进的欧拉公式计算结果

x_n	y_n	$y(x_n)$
0.1	1.0959	1.0954
0.2	1.1841	1.1832
0.3	1.2662	1.2649
0.4	1.3434	1.3416
0.5	1.4164	1.4142
0.6	1.4860	1.4832
0.7	1.5525	1.5492
0.8	1.6153	1.6125
0.9	1.6782	1.6733
1.0	1.7379	1.7321

2. 龙格-库塔法

龙格-库塔法是一类高精度的单步法，这类方法与下述泰勒级数法有着紧密的联系。

(1) 泰勒级数法

设初值问题

$$\begin{cases} y' = f(x, y)(0 < x < 1) \\ y(x_0) = y_0 \end{cases}$$

有解 $y=y(x)$，用泰勒级数法展开，有

$$y(x_{n+1}) = y(x_n) + hy'(x_n) + \frac{h^2}{2!}y''(x_n) + \frac{h^3}{3!}y'''(x_n) + \cdots \tag{1-42}$$

式中，$y(x)$ 的各阶导数可以用函数 f 来表达。下面引进函数序列 $f^{(j)}(x, y)$ 来描述求导过程，即

$$y' = f \equiv f^{(0)}, y'' = \frac{\partial f^{(0)}}{\partial x} + f\frac{\partial f^{(0)}}{\partial y} \equiv f^{(1)}, y''' = \frac{\partial f^{(1)}}{\partial x} + f\frac{\partial f^{(1)}}{\partial y} \equiv f^{(2)}, \cdots$$

一般来说

$$y^{(j)} = \frac{\partial f^{(j-2)}}{\partial x} + f\frac{\partial f^{(j-2)}}{\partial y} \equiv f^{(j-1)}$$

而具体写出则有

$$\begin{cases} y' = f \\ y'' = \dfrac{\partial f}{\partial x} + f\dfrac{\partial f}{\partial y} \\ y''' = \dfrac{\partial^2 f}{\partial x^2} + 2f\dfrac{\partial^2 f}{\partial x \partial y} + f^2\dfrac{\partial^2 f}{\partial y^2} + \dfrac{\partial f}{\partial y}\left(\dfrac{\partial f}{\partial x} + f\dfrac{\partial f}{\partial y}\right) \end{cases} \tag{1-43}$$

在展开式（1-42）的右端截取若干项，并且在 (x_n, y_n) 处按式（1-43）计算系数 $y^{(j)}(x_n)$ 的近似值 $y_n^{(j)}$，结果导出下列泰勒格式

$$y_{n+1} = y_n + hy'_n + \frac{h^2}{2!}y''_n + \cdots + \frac{h^3}{p!}y_n^{(p)} \tag{1-44}$$

其中一阶泰勒格式（$p=1$）

$$y_{n+1} = y_n + hy'_n$$

就是欧拉公式，而提高泰勒格式的阶数 p 即可提高计算结果的精度，显然，p 阶泰勒格式，即式（1-44）的局部截断误差为

$$y(x_{n+1}) - y_{n+1} = \frac{h^{p+1}}{(p+1)!}y^{(p+1)}(\xi), \quad x_n < \xi < x_{n+1}$$

因此，它按定义 1.1 具有 p 阶精度。

定义 1.1：如果一种方法的局部截断误差为 $O(h^{p+1})$，则称该方法具有 p 阶精度。

例 1-2 用泰勒级数法求解初值问题

$$\begin{cases} y' = y - \dfrac{2x}{y} (0 < x < 1) \\ y(0) = 1 \end{cases}$$

解：直接求导知

$$y' = y - \frac{2x}{y}$$

$$y'' = y' - \frac{2}{y^2}(y - xy')$$

$$y''' = y'' + \frac{2}{y^2}(xy'' + 2y') - \frac{4xy'^2}{y^3}$$

$$y^{(4)} = y''' + \frac{2}{y^2}(xy''' + 3y'') - \frac{12y'}{y^3}(xy'' + y') + \frac{12xy'^3}{y^4}$$

据此用四阶泰勒格式即可获得令人满意的结果（仍取步长为0.1计算，结果见表1-2)。

表1-2　四阶泰勒格式计算结果

x_n	y_n	$y(x_n)$
0.1	1.0954	1.0954
0.2	1.1832	1.1832
0.3	1.2649	1.2649

应当指出，式（1-44）从形式上看似简单，但构造这种格式往往是相当困难的，因为它需要按式（1-43）提供导数值y''。当阶数提高时，式（1-43）可能很复杂，因此泰勒级数法通常不直接使用，但可以用它来启发思路。

（2）龙格-库塔法的基本思想

龙格-库塔法实质上是间接地使用泰勒级数法的一种方法。

考察差商$\dfrac{y(x_{n+1}) - y(x_n)}{h}$，根据微分中值定理，存在$0<\theta<1$，使得

$$\frac{y(x_{n+1}) - y(x_n)}{h} = y'(x_n + \theta h)$$

于是，利用所给方程$y' = f(x, y)$得到

$$y(x_{n+1}) = y(x_n) + hf[x_n + \theta h, y(x_n + \theta h)] \tag{1-45}$$

设$K^* = f[x_n + \theta h, y(x_n + \theta h)]$，称$K^*$为区间$[x_n, x_{n+1}]$上的平均斜率。由此可见，只要对平均斜率提供一种算法，那么由式（1-45）便相应地导出一种计算格式。

欧拉公式，即式（1-22）简单地取点x_n的斜率值$K_1 = f(x_n, y_n)$作为平均斜率K^*，精度自然很低。

再考察改进的欧拉公式，即式（1-39）和式（1-40），它可改写成下列平均化的形式，即

$$\begin{cases} y_{n+1} = y_n + \dfrac{h}{2}(K_1 + K_2) \\ K_1 = f(x_n, y_n) \\ K_2 = f(x_{n+1}, y_n + hK_1) \end{cases}$$

可见，改进的欧拉公式可以这样理解：它用x_n与x_{n+1}两个点的斜率值K_1与K_2，取算数平均作为平均斜率K^*，而x_{n+1}处的斜率值K_2则通过已知信息y_n来预测。

这个处理过程启示我们，如果设法在(x_n, x_{n+1})内多预测几个点的斜率值，然后将它们加权平均作为平均斜率K^*，则有可能构造出具有更高精度的计算格式，这就是龙格-库塔

法的基本思想。

(3) 二阶龙格-库塔法

首先推广改进的欧拉法。随意考察区间 (x_n, x_{n+1}) 内一点

$$x_{n+p} = x_n + ph$$

希望用 x_n 和 x_{n+p} 两个点的斜率值 K_1 和 K_2 线性组合得到平均斜率 K^*，即令

$$y_{n+1} = y_n + h(\lambda_1 K_1 + \lambda_2 K_2)$$

式中，λ_1，λ_2 是待定系数，同改进的欧拉公式一样，这里仍取 $K_1 = f(x_n, y_n)$，问题在于该怎样预测 x_{n+p} 处的斜率值 K_2。

仿照改进的欧拉公式，先用欧拉法提供 $y(x_{n+p})$ 的预测值，即

$$y_{n+p} = y_n + phK_1$$

然后再用预测值 y_{n+p} 通过计算 f 产生斜率值，即

$$K_2 = f(x_{n+p}, y_{n+p})$$

这样设计出的计算格式为

$$\begin{cases} y_{n+1} = y_n + h(\lambda_1 K_1 + \lambda_2 K_2) \\ K_1 = f(x_n, y_n) \\ K_2 = f(x_{n+p}, y_n + phK_1) \end{cases} \tag{1-46}$$

式 (1-46) 含有三个待定系数 λ_1，λ_2 和 p，人们往往希望适当选取这些系数的值，使得式 (1-46) 具有二阶精度。

根据式 (1-44)，二阶泰勒格式为

$$y_{n+1} = y_n + hy'_n + \frac{h^2}{2!}y''_n$$

或表示为

$$y_{n+1} = y_n + hf_n + \frac{h^2}{2}(f_x + ff_y)_n$$

式中，f_n 和 $(f_x+ff_y)_n$ 的下标 n 均表示在 (x_n, y_n) 取值。另一方面，有

$$K_1 = f_n,\ K_2 = f(x_{n+p}, y_n + phK_1) = f_n + ph(f_x + ff_y)_n + \cdots$$

代入式 (1-46)，得

$$y_{n+1} = y_n + (\lambda_1 + \lambda_2)hf_n + \lambda_2 ph^2(f_x + ff_y)_n + \cdots$$

由此可见，欲使式 (1-46) 具有二阶精度，只要成立

$$\begin{cases} \lambda_1 + \lambda_2 = 1 \\ \lambda_2 p = \dfrac{1}{2} \end{cases} \tag{1-47}$$

满足式 (1-47) 的一组式 (1-46) 统称为二阶龙格-库塔格式。

除了改进的欧拉格式外，另一种特殊的二阶龙格-库塔格式是所谓变形的欧拉格式，其形式为

$$\begin{cases} y_{n+1} = y_n + hK_2 \\ K_1 = f(x_n, y_n) \\ K_2 = f\left(x_n + \dfrac{h}{2}, y_n + \dfrac{h}{2}K_1\right) \end{cases}$$

表面上看，变形的欧拉格式 $y_{n+1}=y_n+hK_2$ 仅含一个斜率值 K_2，但 K_2 是通过 K_1 计算出来的，因此每完成一步仍然需要两次计算函数 f 的值，工作量和改进的欧拉格式相同。

总之，二阶龙格-库塔法用多算一次函数值 f 的办法，避开了二阶泰勒级数法所要求的 f 导数值的计算。在这种意义上可以说，龙格-库塔法实质上是泰勒法的变形。

（4）三阶龙格-库塔法

为了进一步提高精度，设除 x_n、x_{n+p} 外再考察一点 $x_{n+q}=x_n+qh$，$p\leqslant q\leqslant 1$，并用 x_n，x_{n+p} 和 x_{n+q} 三个点的斜率值 K_1，K_2 和 K_3 线性组合得到平均斜率 K^*，这时计算格式为

$$y_{n+1}=y_n+h(\lambda_1K_1+\lambda_2K_2+\lambda_3K_3)$$

式中，K_1 和 K_2 仍用式（1-46）所取的形式。

为了预测点 x_{n+q} 处的斜率值 K_3，在区间（x_n，x_{n+q}）内有两个斜率值 K_1 和 K_2 可以利用。用 K_1 和 K_2 线性组合给出区间（x_n，x_{n+q}）上的平均斜率，从而得到 $y(x_{n+q})$ 的预测值 $y_{n+q}=y_n+qh(rK_1+sK_2)$，于是，再通过计算函数值 f 得到

$$K_3=f(x_{n+q},\ y_{n+q})=f\left[x_n+qh,\ y_n+qh(rK_1+sK_2)\right]$$

这样设计出的计算格式为

$$y_{n+1}=y_n+h(\lambda_1K_1+\lambda_2K_2+\lambda_3K_3)$$
$$\begin{cases}K_1=f(x_n,y_n)\\K_2=f(x_n+ph,y_n+phK_1)\\K_3=f\left[x_n+qh,y_n+qh(rK_1+sK_2)\right]\end{cases}\tag{1-48}$$

同样，人们希望适当选择系数 λ_1，λ_2，λ_3 和 p，q，r，s，能使上述格式具有三阶精度。

为便于进行数学演算，引进算子

$$D=\frac{\partial}{\partial x}+f\frac{\partial}{\partial y},D^2=\frac{\partial^2}{\partial x^2}+2f\frac{\partial^2}{\partial x\partial y}+f^2\frac{\partial^2}{\partial y^2}$$

则根据式（1-43），有

$$y'=f,y''=Df,y'''=D^2f+\frac{\partial f}{\partial y}Df$$

于是三阶泰勒格式

$$y_{n+1}=y_n+hy'_n+\frac{h^2}{2!}y''_n+\frac{h^3}{3!}y'''_n$$

可表示为

$$y_{n+1}=y_n+hf_n+\frac{h^2}{2!}Df_n+\frac{h^3}{3!}(D^2f+f_yDf)_n\tag{1-49}$$

式中，f_n 的下标 n 表示在（x_n，y_n）取值。

再将式（1-48）进行泰勒展开，其中

$$K_1=f_n$$

$$K_2=f(x_n+ph,\ y_n+phK_1)=f_n+phDf_n+\frac{(ph)^2}{2}D^2f_n+\frac{(ph)^3}{6}D^3f_n\cdots$$

$$K_3=f\left[x_n+qh,\ y_n+qh(rK_1+sK_2)\right]=f_n+qh\overline{D}f_n+\frac{(qh)^2}{2}\overline{D}^2f_n+\frac{(qh)^3}{6}\overline{D}^3f_n\cdots$$

式中，算子 $\overline{D}=\dfrac{\partial}{\partial x}+(rK_1+sK_2)\dfrac{\partial}{\partial y}$。

若取

$$r + s = 1 \tag{1-50}$$

则易知

$$\overline{D} = D + hpsDf_n \frac{\partial}{\partial y} + \cdots, \overline{D}^2 = D^2 + \cdots \tag{1-51}$$

因此

$$K_3 = f_n + qhDf_n + \frac{(h)^2}{2}(q^2D^2f + 2pqsDff_y)_n + \cdots$$

将以上 K_1，K_2，K_3 的展开式一起代入式（1-48），再令

$$\lambda_1 + \lambda_2 + \lambda_3 = 1 \tag{1-52}$$

则有 $y_{n+1} = y_n + hf_n + h^2(\lambda_2 p + \lambda_3 q)Df_n + h^3\left(\frac{1}{2}\lambda_2 p^2 D^2 f + \frac{1}{2}\lambda_3 q^2 D^2 f + \lambda_3 pqsf_y Df\right)_n + \cdots$

于是为了保证它能与三阶泰勒格式，即式（1-49）具有同等精度，只要下式成立

$$\begin{cases} \lambda_2 p + \lambda_3 q = \dfrac{1}{2} \\ \lambda_2 p^2 + \lambda_3 q^2 = \dfrac{1}{3} \\ \lambda_3 pqs = \dfrac{1}{6} \end{cases} \tag{1-53}$$

满足式（1-50）、式（1-52）、式（1-53）的一组格式（1-48）统称为三阶龙格-库塔格式，下列龙格-库塔格式是其中的一个特例

$$\begin{cases} y_{n+1} = y_n + \dfrac{h}{6}(K_1 + 4K_2 + K_3) \\ K_1 = f(x_n, y_n) \\ K_2 = f\left(x_n + \dfrac{h}{2}, y_n + \dfrac{h}{2}K_1\right) \\ K_3 = f[x_n + h, y_n - hK_1 + 2hK_2)] \end{cases}$$

（5）四阶龙格-库塔法（RK4）

继续上述过程，经过较复杂的数学演算。可以导出各种四阶龙格-库塔格式，这也是电机工程中应用最多的数值计算方法，下列经典格式是其中常用的一个

$$\begin{cases} y_{n+1} = y_n + \dfrac{h}{6}(K_1 + 2K_2 + 2K_3 + K_4) \\ K_1 = f(x_n, y_n) \\ K_2 = f\left(x_n + \dfrac{h}{2}, y_n + \dfrac{h}{2}K_1\right) \\ K_3 = f\left(x_n + \dfrac{h}{2}, y_n + \dfrac{h}{2}K_2\right) \\ K_4 = f(x_n + h, y_n + hK_3) \end{cases} \tag{1-54}$$

四阶龙格-库塔法的每一步需要四次计算函数值f，可以证明其截断误差为$O(h^5)$。其证明极其繁琐，因此这里从略。

例 1-3 设取步长$h=0.2$，从$x=0$直到$x=1$用四阶龙格-库塔法求解初值问题

$$\begin{cases} y' = y - \dfrac{2x}{y} \quad (0 < x < 1) \\ y(0) = 1 \end{cases}$$

解：在这里，式（1-54）具有如下形式

$$\begin{cases} y_{n+1} = y_n + \dfrac{h}{6}(K_1 + 2K_2 + 2K_3 + K_4) \\ K_1 = y_n - \dfrac{2x_n}{y_n} \\ K_2 = y_n + \dfrac{h}{2}K_1 - \dfrac{2x_n + h}{y_n + \dfrac{h}{2}K_1} \\ K_3 = y_n + \dfrac{h}{2}K_2 - \dfrac{2x_n + h}{y_n + \dfrac{h}{2}K_2} \\ K_4 = y_n + hK_3 - \dfrac{2(x_n + h)}{y_n + hK_3} \end{cases}$$

计算结果y_n见表1-3，其中$y(x_n)$仍表示准确解。

表 1-3 四阶龙格-库塔法计算结果

x_n	y_n	$y(x_n)$
0.2	1.1832	1.1832
0.4	1.3417	1.3416
0.6	1.4833	1.4832
0.8	1.6125	1.6125
1.0	1.7321	1.7321

比较例1-1和例1-3的计算结果，显然四阶龙格-库塔法的精度较高。注意，虽然四阶龙格-库塔法的计算量（每步要计算四次函数f）比改进的欧拉法（它是一种二阶龙格-库塔法，每一步只要计算函数f两次）大一倍，但由于这里放大了步长（$h=0.2$），造成表1-1和表1-3所耗费的计算量几乎相同。显然，例1-3又一次显示了选择算法的重要意义。

四阶龙格-库塔法的优点是：①能够自起动，即计算y_{n+1}时只用到了y_n的值，改变步长也很容易。②如果步长取得合适，可获得较高的精度。

四阶龙格-库塔法的缺点是：①每步要计算4次导数值，比较费时。②步长取的稍大些，精度将下降很快，甚至出现不稳定现象。

（6）变步长的龙格-库塔法

单从每一步看，步长越小，截断误差就越小，但随着步长的缩小，在一定求解范围内所

要完成的步数就增加了。步数的增加不但引起计算量的增大，而且可能导致舍入误差的严重积累，因此与积分的数值计算一样，微分方程的数值解法也有选择步长的问题。

在选择步长时，需要考虑两个问题：

1）怎样衡量和检验计算结果的精度。

2）如何依据所获得的精度处理步长。

考察式（1-54），从节点 x_n 出发先以 h 为步长求出一个近似值，作为 $y_{n+1}^{(h)}$，由于其局部截断误差为 $O(h^5)$，故有

$$y(x_{n+1})-y_{n+1}^{(h)}\approx Ch^5 \tag{1-55}$$

然后将步长折半，即取 $h/2$ 为步长，从 x_n 跨两步到 x_{n+1}，再求得一个近似值 $y_{n+1}^{(h/2)}$，每跨一步的截断误差是 $C(h/2)^5$，因此有

$$y(x_{n+1})-y_{n+1}^{(h/2)}\approx 2C\left(\frac{h}{2}\right)^5 \tag{1-56}$$

比较式（1-55）和式（1-56）可以看到，步长折半后，误差大约减小到原来的1/16，即有

$$\frac{y(x_{n+1})-y_{n+1}^{(h/2)}}{y(x_{n+1})-y_{n+1}^{(h)}}\approx\frac{1}{16}$$

由此易得

$$y(x_{n+1})-y_{n+1}^{(\frac{h}{2})}\approx\frac{1}{15}(y_{n+1}^{(h/2)}-y_{n+1}^{(h)})$$

这样，可以通过检查步长折半前后两次计算结果的偏差，即

$$\Delta=|y_{n+1}^{(h/2)}-y_{n+1}^{(h)}|$$

来判定所选的步长是否合适，具体地说，也就是分以下两种情况处理：

1）对于给定的精度 ε，如果 $\Delta>\varepsilon$，应反复将步长折半进行计算，直至 $\Delta<\varepsilon$ 为止，这时取最终得到的 $y_{n+1}^{(h/2)}$ 作为结果。

2）如果 $\Delta<\varepsilon$，则反复将步长加倍，直至 $\Delta>\varepsilon$ 为止，这时再将步长折半一次，就可得到所要的结果。

这种通过加倍或折半处理步长的方法称为变步长方法。虽然从表面上看，为了选择步长，每一步的计算量增加了，但从总体考虑往往是合算的。

3. 线性多步法

前面介绍的欧拉法和龙格-库塔法属于单步法，其特点是在计算 $n+1$ 时刻的值 y_{n+1} 时，只用到第 n 时刻的 y_n 和 f_n 的值。但实际上在逐步推进的过程中，计算 y_{n+1} 之前已经获得一系列近似值 y_0，y_1，y_2，…，y_n 及 f_0，f_1，f_2，…，f_n 等。如果能够充分利用历史时刻的一些数据来求解 y_{n+1}，则既可加快仿真速度，又可获得较高的仿真精度。这就是构造多步法的具体出发点。线性多步法中以亚当斯（Adams）法最具代表性，其应用也最为普遍。

（1）亚当斯显式公式

考察微分方程 $\dot{y}=f(t,y)$，在区间 $[t_n,t_{n+1}]$ 进行积分得

$$y(t_{n+1})=y(t_n)+\int_{t_n}^{t_{n+1}}f(t,y)\mathrm{d}t$$

假设已经求得 t_n，t_{n-1}，t_{n-2}，…，t_{n-k} 等 $k+1$ 个节点处的函数值 f_n，f_{n-1}，f_{n-2}，…，f_{n-k}，

则根据插值原理可以构造一个多项式$p(t)$来逼近函数$f(t,\ y)$。可采用外推方法得到显式的亚当斯-巴什福斯（Adams-Bashforth）公式，简称AB公式，其中：

AB1公式为$y_{n+1}=y_n+hf_n$。

AB2公式为$y_{n+1}=y_n+\frac{h}{2}(3f_n-f_{n-1})$。

AB3公式为$y_{n+1}=y_n+\frac{h}{12}(23f_n-16f_{n-1}+5f_{n-2})$。

AB4公式为$y_{n+1}=y_n+\frac{h}{24}(55f_n-59f_{n-1}+37f_{n-2}-9f_{n-3})$。

一般地，k阶亚当斯显式公式是k步外推公式，其局部截断误差为$O(h^{k+1})$，故是k阶精度的。线性显式多步法不能自起动，开始几步要由单步法引导，然后才能转向多步法。

（2）亚当斯隐式公式

亚当斯显式公式是由外推得到的。根据插值原理可知，同样阶次的内插公式要比外推公式精确，用内插法求得的亚当斯公式是隐式的。隐式的亚当斯公式通常又称为亚当斯-莫尔顿（Adams-Moulton）公式，简称AM公式，其中：

AM1公式为$y_{n+i}=y_n+hf_{n+r}$，又称为后差欧拉公式。

AM2公式为$y_{n+1}=y_n+\frac{h}{2}(f_n+f_{n+1})$。

AM3公式为$y_{n+1}=y_n+\frac{h}{12}(5f_{n+1}+8f_n-f_{n-1})$。

AM4公式为$y_{n+1}=y_n+\frac{h}{24}(9f_n+19f_{n-1}-5f_{n-2}+f_{n-3})$。

k阶亚当斯隐式公式是$k-1$步内插公式，其局部截断误差为$O(h^{k+1})$，故是k阶精度的。

AM法与AB法的比较：

1）相同阶数的隐式公式的系数值比相应的显式公式的系数小（一阶除外），这说明同阶的隐式公式比显式公式精确。

2）隐式公式的稳定性比显式好。相同阶次的隐式公式的稳定性比显式公式好得多。随着阶数的增加，亚当斯法的稳定性逐步缩小。

3）显式公式比隐式公式计算量小，显式公式只需计算一次右函数f_n，但隐式公式需计算两次右函数（f_n及f_{n+1}）。

（3）亚当斯预估-校正法

多步法有两个缺点：其一是为计算y_{n+1}不仅要在程序中保存y_n，还要保存y_{n-1}，y_{n-2}，…，阶数k越高，所需要保存的数据越多；其二是多步法不能自起动，即开始几步要借助于单步法。多步法的优点是，为达到相同的仿真精度，用多步法求解所需计算量比单步法少得多。

隐式公式的主要优点在于精度高，但需要另外一个显式公式提供一个初始值，而且往往要求显式公式和隐式公式的阶次一致。最简单的亚当斯预估-校正法是前面介绍过的改进法。当精度要求比较高时，则广泛采用四阶亚当斯预估-校正法，其公式为

$$y_{n+1}^{p}=y_n+\frac{h}{24}(55f_n-59f_{n-1}+37f_{n-2}-9f_{n-3})$$

$$f_{n+1}^{p}=f(t_{n+1},\ y_{n+1}^{p})$$

$$y_{n+1}^{c}=y_n+\frac{h}{24}(9f_n+19f_{n-1}-5f_{n-2}+f_{n-3})$$

这是一个四步法，具有四阶精度。除了初始条件 y_0 以外，其前 3 步的值 y_1，y_2 和 y_3 往往用四阶龙格-库塔法计算，其余的 y_4 和 y_5 转向预估-校正法求解，每步积分运算只需计算两次 f 值，即 f_n 和 $f\,(t_{n+1},\ y_{n+1}^{p})$，因而其计算量要比 RK4 小（约为 RK4 的一半）。数值积分方法的每步积分运算量主要花费在计算函数 f 的值上，如果采用预估-校正公式，则每步计算 f 的次数不随算法阶次的增加而增加，因此，当 $k>2$ 时，预估-校正法的计算量要比龙格-库塔法小得多。

1.3 电机动态分析的基础知识

1.3.1 理想电机假定

为简化问题的分析过程，在建立电机的数学模型时通常要进行一些简化假定，所谓理想电机的假定条件是：不考虑电机磁路中的剩磁、饱和、磁滞和涡流效应；不考虑电机绕组的趋肤效应和温度效应；气隙磁通密度在空间按正弦分布；不计定、转子表面齿和槽的影响；电机结构对直轴和交轴都是对称的。

上述假定的目的是为了简化问题的分析，但有时候根据具体的实际情况和分析要求有必要加以修正和补充。

使用这些假定简化问题分析的理由是：

1）不考虑剩磁、饱和、磁滞和涡流效应，即认为磁路是线性的，这样可以利用叠加定理。此时，电机中某线圈交链的总磁链就等于各个线圈电流分别产生并与之交链的磁链的代数和。

一般情况下，剩磁、涡流等影响不大，可以忽略不计。要考虑剩磁影响时，可以利用恒值励磁电流加以考虑，涡流效应可以利用等效短路线圈加以考虑，饱和效应可以根据磁化曲线加以考虑。

2）在电流频率较低和电机运行的温度变化不显著时，绕组的电阻可看作常数。否则，根据具体情况按非线性电阻处理。

3）采用空间矢量的前提是电机内的磁场分布为正弦分布，这对于动态或是稳态分析都是重要的。磁场高次谐波的影响可以通过差漏形式来计算或采用“多回路理论”加以考虑。

4）不计齿和槽的影响，即不考虑齿谐波磁场。此时，气隙磁通密度分布是均匀的，电感系数的计算也就变得十分简单。

需要考虑磁场的齿谐波时，可以应用磁路的磁导分析法和磁场法来计算电感系数。

对于直流电机而言，所谓的理想电机假定，就是认为直流电机电刷在几何中性线上，其磁路是线性的，并且不考虑转子表面的齿、槽效应以及励磁绕组和电枢绕组的温度效应。

1.3.2 正方向规定

从电路的角度看，变压器和旋转电机都是由两个和两个以上的绕组回路构成的。建立电机的数学模型时，要对每一个回路应用基尔霍夫电压定律列写电压方程，因此，必须首先规定每一个回路中电压、电流、磁通和电动势的正方向（参考方向）。

1. 电动机惯例

电动机惯例指电机绕组回路中的电压与电流的正方向为关联方向（绕组从外电路吸取电功率），电流与磁通的正方向符合右手螺旋定则，电机转轴上的电磁转矩的正方向与转子的旋转方向一致，电磁转矩为驱动转矩。图 1-6a 所示为这种正方向规定时的绕组回路示意图，其等效电路如图 1-6b 所示。从图 1-6b 可得电压方程和磁链方程分别为

$$u_k = i_k R_k + \frac{d\psi_k}{dt}$$

$$\psi_k = L_k i_k$$

式中，R_k为绕组的电阻；L_k为绕组的电感；u_k为绕组的端电压；i_k为流过绕组的电流；ψ_k为与绕组交链的磁链。

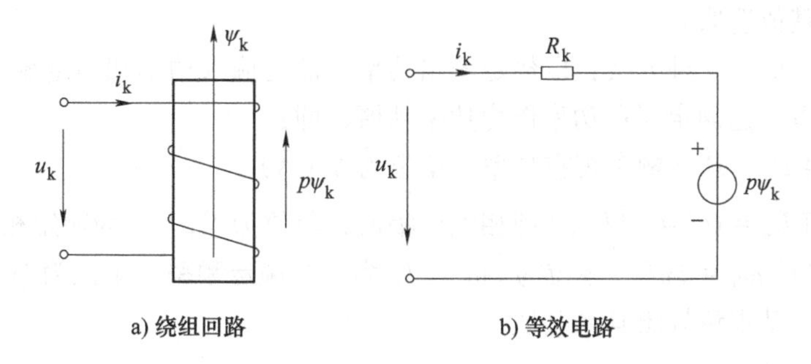

图 1-6　绕组回路及其等效电路（电动机惯例）

2. 发电机惯例

发电机惯例指电机绕组回路中的电压与电流的正方向为非关联方向（绕组向外电路发出电功率），电流与磁通的正方向符合左手螺旋关系，电机转轴上的电磁转矩的正方向与转子的旋转方向相反，电磁转矩为制动转矩。图 1-7a 所示为这种正方向规定时的绕组回路示意图，其等效电路如图 1-7b 所示。从图 1-7b 可得电压方程和磁链方程分别为

$$u_k = - i_k R_k + \frac{d\psi_k}{dt}$$

$$\psi_k = - L_k i_k$$

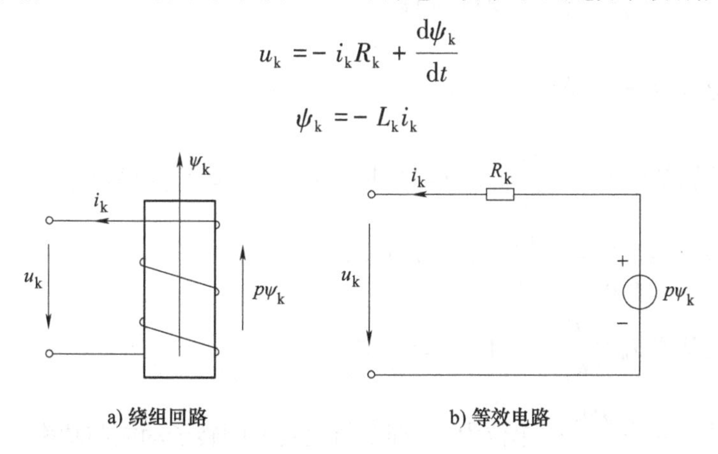

图 1-7　绕组回路及其等效电路（发电机惯例）

1.3.3 标幺值

在电气工程的理论分析和设计计算中，经常采用标幺值，电压、电流、阻抗和功率等都用标幺值表示，标幺值的定义为

标幺值=实际值/基值（与实际值同单位）

采用标幺值系统时，基值的选取是关键。一般来说，基值可以任意选取，但是为了使计算得以简化，通常选电机的额定值为基值。在电机分析中，基值选取的基本原则是标幺值形式的电压方程、磁链方程与采用实际值时相同，在凸极同步电机中还要求标幺值表示的方程中互感是可逆的。但是，这一原则并非是绝对的，在某些场合下，也有可能采用其他的选择方法。

基值分为基本量和导出量两大类，有的以电压基值、电流基值和时间基值为基本量，而功率基值、阻抗基值、磁链基值、速度基值、转矩基值以及惯性常数等可以用基本量导出；有的以功率基值、电压基值和电角速度基值作为基本量，其余的为导出量。下面以后者为例给出三相系统的基值选取。

功率基值的选取有三种方案：以额定输出功率、额定输入功率和额定输入视在功率作为功率的基值。这里，选额定视在功率作为功率基值，即：

1）功率基值 $P_b = P_N$（额定视在功率，单位为 V · A）

2）电压基值 $U_b = U_m = \sqrt{2}U_{\varphi N}$（即相电压幅值，单位为 V，$U_{\varphi N}$ 为额定相电压）

3）角频率基值 $\omega_b = 2\pi f_N$（单位为 rad/s，f_N 为电源额定频率，单位为 Hz）

由上面的基值基本量导出其余基值：

时间基值 $t_b = \dfrac{1}{\omega_b}$（单位为 s）

在实际中，采取标幺值形式的数学模型分析电机动态时，时间 t 常用实际值表示，其他各量用标幺值表示，即所谓的混合标幺值系统，即：

1）电流基值 $I_b = \dfrac{2P_b}{3U_b}$（相电流幅值，单位为 A）

2）阻抗基值 $Z_b = \dfrac{U_b}{I_b} = \dfrac{3U_b^2}{2P_b}$（单位为 Ω）

3）磁链基值 $\psi_b = \dfrac{U_b}{\omega_b}$（单位为 Wb）

4）机械角速度基值 $\omega_{mb} = \dfrac{\omega_b}{n_p}$（单位为 rad/s，$n_p$ 为电机磁极对数）

5）转矩基值 $T_b = \dfrac{P_b}{\omega_{mb}} = n_p \dfrac{P_b}{\omega_b}$（单位为 N · m）

6）转动惯量基值 $J_b = \dfrac{P_b}{\omega_{mb}}$（单位为 kg · m^2）

7）惯性常数 $H = \dfrac{1}{2}\dfrac{J\omega_{mb}^2}{P_b}$（单位为 s，即基值速度下的转子动能与功率基值之比）

对于同步电机，经过 dq0 变换后得到的磁链方程中，电感矩阵的定、转子互感是不可逆

的，引入标幺值可解决这个问题，但是，转子各绕组的基值电流和基值电压的乘积必须满足一定的约束。

关于同步电机转子基值电流的选取。首先应确定转子电流的基值，随后才可以确定转子各派生量的基值。

通常，工程上所用到的转子电流的基值有四种：X_{ad} 基准、互感相等基准、磁动势基准和空载额定电压基准。其中以 X_{ad}基准用得最多，简单介绍如下：

所谓 X_{ad} 基准是指励磁绕组通入基值电流 i_{fb} 时所产生的定子互感磁链 $M_{af}i_{fb}$，恰好与定子三相绕组通入对称的直轴基值电流 i_b 时所产生的直轴电枢反应磁链 $L_{ab}i_b$ 相等，即

$$M_{af}i_{fb} = L_{ab}i_b$$

类似地，可以定义直轴和基值阻尼绕组的基值电流 i_{Db} 和 i_{Qb}，即

$$M_{aD}i_{Db} = L_{ad}i_b,\ M_{aQ}i_{Qb} = L_{ad}i_b$$

转子励磁绕组电压、磁链、电感和阻抗的基值分别为

$$U_{fb} = \frac{3}{2}U_b\frac{i_b}{i_{fb}},\ \psi_{fb} = \frac{3}{2}\psi_b\frac{i_b}{i_{fb}},\ L_{fb} = \frac{3}{2}L_b\frac{i_b}{i_{fb}},\ Z_{fb} = \frac{3}{2}Z_b\frac{i_b}{i_{fb}}$$

同理，也可以导出直轴和交轴阻尼绕组的电压基值、磁链基值、电感基值和阻抗基值。

1.3.4 坐标变换

坐标变换是一种数学变换，正如绕组折算、频率折算一样，也是一种等效变换。

坐标变换的原则是坐标变换前后，即在不同坐标系下的绕组产生的磁动势相等，有时还要求绕组产生的功率相等，这就是坐标变换的磁动势不变原则和功率不变原则。

电机理论中的坐标变换都是线性变换，即将方程式中原来的一组变量用一组新的变量代替，新旧变量之间的关系是线性关系。

坐标变换的目的是简化，使变换后的数学模型易于处理和应用。

下面着重讨论三相系统的坐标变换。

1. 静止正交坐标系 αβ0

αβ0 坐标系是一个两相坐标系，其中 α 轴与相坐标系中的参考轴线 A 重合，β 轴超前 α 轴 90°。αβ0 坐标系中的三个分量称为 αβ0 分量。在普通交流电机分析，尤其是驱动控制系统分析中应用较多的 αβ0 静止正交坐标系如图 1-8 所示，此时，αβ0 静止正交坐标系与定子静止坐标系 ABC 通用变量间的正、逆变换关系分别为

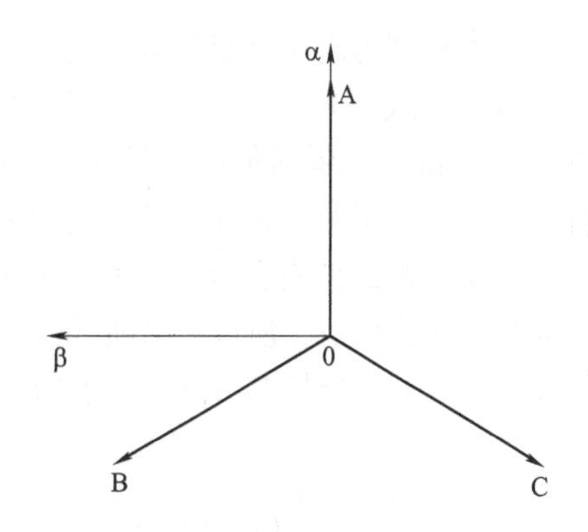

图 1-8 ABC 坐标系与 αβ0 坐标系的关系

$$\begin{bmatrix} f_\alpha \\ f_\beta \\ f_0 \end{bmatrix} = \frac{2}{3}\begin{bmatrix} 1 & -1/2 & -1/2 \\ 0 & \sqrt{3}/2 & -\sqrt{3}/2 \\ 1/2 & 1/2 & 1/2 \end{bmatrix}\begin{bmatrix} f_A \\ f_B \\ f_C \end{bmatrix} \tag{1-57}$$

$$\begin{bmatrix} f_A \\ f_B \\ f_C \end{bmatrix} = \begin{bmatrix} 1 & 0 & 1 \\ -1/2 & \sqrt{3}/2 & 1 \\ -1/2 & -\sqrt{3}/2 & 1 \end{bmatrix} \begin{bmatrix} f_\alpha \\ f_\beta \\ f_0 \end{bmatrix} \tag{1-58}$$

当满足磁动势等效又满足功率不变约束时，对于 αβ0 静止正交坐标系，由于有 $\theta(t) = 0$，由式（1-57）和式（1-58）得到

$$\begin{bmatrix} f_\alpha \\ f_\beta \\ f_0 \end{bmatrix} = \sqrt{\frac{2}{3}} \begin{bmatrix} 1 & -1/2 & 1/2 \\ 0 & \sqrt{3}/2 & -\sqrt{3}/2 \\ 1/\sqrt{2} & 1/\sqrt{2} & 1/\sqrt{2} \end{bmatrix} \begin{bmatrix} f_A \\ f_B \\ f_C \end{bmatrix} \tag{1-59}$$

$$\begin{bmatrix} f_A \\ f_B \\ f_C \end{bmatrix} = \sqrt{\frac{2}{3}} \begin{bmatrix} 1 & 0 & 1/\sqrt{2} \\ -1/2 & \sqrt{3}/2 & 1/\sqrt{2} \\ -1/2 & -\sqrt{3}/2 & 1/\sqrt{2} \end{bmatrix} \begin{bmatrix} f_\alpha \\ f_\beta \\ f_0 \end{bmatrix} \tag{1-60}$$

2. 120 变换和空间向量变换

120 坐标系是一个静止的复数坐标系。120 分量首先由莱昂（Lyon）提出，所以亦称为莱昂分量。120 坐标系与 ABC 坐标系之间的关系为

$$\begin{bmatrix} f_1 \\ f_2 \\ f_0 \end{bmatrix} = \frac{1}{3} \begin{bmatrix} 1 & a & a^2 \\ 1 & a^2 & a \\ 1 & 1 & 1 \end{bmatrix} \begin{bmatrix} f_A \\ f_B \\ f_C \end{bmatrix} \tag{1-61}$$

$$\begin{bmatrix} f_A \\ f_B \\ f_C \end{bmatrix} = \begin{bmatrix} 1 & 1 & 1 \\ a^2 & a & 1 \\ a & a^2 & 1 \end{bmatrix} \begin{bmatrix} f_1 \\ f_2 \\ f_0 \end{bmatrix} \tag{1-62}$$

式中，a 和 a^2 分别为定子绕组平面内的 120°和 240°空间算子，$a = e^{j120°}$、$a^2 = e^{j240°}$。

可以看出，式（1-61）和式（1-62）的变换在形式上与相量对称分量变换很相似，不过这里的 f_A，f_B 和 f_C 是瞬时值而不是相量，则 f_1、f_2 是复的瞬时值，所以 120 变换亦称为瞬时值对称分量变换。另外，由于 a 和 a^2 是空间算子，所以 f_1 和 f_2 是空间向量而不是时域里的相量，也就是说瞬时值对称分量和相量对称分量具有本质上的区别。另外，从式（1-62）可知，f_2 等于 f_1 的共轭值，所以 f_2 不是独立变量。

不难导出，120 分量与 αβ0 分量之间具有下列关系

$$\begin{cases} f_1 = \dfrac{1}{2}(f_\alpha + jf_\beta) \\ f_2 = \dfrac{1}{2}(f_\alpha - jf_\beta) \end{cases} \tag{1-63}$$

3. dq0 任意速正交坐标轴

记相坐标系为 ABC 坐标系，任意速正交坐标系为 dq0 坐标系（0 轴垂直于 dq 平面），二者关系如图 1-9 所示。设通用变量 f 为 ABC 坐标系（下标

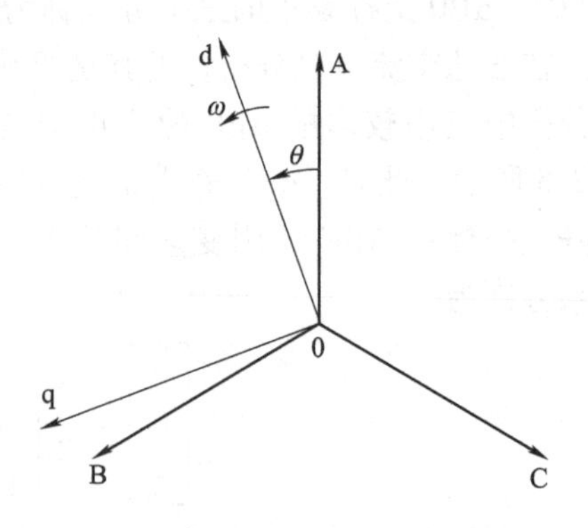

图 1-9　ABC 坐标系与 dq0 坐标系的关系

ABC）和 dq0 坐标系（下标 dq0）中的三阶列向量（定、转子侧电压、电流或磁链）或向量分量，则满足功率不变和磁动势不变约束时的变换关系为

$$f_{dq0} = T(\theta) f_{ABC} \text{ 或 } \begin{bmatrix} f_d \\ f_q \\ f_0 \end{bmatrix} = \sqrt{\frac{2}{3}} \begin{bmatrix} \cos\theta & \cos(\theta - 2\pi/3) & \cos(\theta + 2\pi/3) \\ -\sin\theta & -\sin(\theta - 2\pi/3) & -\sin(\theta + 2\pi/3) \\ \sqrt{1/2} & \sqrt{1/2} & \sqrt{1/2} \end{bmatrix} \begin{bmatrix} f_A \\ f_B \\ f_C \end{bmatrix} \tag{1-64}$$

而其反变换为

$$\begin{bmatrix} f_A \\ f_B \\ f_C \end{bmatrix} = \sqrt{\frac{2}{3}} \begin{bmatrix} \cos\theta & -\sin\theta & \sqrt{1/2} \\ \cos(\theta - 2\pi/3) & -\sin(\theta - 2\pi/3) & \sqrt{1/2} \\ \cos(\theta + 2\pi/3) & -\sin(\theta + 2\pi/3) & \sqrt{1/2} \end{bmatrix} \begin{bmatrix} f_d \\ f_q \\ f_0 \end{bmatrix} \tag{1-65}$$

式（1-64）和式（1-65）中，θ 为 d 轴与 A 相相轴（参考轴线）之间的夹角，且

$$\theta(t) = \theta(0) + \int_0^t \omega(\xi)\mathrm{d}\xi$$

式中，ω 为 dq0 坐标系的旋转角速度。

对于三相对称分量或三相无中线系统，0 轴分量 f_0 恒为零。

在实际应用中，经常用到只满足磁动势不变约束的坐标变换，对于 dq0 任意速正交坐标系，坐标变换关系为

$$\begin{bmatrix} f_d \\ f_q \\ f_0 \end{bmatrix} = \frac{2}{3} \begin{bmatrix} \cos\theta & \cos(\theta - 2\pi/3) & \cos(\theta + 2\pi/3) \\ -\sin\theta & -\sin(\theta - 2\pi/3) & -\sin(\theta + 2\pi/3) \\ 1/2 & 1/2 & 1/2 \end{bmatrix} \begin{bmatrix} f_A \\ f_B \\ f_C \end{bmatrix} \tag{1-66}$$

注意，也有文献定义 0 轴分量为 $f_0 = \frac{\sqrt{2}}{3}(f_A + f_B + f_C)$。

其反变换为

$$\begin{bmatrix} f_A \\ f_B \\ f_C \end{bmatrix} = \begin{bmatrix} \cos\theta & -\sin\theta & 1 \\ \cos(\theta - 2\pi/3) & -\sin(\theta - 2\pi/3) & 1 \\ \cos(\theta + 2\pi/3) & -\sin(\theta + 2\pi/3) & 1 \end{bmatrix} \begin{bmatrix} f_d \\ f_q \\ f_0 \end{bmatrix} \tag{1-67}$$

在电机的坐标变换中，要注意坐标轴的选取，通常将 d 轴取得与定子 A 相绕组重合（或超前 A 轴 θ 电角度），而 q 轴按逆时针旋转方向为正方向超前 d 轴 90°电角度放置，如图 1-9 所示。但在有的文献或参考书里，坐标轴的选取有所不同，它们将 q 轴取在超前 A 轴 θ 电角度（或与 A 轴重合）处，而 d 轴按逆时针旋转方向为正方向滞后 q 轴 90°电角度放置，这时的坐标变换关系将与上述有所不同，即式（1-64）、式（1-65）和式（1-66）、式（1-67）中正弦项都为正。当使用式（1-64）和式（1-66）进行坐标变换时，电磁转矩表达式前的系数是不同的。

4. fb0 变换

fb0 坐标系是一个与转子一起旋转的复坐标系，其中 f 称为前进分量，b 称为后退分量，0 则是零序分量。fb0 分量首先由顾毓琇提出，故亦称为顾氏分量。fb0 和 120 坐标系都是复坐标系，一为旋转，一为静止，它们之间相差一个空间旋转因子 $e^{j\theta}$，即

$$f_f e^{j\theta} = f_1, f_b e^{-j\theta} = f_2 \tag{1-68}$$

由式（1-68）可知，ABC 与 fb0 分量之间的关系为

$$\begin{bmatrix} f_f \\ f_b \\ f_0 \end{bmatrix} = \frac{1}{3}\begin{bmatrix} e^{-j\theta} & ae^{-j\theta} & a^2 e^{-j\theta} \\ e^{j\theta} & a^2 e^{j\theta} & ae^{j\theta} \\ 1 & 1 & 1 \end{bmatrix}\begin{bmatrix} f_A \\ f_B \\ f_C \end{bmatrix} \tag{1-69}$$

$$\begin{bmatrix} f_A \\ f_B \\ f_C \end{bmatrix} = \begin{bmatrix} e^{j\theta} & e^{-j\theta} & 1 \\ a^2 e^{j\theta} & ae^{-j\theta} & 1 \\ ae^{j\theta} & a^2 e^{-j\theta} & 1 \end{bmatrix}\begin{bmatrix} f_f \\ f_b \\ f_0 \end{bmatrix} \tag{1-70}$$

当 $\theta = 0$ 时，fb0 分量即退化为 120 分量。

fb0 分量与 dq0 分量的关系为，它们都是同速旋转的旋转坐标系，fb0 分量是复坐标系，dq0 则是实坐标系，且有

$$\begin{cases} f_f = \dfrac{1}{2}(f_d + jf_q) \\ f_b = \dfrac{1}{2}(f_d - jf_q) \end{cases} \tag{1-71}$$

零序分量同一。

5. 派克（Park）变换

在电机的应用中，需要将三相静止 ABC 坐标系和两相旋转 dq 坐标系之间进行变换，其中，通过中间的两相静止 αβ 坐标系和两相旋转 dq 坐标系之间的变换称为派克变换。

d、q 转到 α、β 的坐标转换公式为

$$\begin{bmatrix} f_\alpha \\ f_\beta \end{bmatrix} = \begin{bmatrix} \cos\theta & -\sin\theta \\ \sin\theta & \cos\theta \end{bmatrix}\begin{bmatrix} f_d \\ f_q \end{bmatrix} \tag{1-72}$$

α、β 转到 d、q 的坐标转换公式为

$$\begin{bmatrix} f_d \\ f_q \end{bmatrix} = \begin{bmatrix} \cos\theta & \sin\theta \\ -\sin\theta & \cos\theta \end{bmatrix}\begin{bmatrix} f_\alpha \\ f_\beta \end{bmatrix} \tag{1-73}$$

坐标系变换矩阵为

$$C_{2r/2s} = \begin{bmatrix} \cos\theta & -\sin\theta \\ \sin\theta & \cos\theta \end{bmatrix} \tag{1-74}$$

$$C_{2s/2r} = \begin{bmatrix} \cos\theta & \sin\theta \\ -\sin\theta & \cos\theta \end{bmatrix} \tag{1-75}$$

两相静止 αβ 坐标系和两相旋转 dq 坐标系之间的关系如图 1-10 所示。

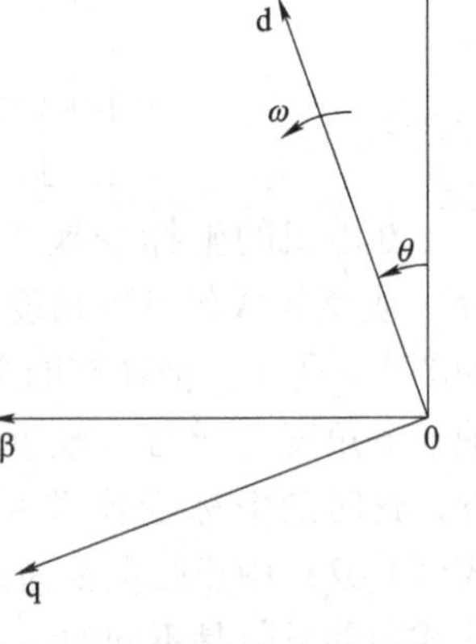

图 1-10　两相 αβ 坐标系和两相 dq 坐标系的关系

6. 多相坐标系

对于 n 相对称电机（$n \geqslant 3$），可以通过一个 $n \cdot n$ 实变换矩阵将 n 相对称绕组等效为一个两相绕组和一系列“零序绕组”。n 相对称绕组从自然坐标系变换到任意速正交坐标系的广义两轴实变换矩阵为

$$
\boldsymbol{T}(\theta)=\sqrt{\frac{2}{n}}\begin{bmatrix}
\cos\theta & \cos\left(\theta-\frac{2\pi}{n}\right) & \cdots & \cos\left(\theta-\frac{k\cdot 2\pi}{n}\right) & \cdots & \cos\left[\theta-\frac{(n-1)\cdot 2\pi}{n}\right] \\
-\sin\theta & -\sin\left(\theta-\frac{2\pi}{n}\right) & \cdots & -\sin\left(\theta-\frac{k\cdot 2\pi}{n}\right) & \cdots & -\sin\left[\theta-\frac{(n-1)\cdot 2\pi}{n}\right] \\
 & & \cdots & & \cdots & \\
\cos\theta & \cos\left(\theta-\frac{i\cdot 2\pi}{n}\right) & \cdots & \cos\left(\theta-\frac{i\cdot k\cdot 2\pi}{n}\right) & \cdots & \cos\left[\theta-\frac{i\cdot(n-1)\cdot 2\pi}{n}\right] \\
-\sin\theta & -\sin\left(\theta-\frac{i\cdot 2\pi}{n}\right) & \cdots & -\sin\left(\theta-\frac{i\cdot k\cdot 2\pi}{n}\right) & \cdots & -\sin\left[\theta-\frac{i\cdot(n-1)\cdot 2\pi}{n}\right] \\
 & & \cdots & & \cdots & \\
\cos\theta & \cos\left(\theta-\frac{m\cdot 2\pi}{n}\right) & \cdots & \cos\left(\theta-\frac{m\cdot k\cdot 2\pi}{n}\right) & \cdots & \cos\left[\theta-\frac{m\cdot(n-1)\cdot 2\pi}{n}\right] \\
-\sin\theta & -\sin\left(\theta-\frac{m\cdot 2\pi}{n}\right) & \cdots & -\sin\left(\theta-\frac{m\cdot k\cdot 2\pi}{n}\right) & \cdots & -\sin\left[\theta-\frac{m\cdot(n-1)\cdot 2\pi}{n}\right] \\
1/\sqrt{2} & 1/\sqrt{2} & \cdots & 1/\sqrt{2} & \cdots & 1/\sqrt{2} \\
1/\sqrt{2} & -1/\sqrt{2} & \cdots & (-1)^{k+1}/\sqrt{2} & \cdots & -1/\sqrt{2}
\end{bmatrix}
\tag{1-76}
$$

式（1-76）中，$n\geqslant 3$；$k=1, 2, 3, \cdots, n-1$；θ 为 d 轴与 A 相相轴（参考轴线）之间的夹角，如图 1-10 所示，$\theta(t)=\theta(0)+\int_0^t \omega(\xi)\mathrm{d}\xi$，$\omega$ 为任意速旋转的正交坐标系的旋转角速度。当 n 为偶数时，$m=n/2-1$；当 n 为奇数时，$m=(n-1)/2$。

式（1-76）同时满足磁动势不变和功率不变约束，即满足

$$
\boldsymbol{T}^{-1}(\theta)=\boldsymbol{T}^{\mathrm{T}}(\theta) \tag{1-77}
$$

当只满足磁动势不变约束时，式（1-76）矩阵前的系数取为$\frac{2}{n}$，矩阵中后两排的系数$\sqrt{2}$ 改为 2，此时式（1-77）不成立。

第 2 章

直流电机

直流电机是电机的主要类型之一。直流电机具有励磁绕组轴线与电枢绕组轴线相垂直的特殊结构，其电磁转矩易于控制。直流发电机具有良好的供电质量，常用作励磁电源，而与交流电动机相比，直流电动机的运行效率高、调速性能好。本章将建立直流电机的动态数学模型，包括他励直流电机、并励直流电机、串励直流电机的数学模型，用 MATLAB/Simulink 动态仿真工具建立相应的仿真模型。通过实例对直流电机的基本特性和运行状态进行仿真计算和分析。

2.1 直流电机的数学模型

直流电机数学模型因励磁方式的不同而不同。直流电机的运行性能也因励磁方式的不同而有很大差异。下面分别建立他励直流电机、并励直流电机和串励直流电机的数学模型。建立直流电机的数学模型时，应假定电刷安放在换向器的几何中性线上，励磁绕组的轴线与电枢绕组轴线正交，按电动机惯例列写电路方程。列写电枢回路的电压方程时除了要考虑自感电压外，还要考虑运动电动势或电压（转子绕组旋转时切割励磁磁场产生的电动势或电压）。

2.1.1 他励直流电机的数学模型

他励直流电机的励磁绕组和电枢绕组分别由不同的两个直流电源供电，其电路如图 2-1所示，图中 F_1-F_2 为励磁绕组，A_1-A_2 为电枢绕组。由励磁绕组和电枢绕组，根据基尔霍夫电压定律列写电压方程为

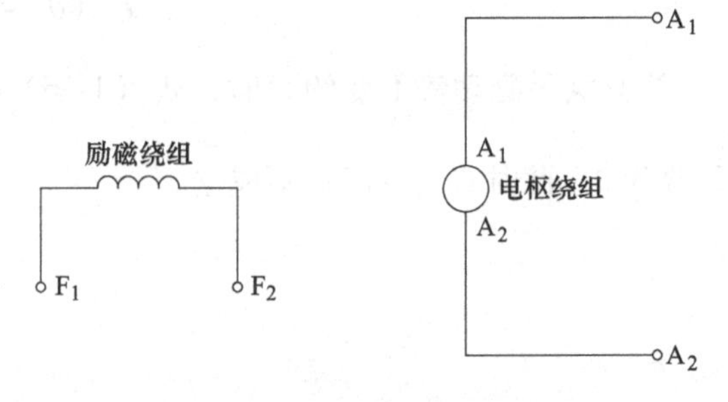

图 2-1 他励直流电机电路图

$$\begin{cases} u_{\mathrm{f}} = R_{\mathrm{f}} i_{\mathrm{f}} + L_{\mathrm{f}} \dfrac{\mathrm{d}i_{\mathrm{f}}}{\mathrm{d}t} \\ u_{\mathrm{a}} = R_{\mathrm{a}} i_{\mathrm{a}} + L_{\mathrm{a}} \dfrac{\mathrm{d}i_{\mathrm{f}}}{\mathrm{d}t} + e(i_{\mathrm{f}}, \omega_{\mathrm{r}}) \\ e(i_{\mathrm{f}}, \omega_{\mathrm{r}}) = L_{\mathrm{af}} i_{\mathrm{f}} \omega_{\mathrm{r}} \end{cases} \tag{2-1}$$

电磁转矩方程为

$$T_{\mathrm{e}} = L_{\mathrm{af}} i_{\mathrm{f}} i_{\mathrm{a}} \tag{2-2}$$

转矩平衡方程为

$$T_{\mathrm{e}} = T_{\mathrm{L}} + J \frac{\mathrm{d}\omega_{\mathrm{r}}}{\mathrm{d}t} + B_{\mathrm{m}} \omega_{\mathrm{r}} \tag{2-3}$$

式（2-1）~式（2-3）中，u_f、u_a 分别为励磁绕组的电压和电枢绕组的电压；i_f、i_a 分别为励磁绕组的电流和电枢绕组的电流；R_f、R_a 分别为励磁绕组回路的总电阻和电枢绕组回路的总电阻；L_f、L_a 分别为励磁绕组的自感和电枢绕组的自感；L_{af}为运动电动势系数，它与励磁电流和转子转速有关，具有电感量纲，在额定电压下，可认为是恒定值；J 为转子的转动惯量；B_m 为电机阻尼系数。

2.1.2 并励直流电机的数学模型

并励直流电机的励磁绕组与电枢绕组并联，其电路如图 2-2 所示，图中 E_1-E_2 为励磁绕组，A_1-A_2 为电枢绕组。并励直流电机的电压方程、电磁转矩方程和转矩平衡方程与他励直流电机相同，但电枢电压、电流与励磁绕组电压、电流之间的约束关系为

$$\begin{cases} u_t = u_a = u_e \\ i = i_a + i_e \end{cases} \tag{2-4}$$

式中，u_t 为端电压。

以励磁电流、电枢电流和转子角速度为状态变量的状态方程为

$$\begin{cases} \dfrac{\mathrm{d}i_e}{\mathrm{d}t} = \dfrac{u_f}{L_f} - \dfrac{R_e}{L_f} i_f \\ \dfrac{\mathrm{d}i_a}{\mathrm{d}t} = \dfrac{u_a}{L_a} - \dfrac{R_a}{L_a} i_a - \dfrac{L_{ae}\omega_r}{L_a} i_f \\ \dfrac{\mathrm{d}\omega_r}{\mathrm{d}t} = \dfrac{L_{af}}{J} i_f i_a - \dfrac{B_m}{J}\omega_r - \dfrac{T_L}{J} \end{cases} \tag{2-5}$$

式（2-4）和式（2-5）中的物理量和参数的意义与他励直流电机相同。

2.1.3 串励直流电机的数学模型

串励直流电机的励磁绕组与电枢绕组串联，其电路图如图 2-3 所示，图中 D_1-D_2 为串励励磁绕组，A_1-A_2 为电枢绕组。将他励直流电机的数学模型中励磁电压和励磁电流的下标换成串励的下标“d”，并加上串励时的约束条件，即得串励直流电机的数学模型，串励直流电机的约束条件为

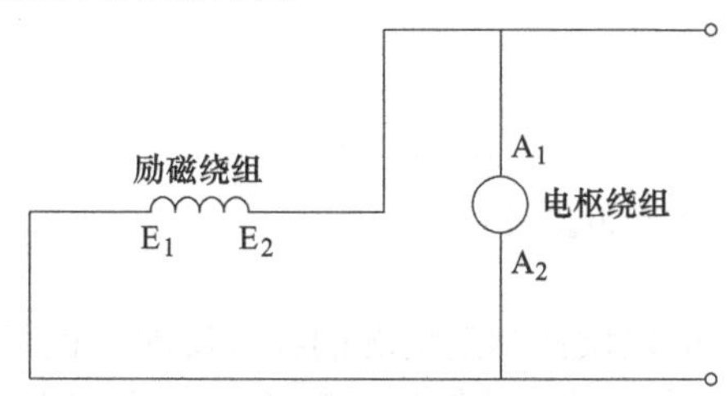

图 2-2　并励直流电机电路图

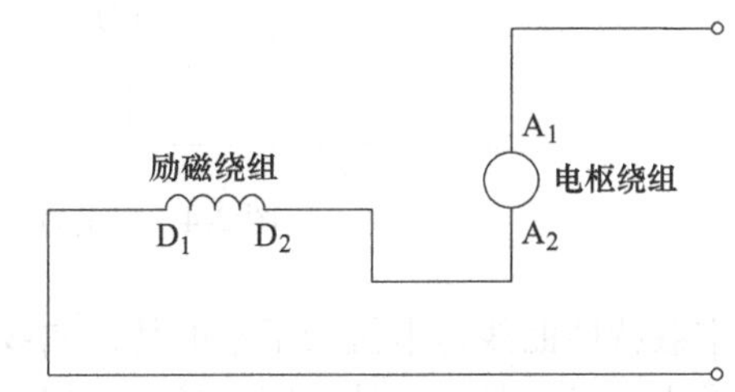

图 2-3　串励直流电机电路图

$$\begin{cases} u_t = u_a + u_d \\ i = i_a = i_d \end{cases} \tag{2-6}$$

式中，u_d 为励磁电压，i_d 为励磁电流。

串励直流电机的数学模型为

$$\begin{cases} u_{t} = (R_{d} + R_{a} + \omega_{r} L_{ad}) i_{a} + (L_{d} + L_{a}) \dfrac{di_{a}}{dt} \\ T_{e} = L_{ad} i_{a}^{2} \\ T_{e} = T_{L} + J \dfrac{d\omega_{r}}{dt} + B_{m} \omega_{r} \end{cases} \tag{2-7}$$

式中，u_t为端电压；R_d为串励励磁绕组的电阻；L_{ad}为运动电动势系数；L_d 为励磁绕组的电感；其余的物理量和参数的意义与他励直流电机相同。

2.2 直流电机的运行状态

2.2.1 直流发电机的基本运行状态

直流发电机运行时，通常可以测得的物理量有端电压 U、负载电流 I、励磁电流 I_f 和转速 n 等。一般情况下，若无特殊说明，总认为发电机由原动机拖动的转速是恒定的，并且为额定值 n_N。在此基础上，另外 3 个物理量只要保持一个不变，就可以得出剩下两个物理量之间的关系曲线，用以表征发电机的性能。

1. *他励直流发电机*

他励直流发电机特性试验电路图如图 2-4 所示。

（1）空载特性

空载特性是当 n 为常数，$I=0$ 时 $e_a=f(I_f)$ 的关系曲线，其中 e_a 为电机反电动势，因为空载反电动势 $e_0 \propto \Phi$，$I_f \propto F_0$，故本质上也就是发电机由实验方法测定的实际磁化曲线。保持转速 n 恒定，调节励磁串电阻，使 I_f 由零单调增长，直至 e_0 为（1.1~1.3）U_N为止，然后使 I_f 单调减小到零，得出空载特性曲线。

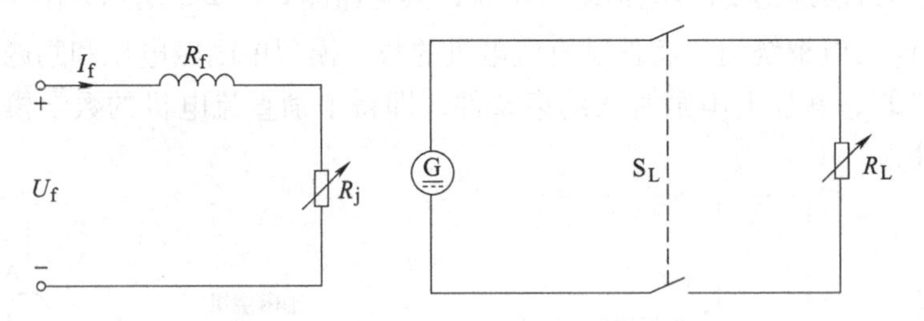

图 2-4　他励直流发电机特性试验电路图

空载特性曲线是电机最基本的特性曲线，它既是电机设计制造情况的综合反映，也可以用来求出电机的其他特性，用途较广。但需要说明的是，无论是何种励磁方式的直流电机，其空载特性曲线都是由他励接线方式测定。

（2）负载特性

负载特性是当 n、I 均为常数时，$e_a=f(I_f)$ 的关系曲线。只要将开关闭合，除了保证 n 恒定外，还要调节 R_L，以保证 I 不变。

（3）外特性

外特性是 n、I_f 均为常数时，$e_0=f(I)$ 的关系曲线。合上开关，调节负载电阻 R_L，使负载电流酌量过载后逐渐减小到零。调节过程中保持转速和励磁电流恒定，即可得到外特性曲线。

2. 并励直流发电机

并励直流发电机与他励直流发电机有些不同，其运行特点主要在自励过程及外特性两方面。并励发电机的励磁电流不需要另配直流电源供给，而是取自发电机本身，所以也叫作自励式发电机。并励直流发电机特性试验电路图如图 2-5 所示。

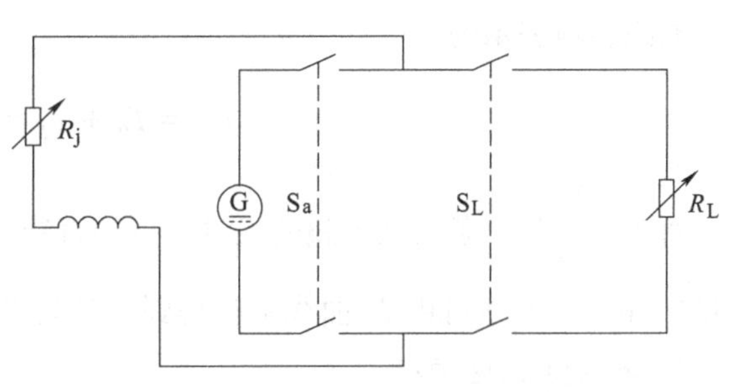

图 2-5　并励直流发电机特性试验电路图

（1）自励过程与条件

并励直流发电机自励建压的物理过程是：设发电机由原动机拖动至额定转速。由于发电机磁路（主要是转子铁心）有一定的剩磁，发电机电枢绕组将产生一个不大的剩磁电压，它作用于励磁绕组产生一个不大的励磁电流，如果励磁绕组连接正确，则可使励磁磁场方向与剩磁方向相同，从而可使发电机主磁通和由它产生的端电压增加，使励磁电流进一步增大，如此反复作用，直至励磁电流所建立的端电压恰好与励磁回路的电压降相同为止。这之后，励磁电流不再增加，端电压保持不变，自励过程结束。

并励直流发电机自励建压的条件是：发电机有剩磁，励磁绕组与电枢绕组的连接与电枢旋转方向正确配合，励磁回路电阻小于与发电机处于额定转速时相对应的临界电阻。

（2）外特性

并励发电机的外特性不同于他励发电机，是指当 n、R_f 均为常数时，$U=f(I)$ 的关系曲线，需要特别介绍。

保持转速恒定，调节励磁电阻 R_j，使电机完成自励过程，建立端电压 U_0，然后合上开关 S_L，并逐步减小 R_L，则得并励直流发电机外特性。

2.2.2　直流电动机的基本运行状态

电动机用于拖动生产机械，运行时转速 n、电磁转矩 T_{em} 和效率 η 与负载 P_2 的关系曲线称为工作特性。直流电动机的工作特性因励磁方式而异。

1. 并励直流电动机

保持 $U=U_N$=常数、$I_e=I_{eN}$=常数（对应于 $P_2=P_N$、$n=n_N$ 时的励磁电流值）。图 2-6 所示电路中，电枢回路中串联的起动电阻 R_{st} 在起动完成后应切除。

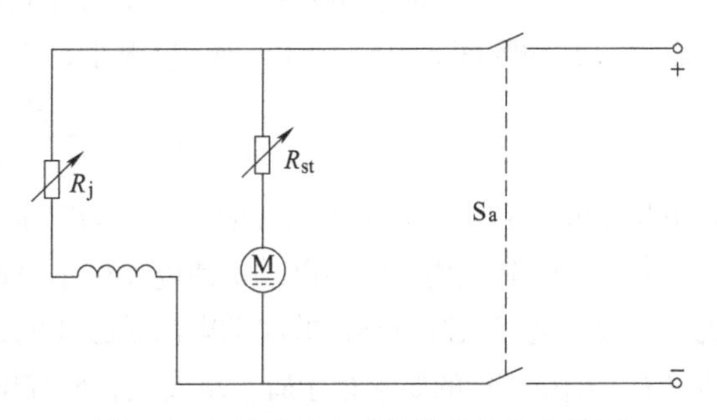

图 2-6　并励直流电动机特性试验电路图

（1）转速特性

随负载增加，转速 n 略有下降。并励直流电动机运行时，励磁绕组绝对不能开路，这是因为当励磁绕组开路时，励磁电流为零，这样，重载时，这将使电机停转，反电动势为零，电枢电流急剧增加而导致电动机过热；轻载时将导致“飞车”（理论上转速无穷大）而损坏转动部件甚至造成重大人身和设备事故。

（2）转矩特性

电磁转矩表示为

$$T_{em} = T_0 + T_2 = T_0 + \frac{P_2}{\omega} \tag{2-8}$$

而 $T_2=\dfrac{P_2}{\omega}$是一条略微上翘的经过原点的直线（其原因是随 P_2 增加，机械角速度 ω 略有下降），故 T_{em}曲线可由 T_2 曲线平移得到，其与纵轴的交点对应于空载转矩 T_0。

2. 串励直流电动机

保持端电压恒定，且 $U=U_N=$常值，串励直流电动机特性试验电路图如图 2-7 所示。

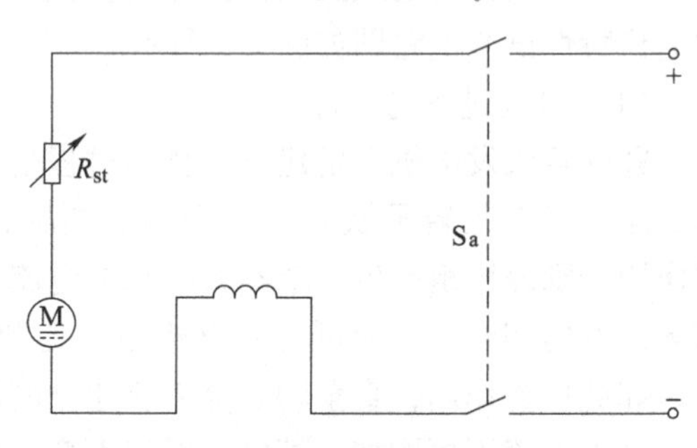

图 2-7 串励直流电动机特性试验电路图

（1）转速特性

串励直流电动机的转速随负载增加而下降得很快，这是因为串励电动机在端电压 $U-I_a(R_a+R_f)$ 下降幅度稍大于并励电动机的同时，$C_E\Phi$ 反而随 I_a 的增大而增加，结果必然使 n 快速下降。

串励电动机绝对不允许空载运行，以避免发生“飞车”事故。

（2）转矩特性

由于转速 n 随 P_2 增加而迅速下降，因此 T_{em}会随 P_2 增加而快速上升，这是串励直流电动机区别于并励直流电动机的突出特点。串励直流电动机有较大的起动转矩和很强的过载能力，尤其适合于电力机车一类牵引负载。

2.2.3 直流电动机的起动

电力拖动机组从静止到稳定运行首先必须经过起动过程。从机械方面看，起动时要求电动机产生足够大的电磁转矩来克服机组的静止摩擦转矩、惯性转矩以及负载转矩（如果带负载起动的话），才能使机组在尽可能短的时间内从静止状态进入到稳定运行状态。从电路方面看，起动瞬间 $n=0$、$E=0$，而 R_a 很小，因此

$$I_a = \frac{U-E}{R_a} = \frac{U}{R_a} = I_{st} \tag{2-9}$$

表明起动电流 I_{st}将达到很大的数值，通常为额定电枢电流的十几倍甚至更大，以致电源电压突然降低，影响其他用户的用电，也使电动机本身遭受很大电磁力的冲击，严重时还会损坏电动机。因此，适当限制电动机的起动电流是必要的，尽管这与人们在机械上希望产生较大电磁转矩（$T_{st}=C_T\Phi I_{st}$）的要求相矛盾。事实上，研究电机的起动方法就是为了尽量缓解这一矛盾。

直流电动机常用的起动方法有直接起动、电枢回路串联变阻器起动和减压起动。

1. 直接起动

直接起动是把静止的电枢直接接入额定电压的电源上起动。由于励磁绕组的时间常数比电

枢绕组大，为了确保起动时磁场及时建立，对于并励直流电动机，先将励磁绕组接入电源使电动机建立额定的气隙磁场后，再把电枢绕组接在电源上起动。并励直流电动机直接起动的电路图如图 2-8 所示，开关 S_f 先于开关 S_a 合上，以确保电枢回路通电前主磁场已经建立。

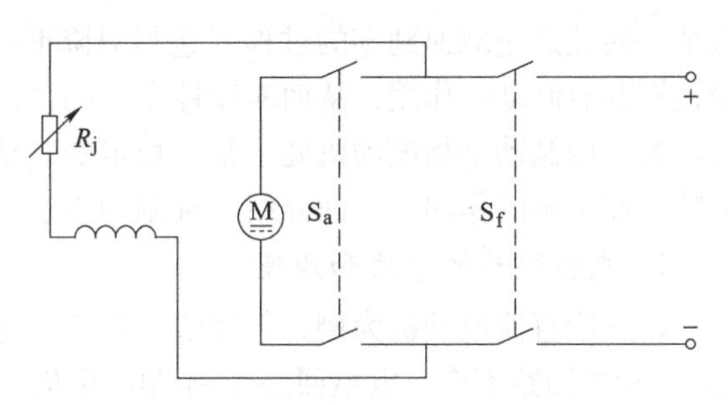

图 2-8　并励直流电动机直接起动电路图

直接起动的优点是操作简单，无须另加设备。

直接起动的缺点是冲击电流大引起换向困难，并在电刷与换向器间产生较大火花，起动时电网电压会发生瞬时跌落，而且仅适用于容量很小的直流电动机。一般情况下，直流电动机不允许直接起动。

2. 电枢回路串电阻起动

为了限制起动电流，在起动过程中，电枢回路中串电阻，而在升速过程中将其逐级切除，电路如图 2-9 所示。只要分段电阻设置合理，便能在起动过程中，将起动电流限制在允许的范围内，而使电动机转速平稳，并具有足够大的起动转矩，能在较短时间内起动完毕。

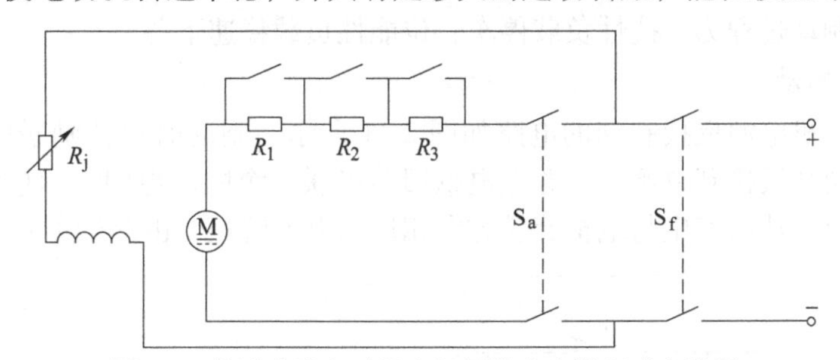

图 2-9　并励直流电动机电枢回路串电阻起动电路图

由公式 $\beta=\dfrac{I_1}{I_2}=\dfrac{R_{a1}}{R_{a2}}=\dfrac{R_{a2}}{R_{a3}}=\cdots=\dfrac{R_{a(m-1)}}{R_{am}}=\dfrac{R_{am}}{R_a}$ 可得每级电枢回路总电阻 $R_{a1}=\beta R_{a2}$，$R_{a2}=\beta R_{a3}$，…，$R_{a(m-1)}=\beta R_{am}$，$R_{am}=\beta R_a$；各级起动电阻为 $R_1=R_{a1}-R_{a2}$，$R_2=R_{a2}-R_{a3}$，…，$R_{m-1}=R_{a(m-1)}-R_{am}$，$R_m=R_{am}-R_a$，起动最大电流为 I_1，切换电流为 I_2。

3. 减压起动

减压起动是通过降低电动机的电枢端电压来限制起动电流。在起动过程中，可逐步提升电源电压，使电动机的转速按需要的加速度上升，以控制起动时间。对于并励直流电动机，减压起动时，应先将励磁绕组接入电网，使电动机建立额定的气隙磁场并保持不变，再把电枢绕组接在电压可调的电源上起动。

减压起动的优点是起动电流小、起动过程平滑、能量损耗少。

减压起动的缺点是需要一套专用的直流发电机组或整流电源，投资费用大。

2.2.4　直流电动机的制动

电动机的制动有两方面的意义：一是使拖动系统迅速减速停车，这时的制动是指电动机从某一转速迅速减速到零的过程（包括只降低一段转速的过程），在制动过程中电动机的电磁转矩起着制动的作用，从而缩短停车时间，以提高生产率；二是限制位能性负载的下降速度。这时的制动是指电动机处于某一稳定的制动运行状态，此时电动机的电磁转矩起到与负载转矩相平衡的作用。下面介绍三种制动方法。

1. 能耗制动的方法和原理

以并励直流电动机为例，其接线如图 2-10 所示。制动时，开关 S 从“电动”掷向“制动”，励磁回路不变，电枢回路经制动电阻 R_L闭合。此时电动机内磁场依然不变，电枢因惯性继续旋转，并且感应电动势在电枢回路中产生电流，但电流方向与电动势相反，相当于一台他励发电机，电磁转矩的方向与旋转方向相反，因而产生制动作用，使转子减速，直至所有可转换利用的惯性动能全部转化为电能，消耗在制动电阻 R_L及机组本身上，机组停止转动。

能耗制动的参数特点为 $\Phi=\Phi_N$，$u_a=0$，电枢回路总电阻 $R=R_a+R_L$。

能耗制动的制动初瞬的最大电流为 $I_B=-\dfrac{C_E\Phi_N n_N}{R_a+R_L}$

能耗制动的制动电阻为 $R_L\geqslant\dfrac{U_N}{2I_{aN}}-R_a$

能耗制动的制动过程为反抗性负载停车，位能性负载稳速下降。

2. 电源反接制动

并励直流电动机电源反接制动的电路如图 2-11 所示。制动时保持励磁电流不变，利用反向开关把电枢两端反接到电源上，并在电枢回路串联一个限流电阻 R_L 使电枢电流的方向与原来的方向相反，从而产生与电枢旋转方向相反的电磁转矩，由此产生制动作用。

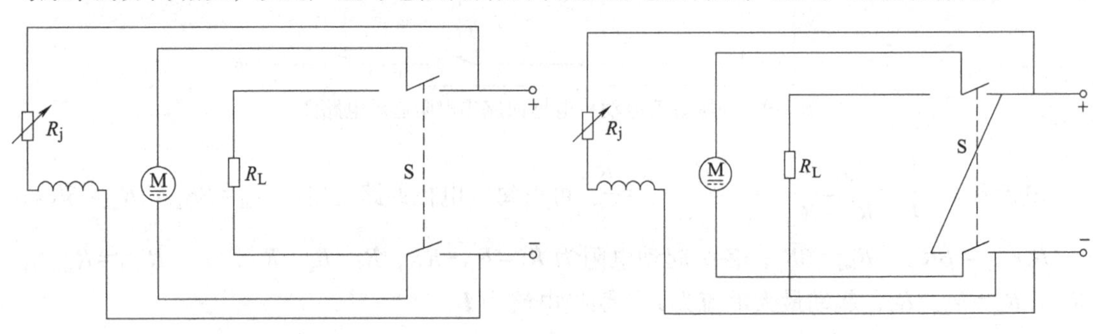

图 2-10　并励直流电动机能耗制动电路图　　图 2-11　并励直流电动机电源反接制动电路图

电源反接制动的参数特点为 $\Phi=\Phi_N$，$u_a=-u_N$，$R=R_a+R_L$。

电源反接制动特点为可以很快使机组停机，制动时需要加入适当的电阻，限制电枢电流，电动机转速至零时，需切断电源。

3. 倒拉反转制动

对于位能性负载，当电动机稳定运行时，在励磁绕组和电枢绕组不改变接线方法的情况下，在电枢绕组回路串联一个较大的电阻时，电磁转矩将小于负载转矩，电动机减速；当转速减至零时，电磁转矩仍小于负载转矩，电枢被位能性负载倒拉着反转，电磁转矩随着电枢的反向增速而增大，直到与负载转矩相平衡，电动机将稳定运行在制动状态。

2.2.5 直流电动机的调速

电动机是用以驱动生产机械的，根据负载的需要，人们常常希望电动机的转速能够在一定或宽广的范围内进行调节，且调节的方法要简单、经济。

直流电动机具有在宽广范围内平滑经济调速的优良性能，其调速方式有：电枢回路串联电阻调速、改变励磁电流调速和改变端电压调速。

1. 电枢回路串联电阻调速

电枢回路串联调节电阻 R_j后，速度调节量为

$$n=\frac{U-I_a(R_a+R_j)}{C_E\Phi}=\frac{U}{C_E\Phi}-\frac{R_a+R_j}{C_EC_T\Phi^2}T_{em} \tag{2-10}$$

$$\Delta n=n_j-n_0=-\frac{R_j}{C_E\Phi}I_a=-\frac{R_j}{C_EC_T\Phi^2}T_{em} \tag{2-11}$$

式（2-11）中，负号表明 R_j的接入使电动机特性变软，即速度下降。此外，由于调速前后负载转矩不变（设为恒转矩负载），因此调速前后的电枢电流值亦保持不变，这也是串联电阻调速的特点。但串联电阻后损耗增加、输出功率减小、效率降低，很不经济，因此这种调速方法只在不得已时才采用。

2. 改变励磁电流调速

调节励磁电流，即改变主磁通 Φ，可以平滑地较大范围地改变电机的速度，此时有

$$n=\frac{U-I_aR_a}{C_E\Phi} \tag{2-12}$$

这里仍设为恒转矩调速，Φ_1 与 Φ_2 分别是调节前和调节后的磁通，I_{a1}与 I_{a2}分别是调节前和调节后的电枢电流，有

$$C_T\Phi_1I_{a1}=C_T\Phi_2I_{a2} \tag{2-13}$$

$$\frac{I_{a2}}{I_{a1}}=\frac{\Phi_1}{\Phi_2} \tag{2-14}$$

进而假设不计磁路饱和，忽略电枢反应和电枢回路电阻的影响，可以得出

$$\frac{n_2}{n_1}\approx\frac{\Phi_1}{\Phi_2}\approx\frac{I_{f1}}{I_{f2}} \tag{2-15}$$

式（2-15）表明在负载转矩不变的情况下，减小励磁电流将使电动机转速升高，电动机输出功率随之增加，与此同时电枢电流增加，输入功率增加，电动机的效率几乎不变。

由此可见，改变励磁电流调速较之串联电阻调速要优越，也实用得多。但与串联电阻调速只能下调降速的特点相反，改变励磁电流调速通常只适合于上调升速，这种调速方式也叫弱磁调速。

3. 改变端电压调速

改变电枢电压是一种比较灵活的调速方式，这种方式下电动机的转速既可升高也可降低，配合励磁调节，调速范围还可以更加宽广，因而它已经成为一种普遍应用的调速方式。

当然，调压调速需要专用直流电源，但这在现代电力电子传动系统中已经是最基本的配置。辅以对整流电源的先进控制策略和调制方案，系统不但可以获得最为理想的调速性能，

而且可以集正反转切换、减压起动以及后面将要介绍的能量回馈制动等功能于一身，最终实现传统电力传动系统难以企及的最优化运行性能指标。

2.3 直流电机的仿真分析

本节所建立的仿真模型用于对直流电机的瞬变过程进行仿真计算，其中包括直流发电机、直流电动机的基本特性以及并励直流电动机的起动过程（直接起动、减压起动和电枢回路串联变阻器起动）、制动过程（电源反接制动、倒拉反接制动和能耗制动）和调速过程（电枢电路串电阻调速、改变端电压调速和弱磁调速）的仿真计算和分析。此外也对并励直流电动机的故障运行过程（励磁回路断路、负载突变、电源电压突变）、串励直流电动机的负载突变过程的动态过程进行了仿真计算。仿真用直流电机额定值及其参数见表 2-1。

表 2-1 仿真用直流电机额定值和参数

额定功率/kW	额定电压/V	额定电流/A	额定转速/(r/min)	R_f/Ω	L_f/H	R_a/Ω	L_a/H	L_{af}/H	J/(kg·m^2)	B_M/(N·m·s/rad)
3.73	240	16.2	1220	240	120	0.6	0.012	1.8	1	0.2287
149	250	633	617	12	9	0.012	0.00035	0.18	30	0
1.5	125	16	1750	111	10	0.24	0.018		0.8	0

2.3.1 直流发电机的基本运行状态仿真

1. 他励直流发电机的运行特性

励磁绕组与电枢绕组无连接关系，而由其他直流电源对励磁绕组供电的直流电机称为他励直流电机。本节将建立考虑发电机饱和特性和电枢反应去磁效应的 Simulink 仿真模型，如图 2-12a 所示，对其空载特性、负载特性以及外特性进行仿真并分析。

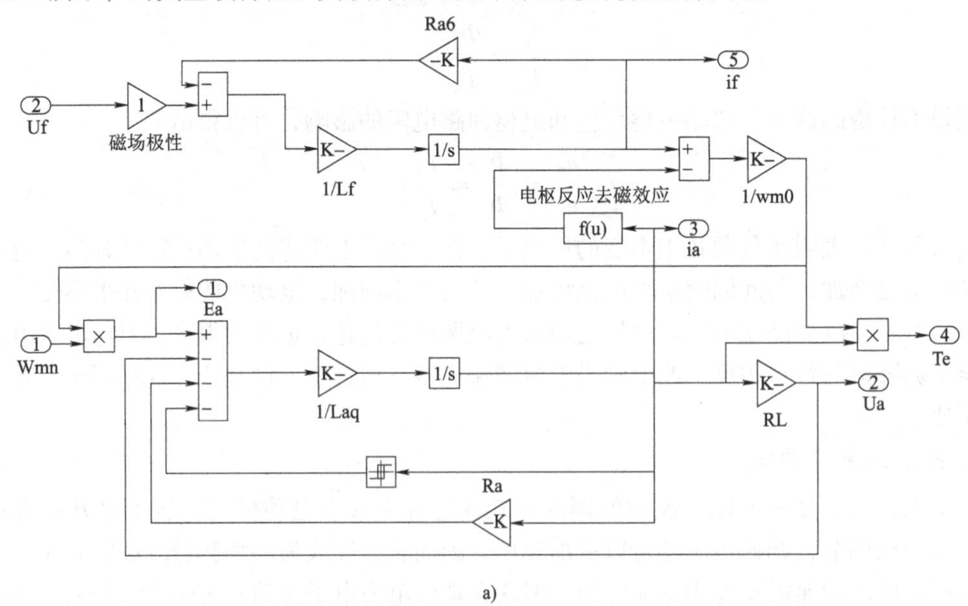

图 2-12 他励直流发电机仿真模型及等效电路

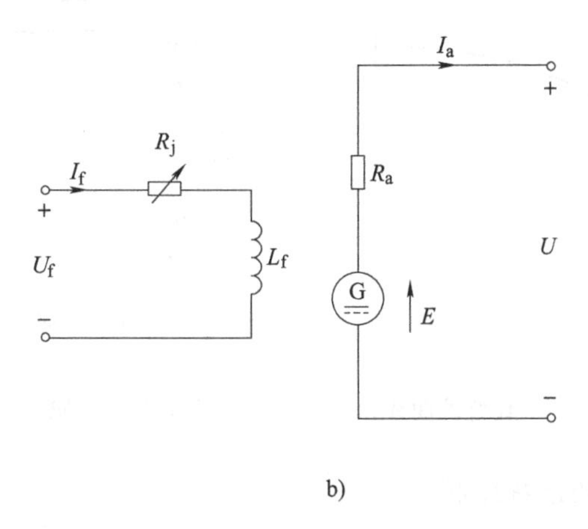

图 2-12 他励直流发电机仿真模型及等效电路（续）

仿真用的发电机参数见表 2-1 中的 1.5kW 组，他励直流发电机等效电路如图 2-12b 所示。

（1）空载特性

空载特性是当 n 为常值，$I=0$ 时，$E_a=f(I_f)$ 的关系曲线，因为 $E_0 \propto \Phi$，$I_f \propto F_0$，故本质上也就是发电机用试验的方法测定的实际磁化曲线。仿真中保持转速 n 恒定，调节励磁串联电阻，使 I_f 由零单调增长，直至 E_a 为 $(1.1\sim1.3)U_N$ 为止，然后使 I_f 单调减小到零，得出如图 2-13 所示曲线，称之为空载特性曲线。仿真中保持发电机转速不变（1750r/min），使励磁回路电阻 R_{rh} 不断减小。

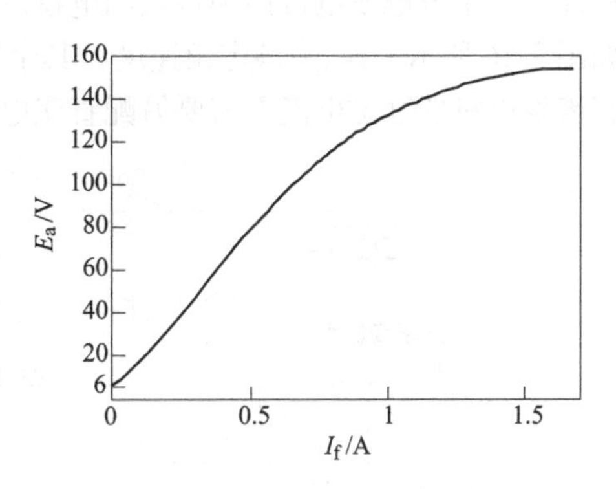

图 2-13 他励直流发电机的空载特性曲线

由于发电机有剩磁，故 $I_f=0$ 时，发电机还有一个不大的电压，称为剩磁电压，数值为额定电压的 2%～4%。以上所得的空载曲线是相对于某一恒定转速（一般为 n_N）而测定的。由于励磁电流相同时，$E \propto n$，故对不同给定转速，空载特性将会与转速成正比地上、下移动（相对于额定转速空载特性曲线）。

（2）负载特性

负载特性是当 n 和 I 均为常值时，$E_a=f(I_f)$ 的关系曲线。仿真中保证 n 恒定（1750r/min），增加负载（$R_L=90\Omega$），保持 I_a 不变，使励磁回路电阻 R_{rh} 不断减小。仿真结果如图 2-14 所示，负载曲线相对于空载曲线下移。

（3）外特性

外特性是 n 和 I_f 均为常数时，$E_a=f(I_a)$ 的关系曲线。仿真中保证 n 恒定（1750r/min），调节负载电阻 R_L，使负载电流酌量过载后逐渐减小到零。调节过程中保持转速和励磁电流恒定，即可得到外特性曲线，结果如图 2-15 所示。

外特性是一条随负载电流增大而下垂的曲线，原因是电枢回路电阻上的压降和电枢反应的去磁作用都随电流增加而增加。

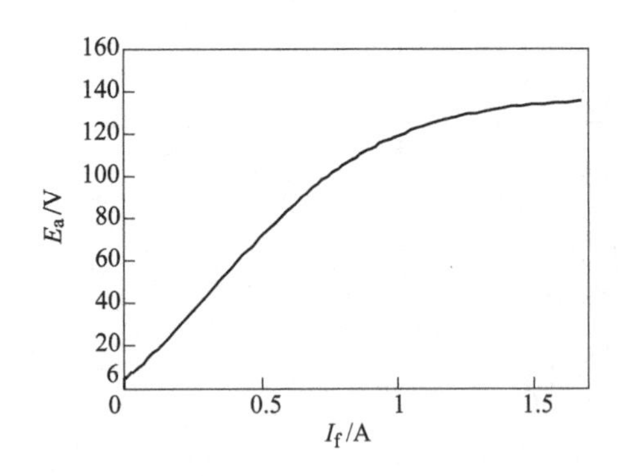

图 2-14　他励直流发电机的负载特性曲线

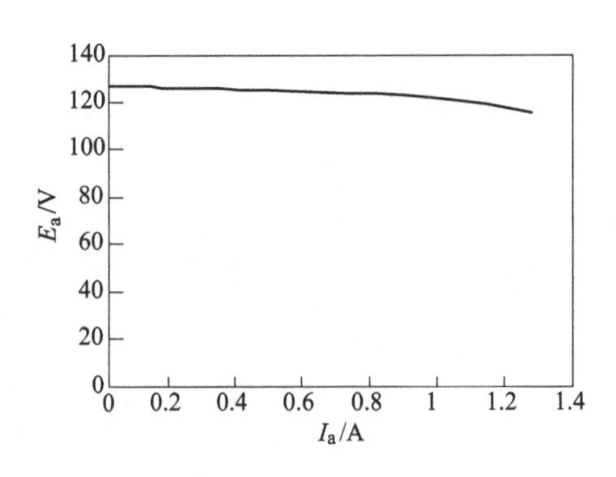

图 2-15　他励直流发电机的外特性曲线

2. 并励直流发电机的运行特性

建立并励直流发电机自励建压时的仿真模型时应考虑磁路的饱和特性，即发电机的空载特性。一个考虑发电机饱和特性和电枢反应去磁效应的 Simulink 仿真模型（按发电机惯例）如图 2-16 所示。ω_{mn}为额定角速度，其余的物理量和参数的意义与并励直流电机相同。并励直流发电机的励磁电流不需要另配直流电源供给，直接取自发电机本身。

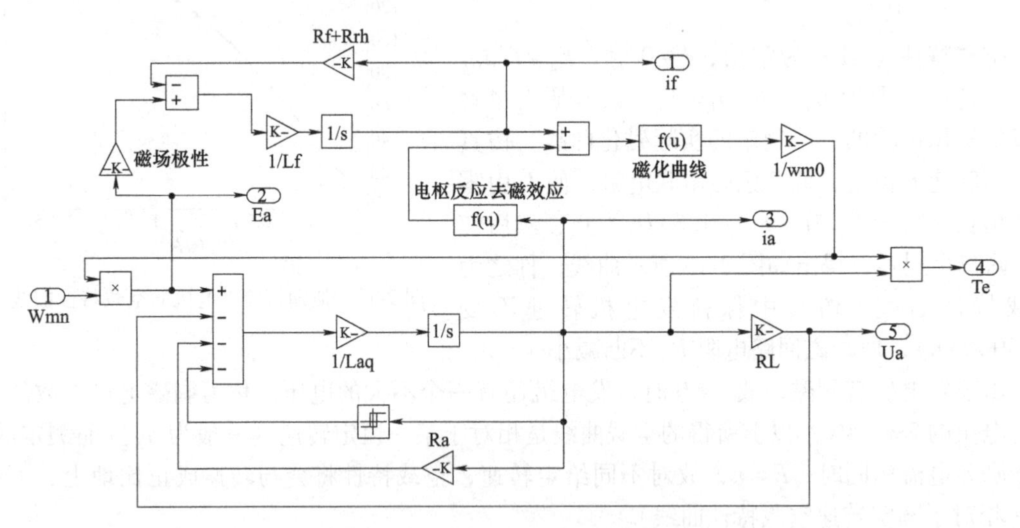

图 2-16　并励直流发电机仿真模型

并励直流发电机是实现机械能与直流电能相互转换的一种旋转电机，它将机械能转化为电能，励磁方式是自励式，并且励磁绕组和电枢绕组并联。并励直流发电机等效电路如图 2-17 所示。

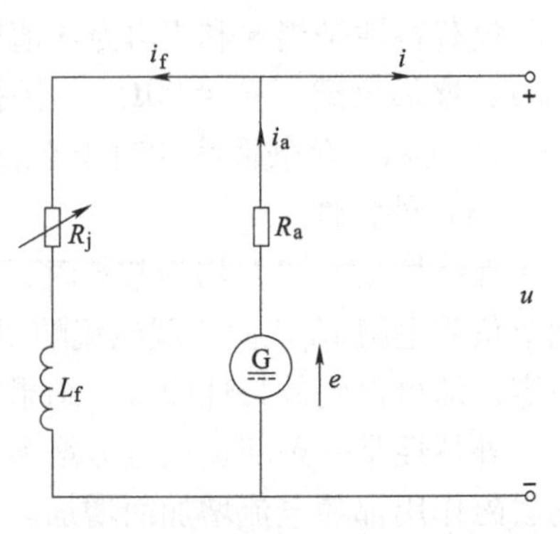

图 2-17　并励直流发电机等效电路

下面对并励直流发电机自励过程进行模拟仿真，分析自励过程的自励条件、加载运行等问题。

（1）自励建压过程

建立并励直流发电机自励建压时的仿真模型时应考虑磁路的饱和特性，即发电机的空载特性。一个考虑发电机饱和特性和电枢反应去磁效应的 Simulink 仿真模型（按发电机惯例）如图 2-16 所示。

仿真用的电机参数见表 2-1 中的 1.5kW 电机。其磁化曲线为

$$e_0 = -46.05i_f^5 + 234.4i_f^4 - 434.6i_f^3 + 281.9i_f^2 + 109i_f + 6.602$$

电枢反应的去磁效应为

$$i_{feq} = 0.04|\arctan i_a| + 0.0001i_a^2$$

当发电机由原动机拖动到额定转速（1750r/min）、励磁电路串联电阻为 $R_{rh}=25\Omega$、负载电阻为 $R_L=10^{20}\Omega$ 时，自励建压过程的仿真结果如图 2-18a 所示。可见，励磁电流逐渐增加

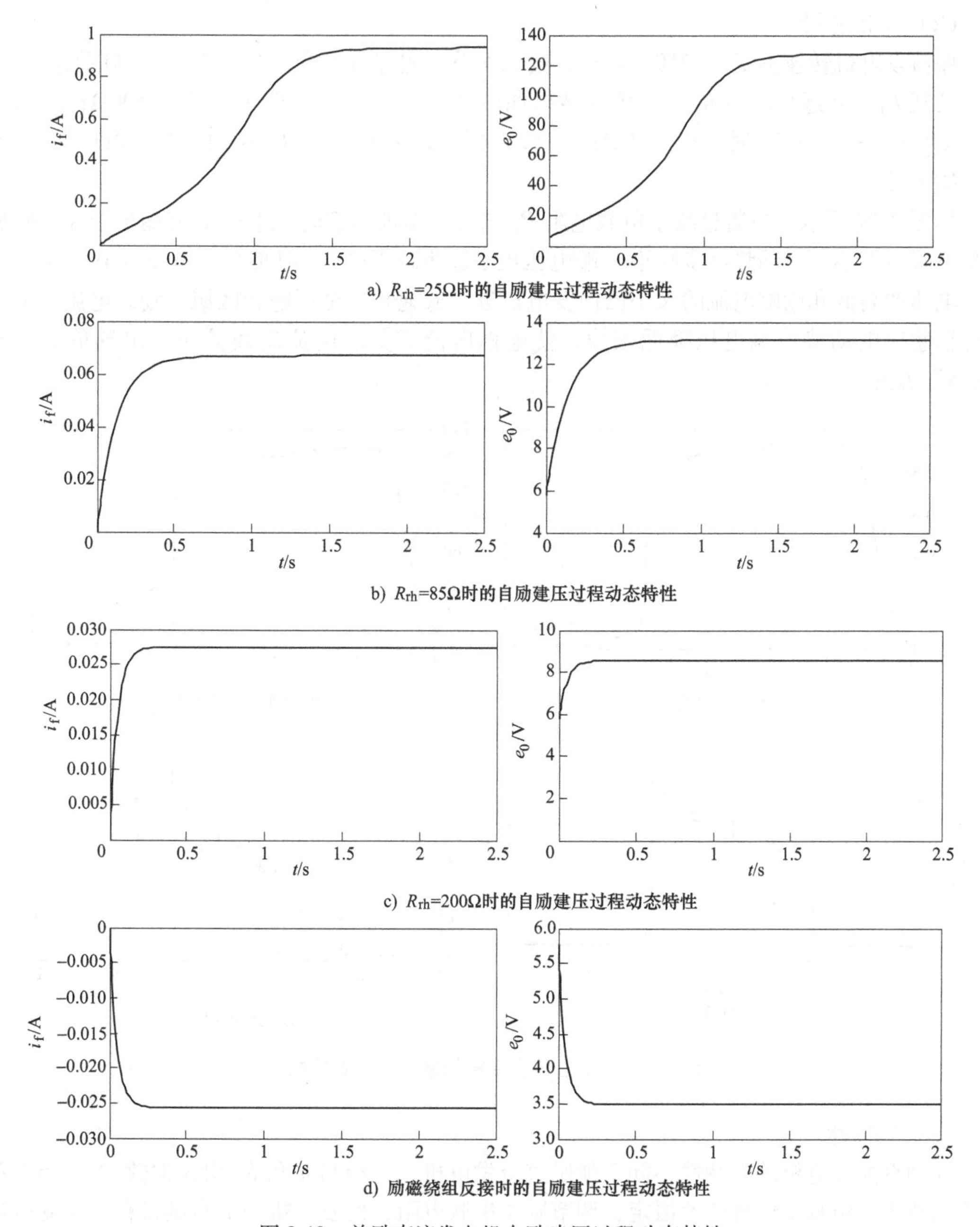

图 2-18　并励直流发电机自励建压过程动态特性

直至稳定值约0.94A，发电机的剩磁电压约为6.6V，稳定电压约为130V。从仿真结果可知，当满足自励的三个条件时，自励建压成功。如果不满足三个条件之一，则自励不能成功。当励磁电路串联电阻逐渐增加时，发电机的空载端电压逐渐减小，如图2-18b所示，当$R_{rh}=85\Omega$时，发电机端电压只有约15V，进一步增加励磁电路串联电阻至$R_{rh}=200\Omega$，如图2-18c所示，端电压只有约10V；当改变励磁绕组的接法，将其反接（将仿真模型中表示磁场极性的增益模块中的参数由1改为-1），结果如图2-18d所示。仿真结果表明，发电机端电压比剩磁电压还低。

（2）加载过程

保持发电机转速不变（1750r/min），励磁回路电阻保持不变（$R_{rh}=25\Omega$），自励建压后，接入负载R_L，并逐步减小R_L时的仿真结果如图2-19所示。$t=2.5$s时，$R_L=500\Omega$；$t=3.5$s时，$R_L=50\Omega$；$t=4.5$s时，$R_L=10\Omega$；$t=5.5$s时，$R_L=5\Omega$；$t=6.5$s时，$R_L=2\Omega$；$t=7.5$s时，$R_L=0\Omega$。

如图2-19所示，当通过减小负载电阻R_L来逐步增加负载时，电枢电流逐步增加，转速逐步下降电枢感应电动势逐步减小（端电压也是逐步减小的）。但是当负载增加到一定数值时，电压的高低和励磁电流的大小已使发电机进入低饱和甚至不饱和区域，励磁电流的减小使电枢感应电动势或端电压降低很快，使电枢电流或负载电流反而减小，出现负载电流“拐弯”现象。

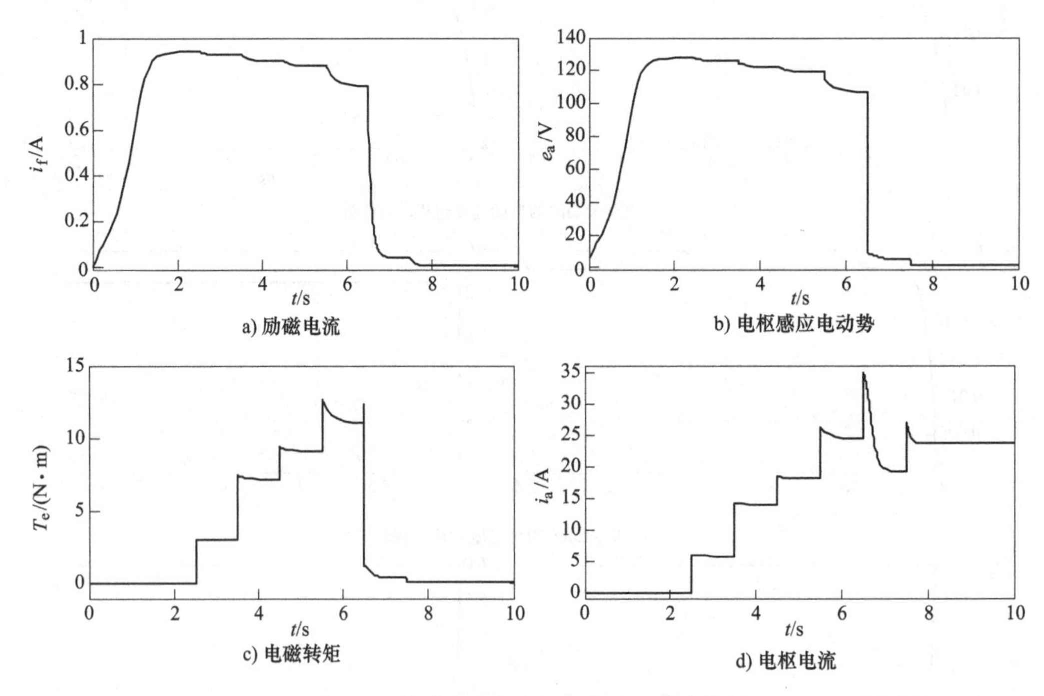

图2-19　并励直流发电机加载过程动态特性

（3）外特性

并励直流发电机的外特性不同于他励直流发电机，是指当n和R_f均为常数时，$e_a=f(I)$的关系曲线。仿真中保持转速恒定，调节励磁串联电阻，使发电机完成自励过程，建立端电压e_0。然后逐步减小R_L，则可得到并励发电机的外特性，结果如图2-20所示。

图 2-20 表明，并励直流发电机端电压比他励直流发电机下降得快。因为他励直流发电机在负载电流增加时，使端电压下降的原因只是电枢回路电阻下降和电枢反应的去磁作用，而并励直流发电机还要加上因端电压下降而导致励磁电流减小的因素。

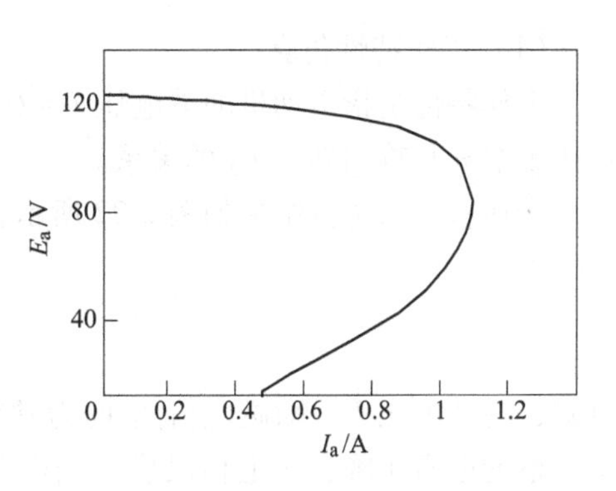

图 2-20　并励直流发电机的外特性曲线

并励直流发电机外特性的突出特点是负载电流有“拐弯”现象。这是因为 $I=U/R_L$，当电压下降不多时，发电机的磁路还比较饱和，励磁电流的减小使端电压的减小不多，于是 I 随 R_L 的减小而增大；而当 I 增大到临界电流（为额定电流的 2～3 倍）后，端电压或电枢电压的持续下降已使励磁电流的取值进入低饱和甚至不饱和区，励磁电流的减小使端电压急剧下降，反倒使得 I 不断减小，直至短路，$R_L=0$，$U=0$，$I_f=0$，短路电流 $I_{k0}=E_r/R_a$，其中，E_r 为剩磁电动势，其数值是很小的。因此，并励发电机的稳态电流 I_{k0} 不大。

2.3.2　直流电动机的基本运行状态仿真

1. 并励直流电动机的运行特性

仿真用的电机参数见表 2-1 中 3.73kW 组的数据，并励直流电动机仿真模型如图 2-21a 所示，等效电路如图 2-21b 所示。

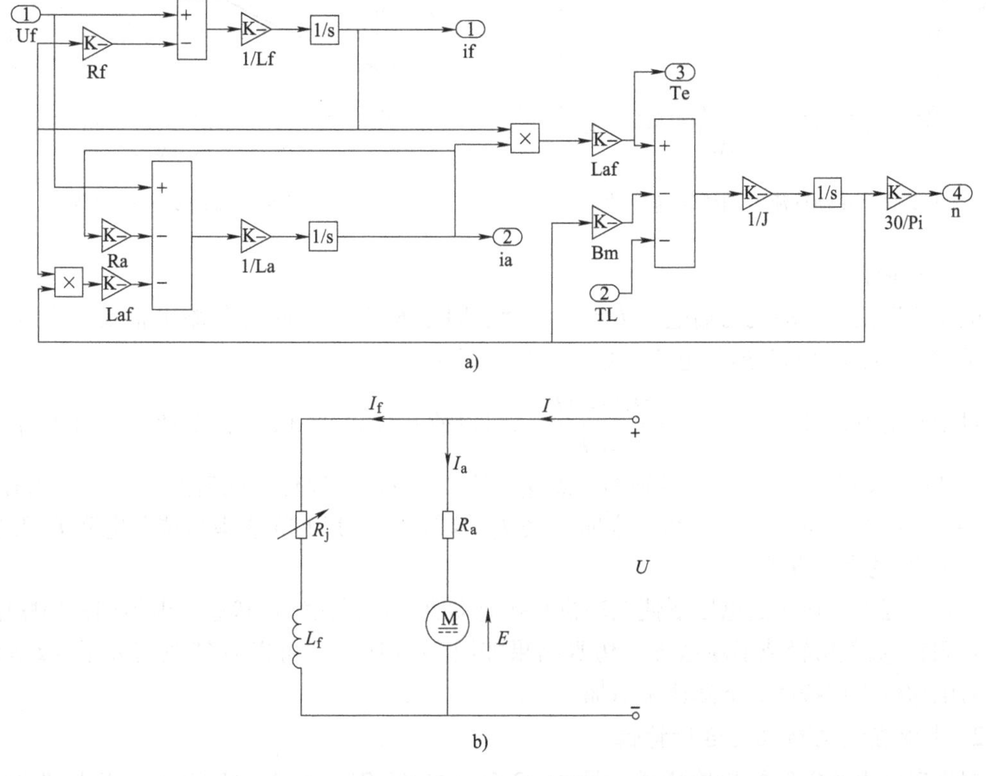

图 2-21　并励直流电动机仿真模型及等效电路

（1）工作特性仿真

工作特性是指电动机的端电压 $U=U_N$、励磁电流 $I_f=I_{fN}$时，电动机的转速 n、电磁转矩 T_e和效率 η 与输出功率 P_2 的关系。

转速特性的仿真结果如图 2-22 所示，随着负载 P_2 增加，转速 n 略有下降。由公式

$$n=\frac{U-I_aR_a}{C_E\Phi}$$

可知，在端电压 U、励磁电流 I_f 均为常数的条件下，影响并励电动机转速的因素有两个：①电枢的电阻压降；②电枢反应。当电动机的负载增加时，电枢电流增大，电枢电阻压降 I_aR_a 增加，使电动机的转速趋于下降，电枢反应有去磁作用时，则使转速趋于上升。这两个因素对转速的影响部分地相互抵消，使有负载时电动机的转速变化很小。

电动机的转矩 $T_e=T_0+T_2=T_0+P_2\omega$，输出转矩 $T_2=\frac{P_2}{\omega}$。由此可知，若转速为常数，则 T_2 与 P_2 之间为一直线关系。然而 P_2 增大时，转速实际上会略有下降，所以曲线 $T_2=f(P_2)$ 将略微向上弯曲，且当 $P_2=0$ 时，$T_e=T_0$，转矩特性的仿真结果如图 2-23 所示。

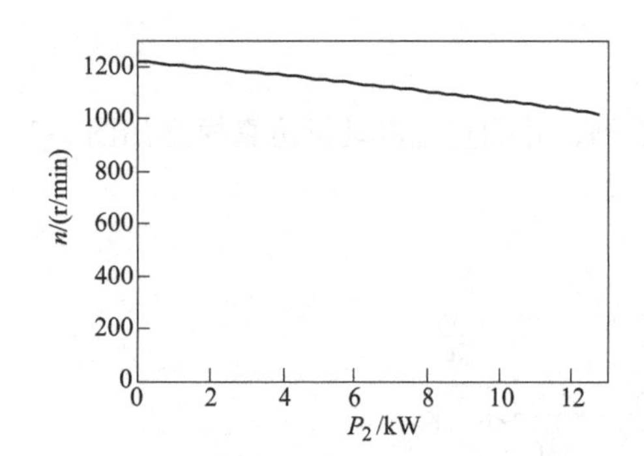

图 2-22 并励直流电动机转速特性

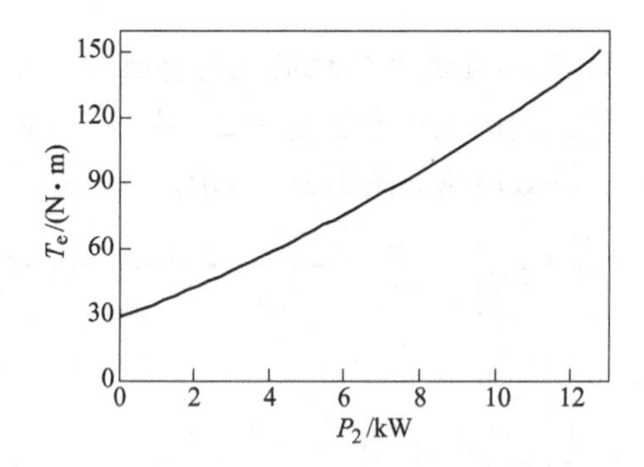

图 2-23 并励直流电动机转矩特性

（2）机械特性仿真

机械特性是指电动机的端电压 $U=U_N$、励磁回路 R_f 为常数时（忽略电枢反应影响，即 Φ 为常数），电动机的转速与电磁转矩的关系，即 $n=f(T_e)$。

对于并励电动机，转速 $n=\frac{U-I_a(R_a+R_j)}{C_E\Phi}$，可以改写成 $n=n_0+k_jT_e$，即此时的机械特性为直线，如图 2-24 所示。直线与纵轴的交点 $n_0=U/(C_E\Phi)$ 为理想空载转速，与端电压有关；直线斜率 $k_j<[(R_a+R_j)/C_E\Phi]<0$，表明 n 是 T_e的减函数，其下降速率与调节电阻 R_j和电枢回路电阻 R_a 的大小有关。

仿真过程中，在额定电压下使电动机直接起动直至运行在稳定状态，电枢回路串联附加电阻 0.2Ω，负载由轻载不断增加，仿真结果如图 2-25 所示，可以看到在增大了（R_j+R_a）的值后电动机机械特性的下降速率增加。

2. *串励直流电动机的运行特性*

根据串励直流电机的数学模型，即式（2-6）~式（2-7），用 MATLAB/Simulink 建立串励

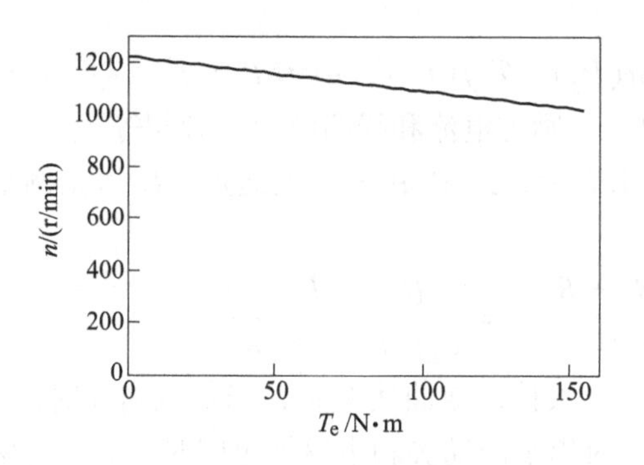

图 2-24　并励直流电动机机械特性

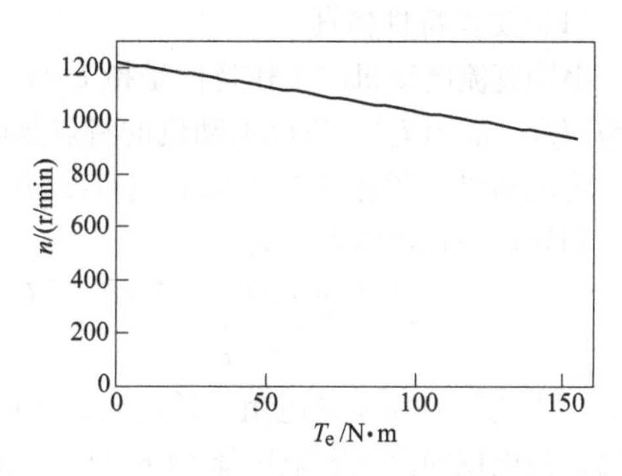

图 2-25　并励直流电动机机械特性（电枢回路串联电阻并增加负载）

直流电动机仿真模型。U_t为端电压；R_s为串励励磁绕组的电阻；L_{as}为运动电动势系数；其余的物理量和参数的意义与他励直流电机相同。

串励直流电动机等效电路如图 2-26b 所示。

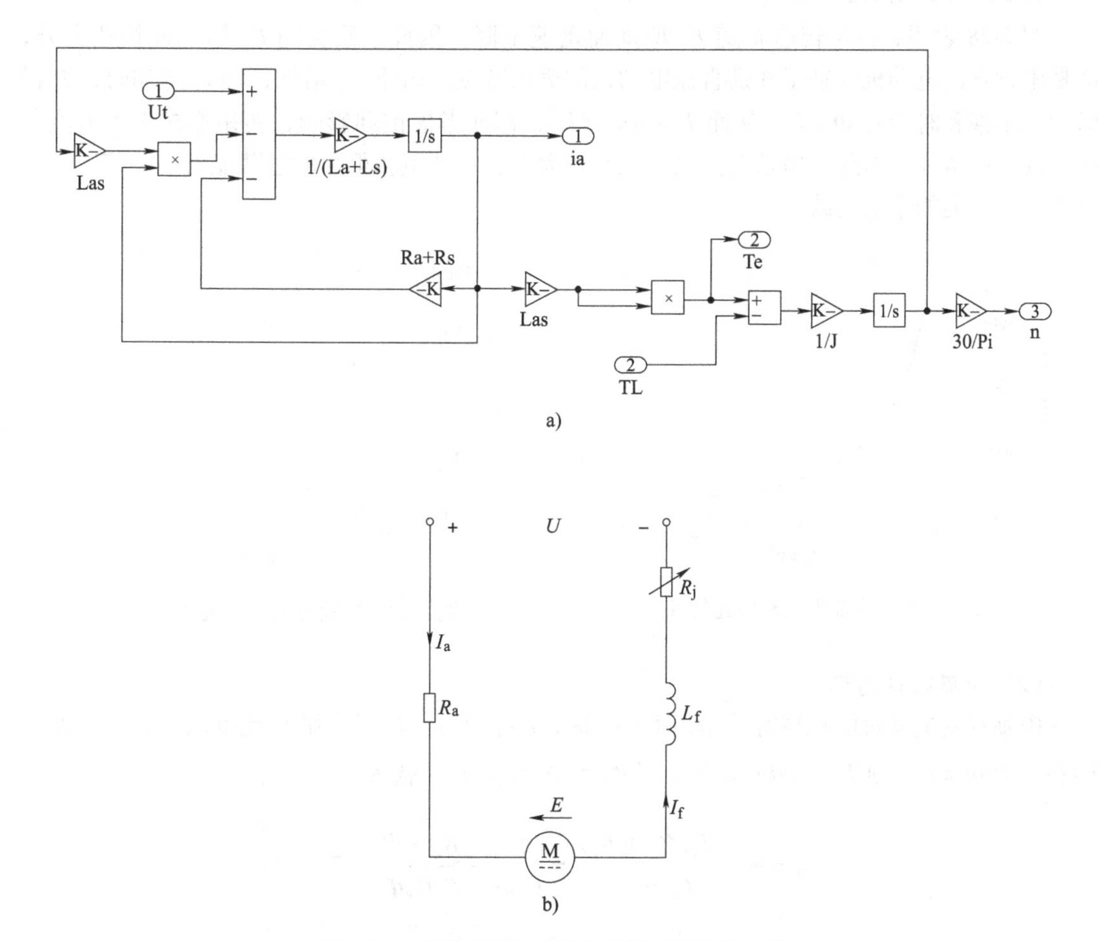

图 2-26　串励直流电动机仿真模型及等效电路

(1) 工作特性仿真

串励直流电动机的工作特性是指 $U=U_N$时，$nf(P_2)$、$T_e f(P_2)$、$\eta=f(P_2)$ 或 $n=f(I_a)$、$T_e=f(I_a)$、$\eta=f(I_a)$。串励电动机的特点是电枢电流、励磁电流和线路电流三者相等。

将电动机的磁化曲线近似地用直线 $\Phi=K_s I_a$ 来表示，式中 Φ 为主磁通量，K_s为比例常数，则转速公式可以表示为

$$n=\frac{[U-I_a(R_a+R_f)]}{C_E\Phi}=\frac{[U-I_a(R_a+R_f)]}{C_E K_s I_a}=\frac{U}{C_E K_s I_a}-\frac{R_a+R_f}{C_E K_s}$$

式中，R_f 为串励绕组的电阻。转速公式表明，n 与 I_a 大体成双曲线关系，当负载增加时，I_a 增加，使电枢回路的电阻压降$I_a(R_a+R_f)$ 增大，此时串励磁动势和主磁场也同时增大，这两个因素都促使转速下降，所以串励电动机的转速随着负载的增加而迅速下降。仿真过程中，在额定电压下使电动机直接起动直至运行在稳定状态，负载由轻载不断增加，转速特性仿真结果如图 2-27 所示。

串励直流电动机不允许空载运行，因为空载时 I 很小，主磁通 Φ 也很小，使转速 n 极高，容易产生“飞车”现象。

转矩特性如图 2-28 所示。

图 2-28 表明，由于转速 n 随 P_2 增加而迅速下降，因此，T_e会随 P_2 增加而快速上升，这是串励直流电动机区别于并励直流电动机的突出特点。由于 P_2 增加，即 I_a 增加时，Φ 将增加，不饱和时应有 $\Phi\propto I_a$，从而 $T_e\propto\Phi I_a\propto I_a^2$，即便考虑饱和影响，转矩亦按大于电流一次方的速率增加，因此，串励直流电动机有较大的起动转矩和很强的过载能力，尤其适合于电力机车一类的牵引负载。

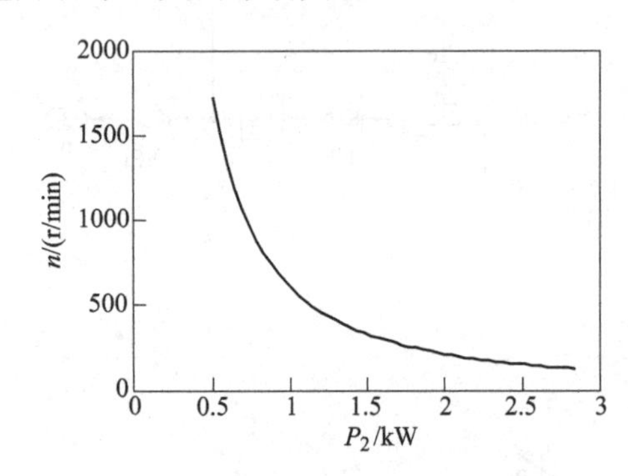

图 2-27　串励直流电动机转速特性

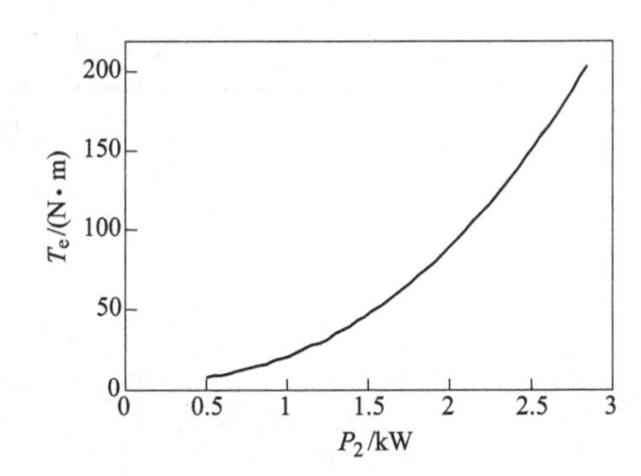

图 2-28　串励直流电动机转矩特性

(2) 机械特性仿真

串励直流电动机的机械特性是指 $U=U_N$时，$n=f(T_e)$。对于串励直流电动机，设磁路不饱和，即 $\Phi\propto I_a$，则 $T_e=C_T\Phi I_a\propto\Phi^2$，从而令 $\Phi=C_\Phi\sqrt{T_e}$，代入

$$n=\frac{U-I_a(R_a+R_j)}{C_e\Phi}=\frac{U}{C_e\Phi}-\frac{R_a+R_j}{C_e C_T\Phi^2}\cdot T_e$$

整理得

$$n=\frac{1}{C_{e}C_{\Phi}}\left(\frac{U}{\sqrt{T_{e}}}-\frac{R_{a}+R_{j}}{C_{T}C_{\Phi}}\sqrt{T_{e}}\right)$$

显然，串励直流电动机的机械特性为双曲线，转速随转矩增加而下降的速率很快，称之为软特性。仿真过程中，在额定电压下使电动机直接起动直至运行在稳定状态，负载由轻载不断增加，仿真结果如图 2-29 所示。

仿真过程中，在额定电压下使电动机直接起动直至运行在稳定状态，电枢回路串联附加电阻 20Ω，负载由轻载不断增加，仿真结果如图 2-30 所示。

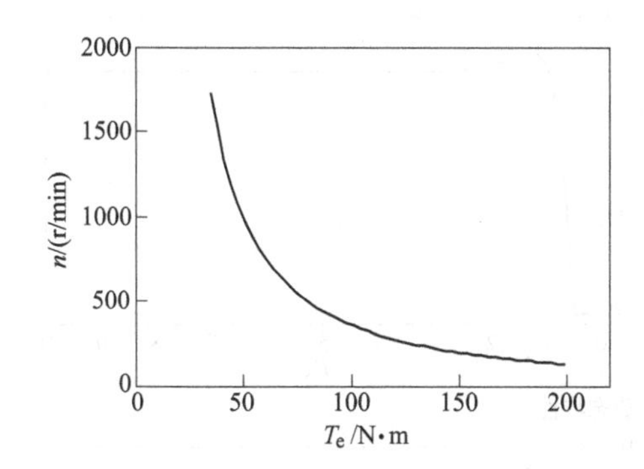

图 2-29 串励直流电动机机械特性

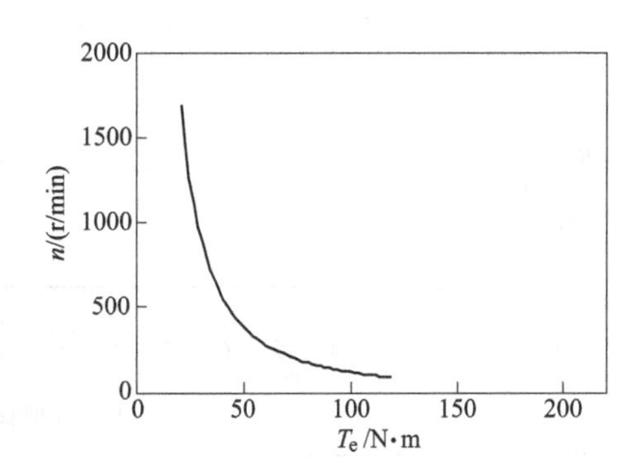

图 2-30 串励直流电动机机械特性

2.3.3 直流电动机的起动过程仿真

1. 并励直流电动机的起动

并励直流电动机起动时，为了产生较大的起动转矩及不使起动后的转速过高，应该满磁通起动，即励磁电流为额定值，使每极磁通为额定值。因此起动时励磁回路不能串联电阻，而且绝对不允许励磁回路出现断路。

并励直流电动机若加额定电压 U_N，且电枢回路不串联电阻，即直接起动，此时 $n=0$，$E_a=0$，起动电流 $I_{st}=U_N/R_a\geqslant I_N$，起动转矩 $T_{st}=C_T\Phi_N I_{st}\gg T_N$。由于电流太大，易使电动机出现换向不良，产生火花，甚至正、负电刷间产生电弧，烧毁电刷架。另外，电力拖动系统电动机起动条件是 $T_s\gg 1.1T_L$，T_L为负载转矩，若电动机起动转矩过大，还会造成机械撞击，这是不允许的。因此，除了微型直流电动机由于自身电枢电阻大可以直接起动外，一般直流电动机都不允许直接起动。

直流电动机常用的起动方法有直接起动、电枢回路串联变阻器起动和减压起动。仿真用的电机参数见表 2-1 中 3.73kW 组数据。

（1）直接起动

直接起动是把静止的电枢直接接入额定电压的电源上起动。由于励磁绕组的时间常数比电枢绕组大，为了确保起动时磁场及时建立，对于并励直流电动机，应先将励磁绕组接入电源使电动机建立额定的气隙磁场后，再把电枢绕组接在电源上起动。

并励直流电动机带恒转矩额定负载起动时，先将励磁绕组接入电源（t=0s 时），然后分别在 t=0.5s、1s、3s 将电枢绕组接入电源，其仿真结果如图 2-31 所示。

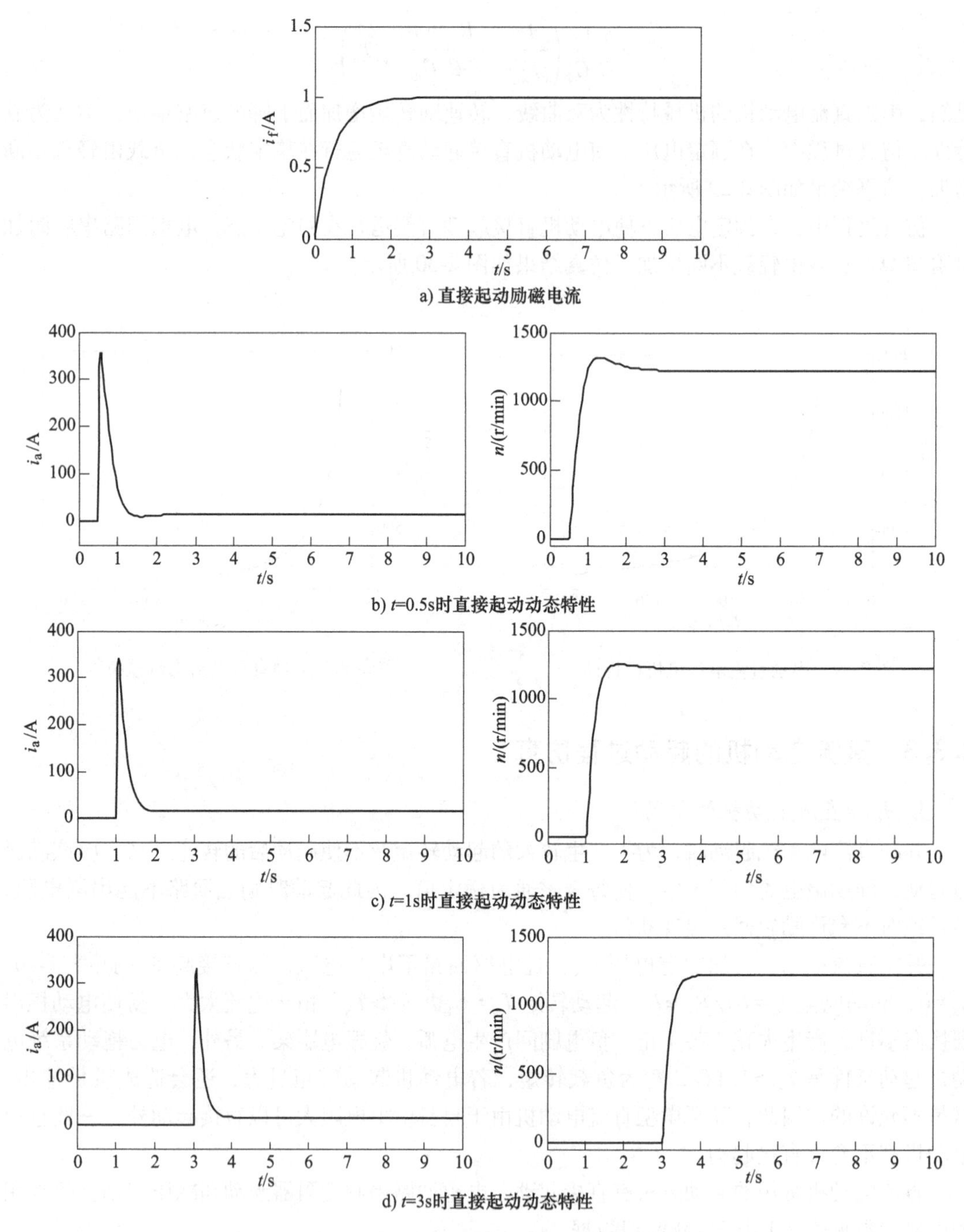

图 2-31　并励直流电动机直接起动动态特性

图 2-31 表明，这类电动机在直接起动时，电枢绕组的冲击电流可达额定值的约 20 倍。由此可见，并励直流电动机是不可采取直接起动方式的，否则会造成电动机换向困难，甚至会出现强烈火花或环火，使电动机不能继续运行下去。冲击电流太大还会影响接在同一电源上的其他电气设备的正常工作。且当励磁电流未稳定时，由 $n=\dfrac{U-I_aR_a}{C_e\Phi}$可知，电枢绕组接入

电源的时间越早，励磁电流越小，转速的数值也越高。

（2）减压起动

减压起动是通过减小电动机的电枢端电压来限制起动电流。起动过程中，可逐步提升电源电压，使电动机的转速按需要的加速度上升，以控制起动时间。对于并励直流电动机，减压起动时，应先将励磁绕组接入电源，使电动机建立额定的气隙磁场并保持不变，再把电枢绕组接在电源上起动。他励直流电动机等效电路如图 2-32 所示。

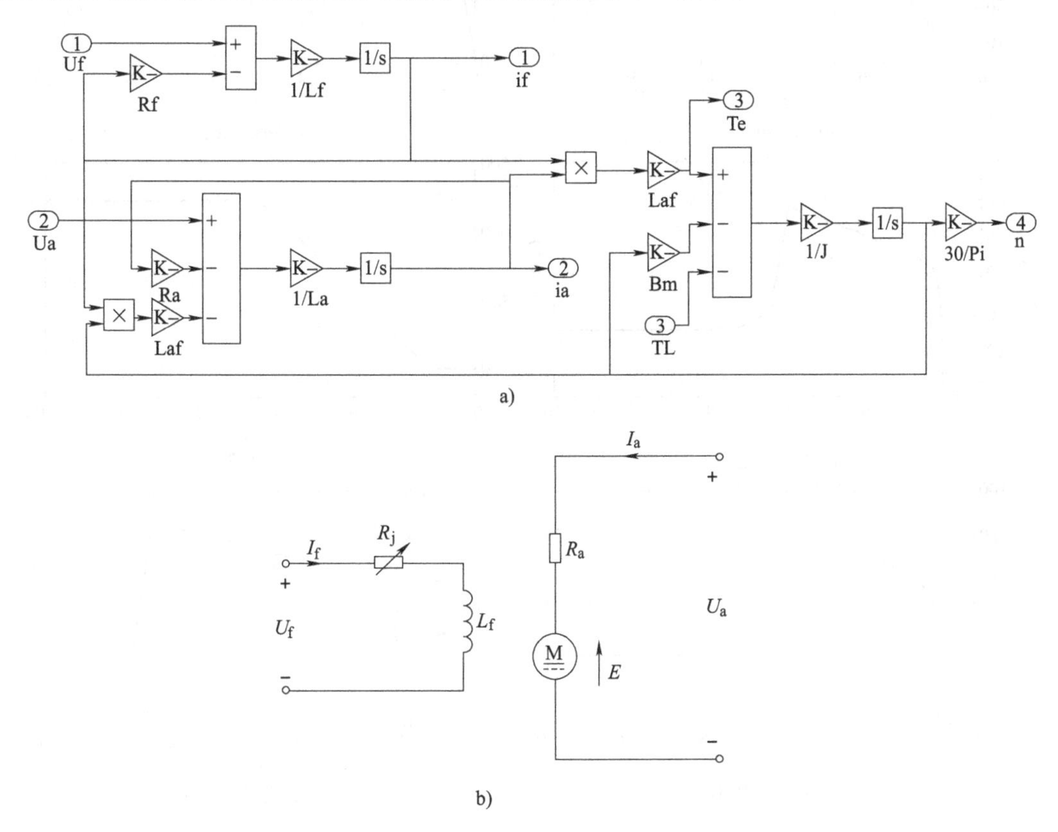

图 2-32　他励直流电动机等效电路

减压起动时，须采取他励方式。励磁绕组开始时（$t=0s$ 时）先接入 $U_f=U_{fN}=240V$ 的电源上，待励磁电流稳定后，再接入可调电源（$t=5s$ 时）起动电动机。为使起动过程中的冲击电流不超过两倍额定电枢电流，可调电源电压的起始值定为 15V，设在 2s 之内使电动机转速平稳上升至额定值，则可调电源输出电压随时间变化的特性描述为

$$u_a=\begin{cases}0V & 0s<t<5s\\ \dfrac{225}{2(t-5)}+15 & 5s\leqslant t<7s\\ 240V & t\geqslant 7s\end{cases}$$

减压起动的仿真结果如图 2-33 所示，由图可见，电源电压线性上升时，电枢电流保持在允许范围内线性上升，电磁转矩随之线性上升，转速与时间变化关系基本上是线性的。电源电压稳定不变后，转速仍在增大，反电动势增大，电枢电流减小，电磁转矩也随之减小，

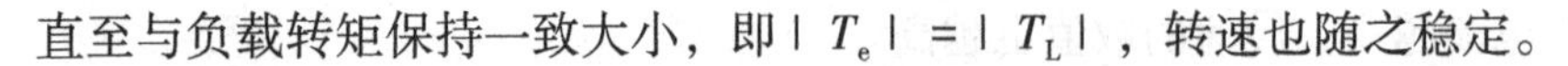

直至与负载转矩保持一致大小，即 $|T_e| = |T_L|$，转速也随之稳定。

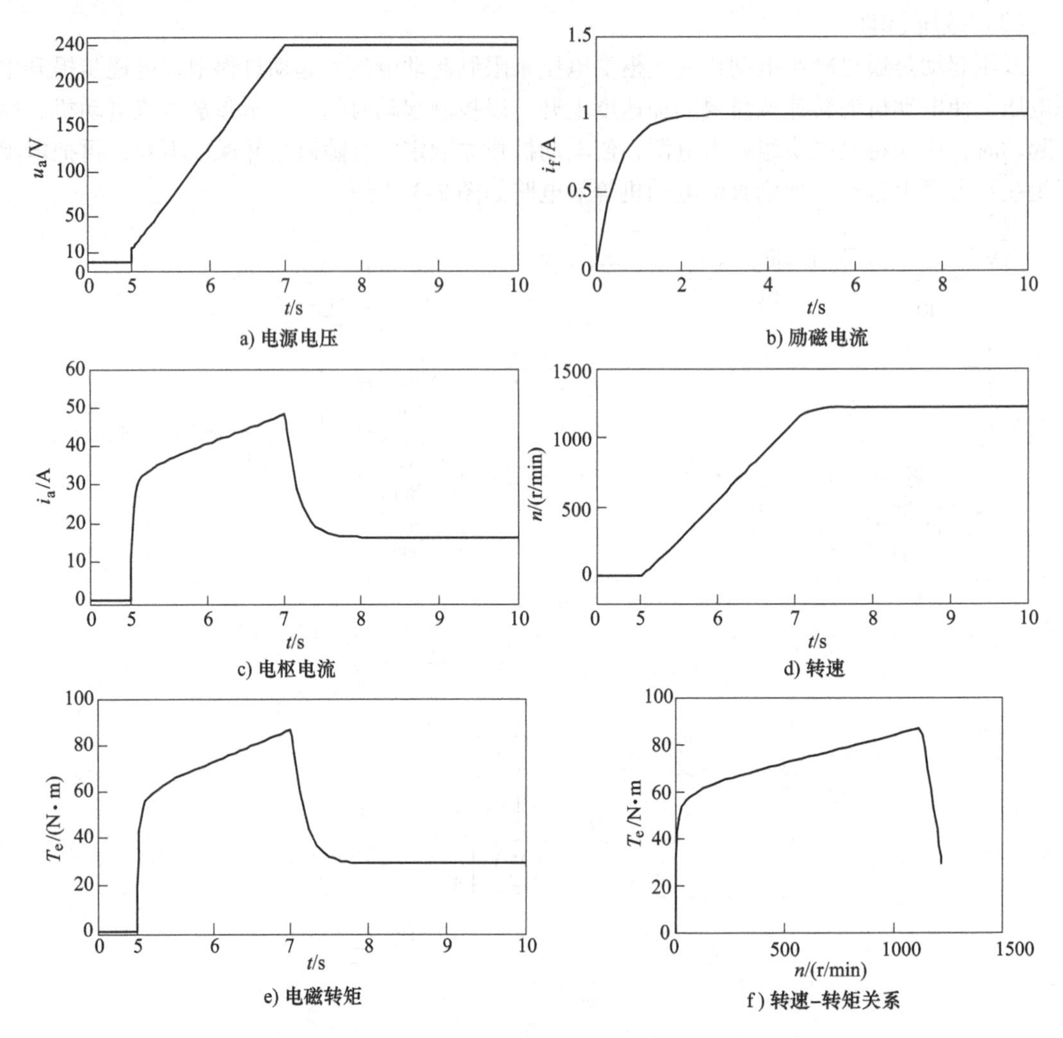

a) 电源电压　b) 励磁电流　c) 电枢电流　d) 转速　e) 电磁转矩　f) 转速-转矩关系

图 2-33　他励直流电动机电源减压起动动态特性 1

设在 1s 之内使电动机转速平稳上升至额定值，则可调电源输出电压随时间变化的特性为

$$u_a = \begin{cases} 0\text{V} & 0\text{s} < t < 5\text{s} \\ 225(t-5)+15 & 5\text{s} \leqslant t < 6\text{s} \\ 240\text{V} & t \geqslant 6\text{s} \end{cases}$$

若在减压起动时电动机采用并励的方式，其电枢电流及电磁转矩的仿真结果如图 2-34 所示。在电压较低时，励磁电流也较低，此时在气隙内建立的气隙磁场幅值较小，电枢电流会随着电压的上升而迅速上升，待励磁电流稳定到额定值后，电枢电流才会恢复到正常水平，这个过程使得电动机起动时电枢绕组的冲击电流达到了额定电流的 14 倍，电磁转矩也达到了额定转矩的 7 倍，这在实际应用中是非常危险的，因此并励直流电动机不可直接采用

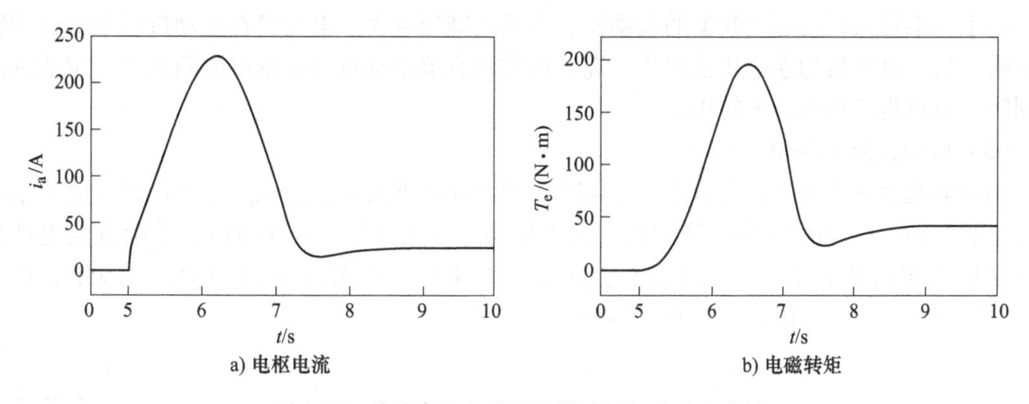

a) 电枢电流　　b) 电磁转矩

图 2-34　并励直流电动机电源减压起动动态特性

减压起动，而是需要改为他励的方式，先在气隙中建立额定的气隙磁场，再采用减压起动的方式起动。

减压起动的仿真结果如图 2-35 所示，由图可见，电源电压线性上升越快，电枢电流保持在允许范围内上升就越迅速，起动时间也越短，转速与时间变化关系基本上是线性的且斜率更大。

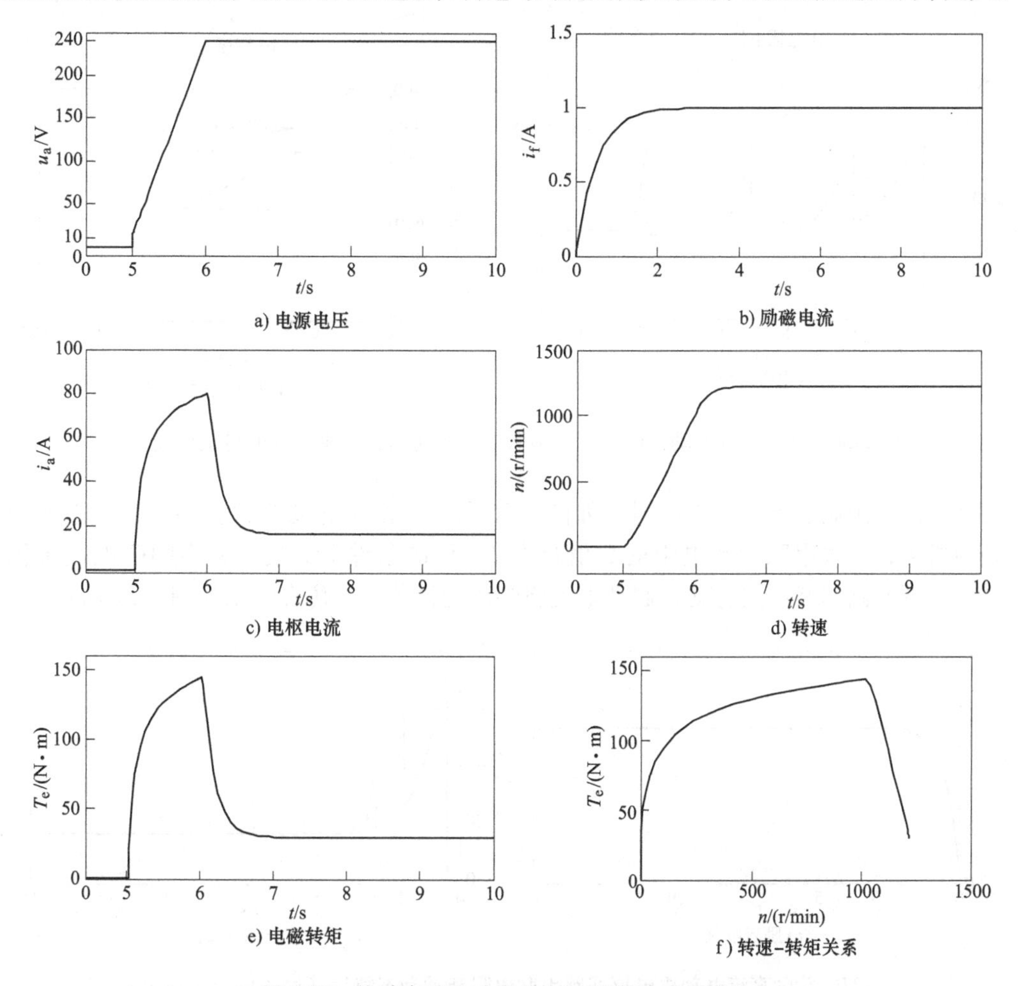

a) 电源电压　　b) 励磁电流

c) 电枢电流　　d) 转速

e) 电磁转矩　　f) 转速-转矩关系

图 2-35　他励直流电动机电源减压起动动态特性 2

对于功率较大而且起动频繁的电动机，多采用减压起动。电动机在起动过程中，随着转速不断升高，电动机的端电压也逐步升高，这在将直流电动机的电枢电流限制在一定范围内的同时，也获得了较大电磁转矩。

（3）电枢回路串联电阻起动

当选取起动过程中的最大电流 $I_{amax}=2I_{aN}$，电阻切除时的切换电流 $I_{amin}=1.05I_{aN}$时，求取起动级数为 $m=3$。当励磁电流稳定时，把电枢绕组接入电网（$t=4s$ 时），并励直流电动机带恒转矩负载电枢回路串联变阻器起动时，各级分段电阻的数值为 $R_1=1.95\Omega$，$R_2=1.126\Omega$，$R_3=0.55\Omega$，仿真结果如图 2-36 所示。

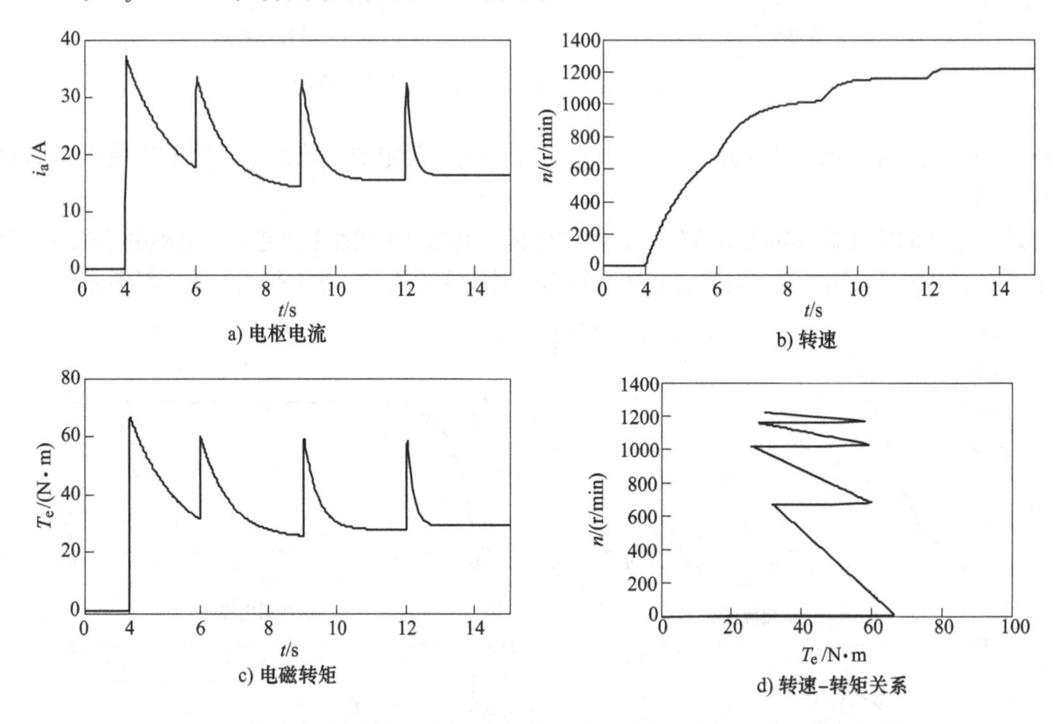

图 2-36　并励直流电动机电枢回路串联电阻起动动态特性（带恒转矩负载）

起动电流被限制在允许范围内时，如图 2-36 所示，由于起动级数较多，转速上升较平稳。必须指出，这些串联起动电阻的数值是在 $I_f=I_{fN}$ 的条件下算出的，当励磁电流未稳定时，进行电枢回路串联电阻起动，起动电流将超出允许范围，仿真结果如图 2-37 所示。

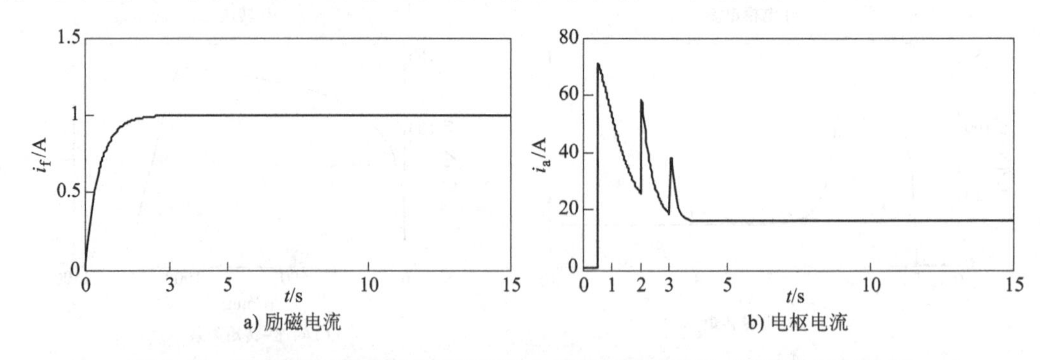

图 2-37　并励直流电动机电枢回路串联电阻起动动态特性（励磁电流未稳定）

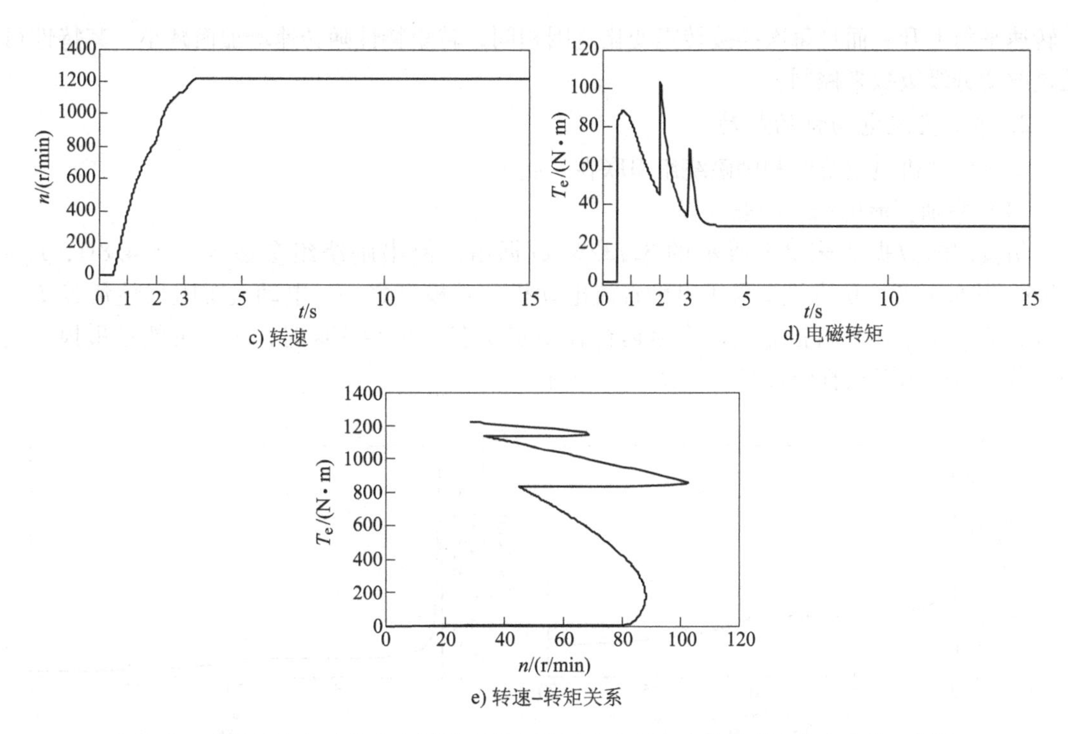

c) 转速

d) 电磁转矩

e) 转速-转矩关系

图 2-37　并励直流电动机电枢回路串联电阻起动动态特性（励磁电流未稳定）（续）

当分级起动改成四级起动时，各级分段电阻的数值为 $R_1=3.7\Omega$，$R_2=1.94\Omega$，$R_3=1.02\Omega$，$R_4=0.5\Omega$。

仿真结果如图 2-38 所示，电枢电流比三级起动时更为平缓。所以起动级数较多，有利

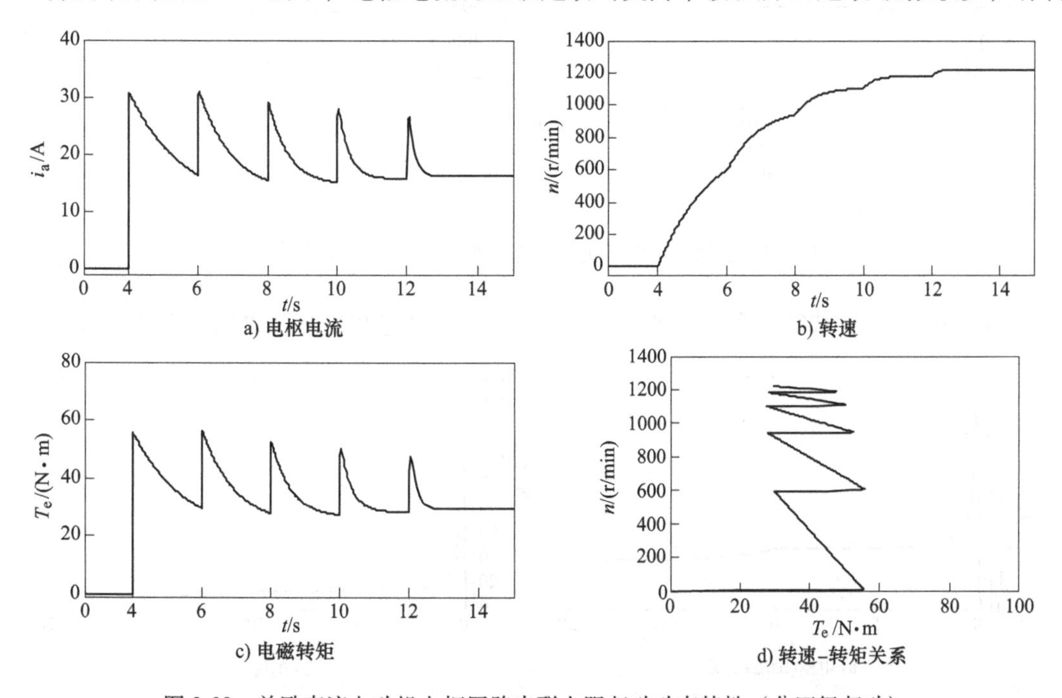

a) 电枢电流

b) 转速

c) 电磁转矩

d) 转速-转矩关系

图 2-38　并励直流电动机电枢回路串联电阻起动动态特性（分四级起动）

于转速平稳上升。而且每次换接转矩变化范围相同，转矩特性随转速增加而减小，其特性可通过改变分级级数来控制。

2. 串励直流电动机的起动

串励电动机电枢绕组和励磁绕组串联在一起工作。

（1）串励直流电动机动态过程

仿真用的数据为表 2-1 所示的 3.73kW 数据组，但串励绕组参数为 $R_f=4.8\Omega$，$L_f=4.8\text{H}$，其余不变。仿真模型采用串励直流电动机仿真模型之一。电动机带阻尼性负载 $T_L=B_M\omega_r$，在额定电压下直接起动，直至运行在稳定状态，在 $t=10\text{s}$ 时，负载突然被甩掉，变为空载运行的瞬变过程仿真结果如图 2-39 所示。

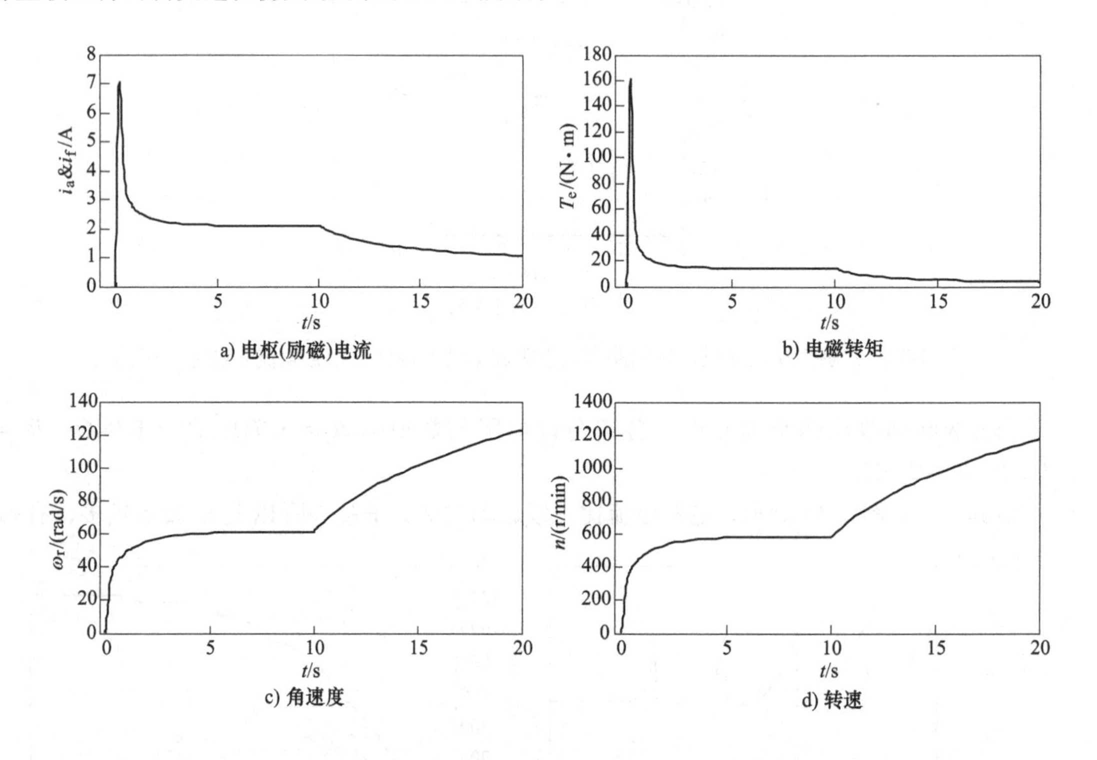

图 2-39 串励直流电动机的动态特性（$t=10\text{s}$ 负载被甩掉）

在 $t=10\text{s}$ 时，负载突然变为一半额定负载运行的瞬变过程仿真结果如图 2-40 所示。

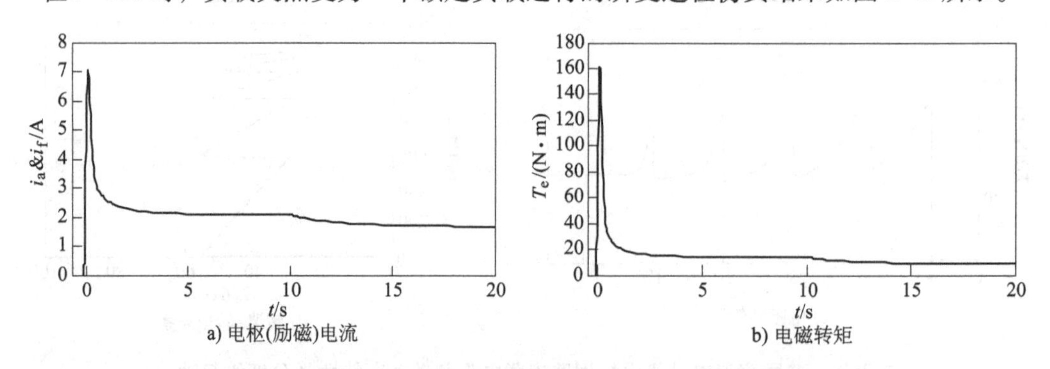

图 2-40 串励直流电动机的动态特性（$t=10\text{s}$ 负载被甩掉一半）

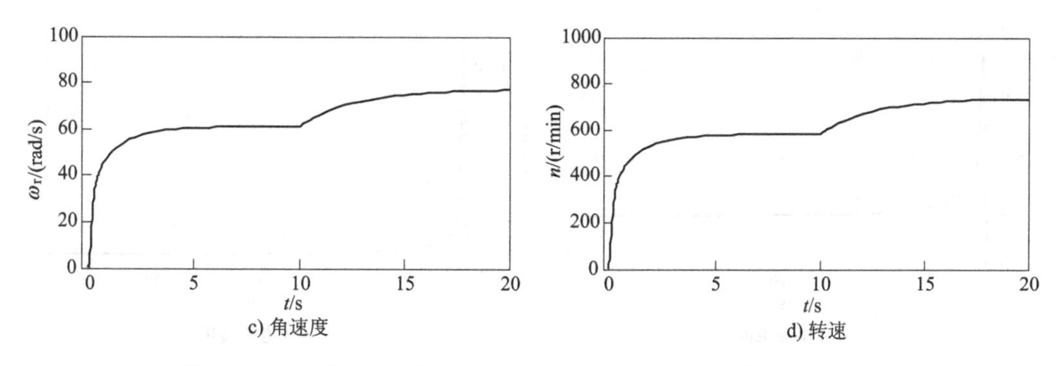

图 2-40　串励直流电动机的动态特性（$t=10\text{s}$ 负载被甩掉一半）（续）

图 2-39 与图 2-40 所示的仿真结果表明，直接起动时的起动电流和起动转矩都很大；负载被甩掉时，励磁电流和电磁转矩急速下降，转速却急速上升，电动机发生了“飞车”现象。负载突变得越剧烈，励磁电流与电磁转矩就下降得越快，转速上升得也越快。

（2）起动过程

串励直流电动机空载且直接起动时，其仿真结果如图 2-41 所示。

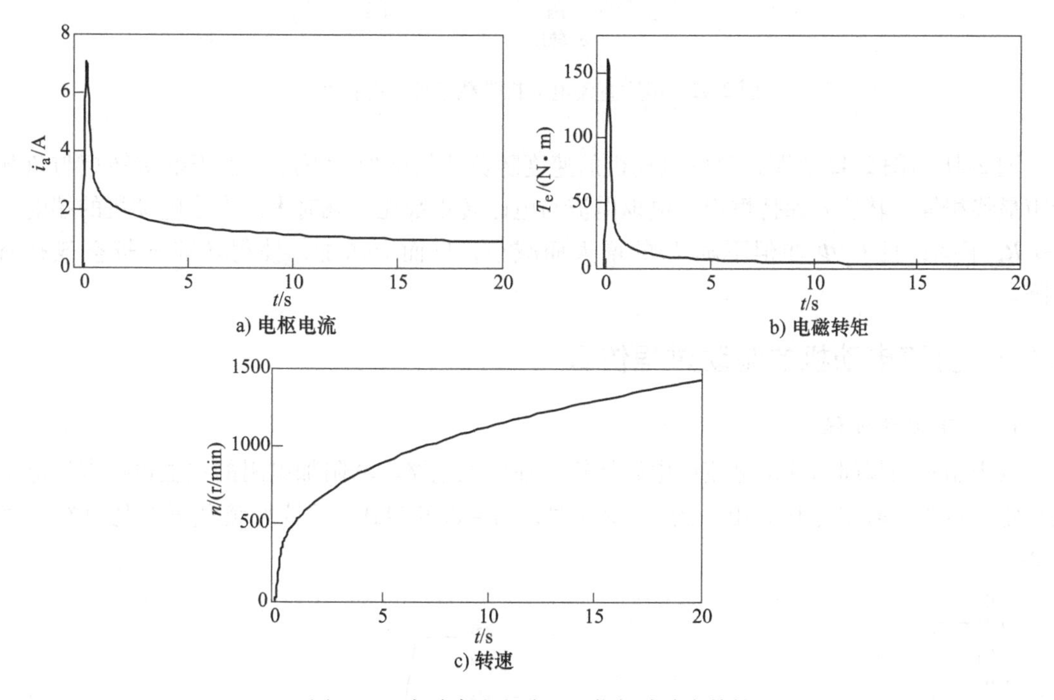

图 2-41　串励直流电动机空载起动动态特性

图 2-41 表明，当负载为空载时，直接起动时的起动电流和起动转矩都很大，转速一直上升，造成“飞车”现象，由公式 $n=\dfrac{U-I_aR_a}{C_e\Phi}$ 可知，电枢电流或励磁电流下降，电磁转矩也随之下降。所以串励电动机不允许空载运行。

当负载不为空载时（仿真中负载为 $T_L=10\text{N}\cdot\text{m}$），直接起动仿真结果如图 2-42 所示。

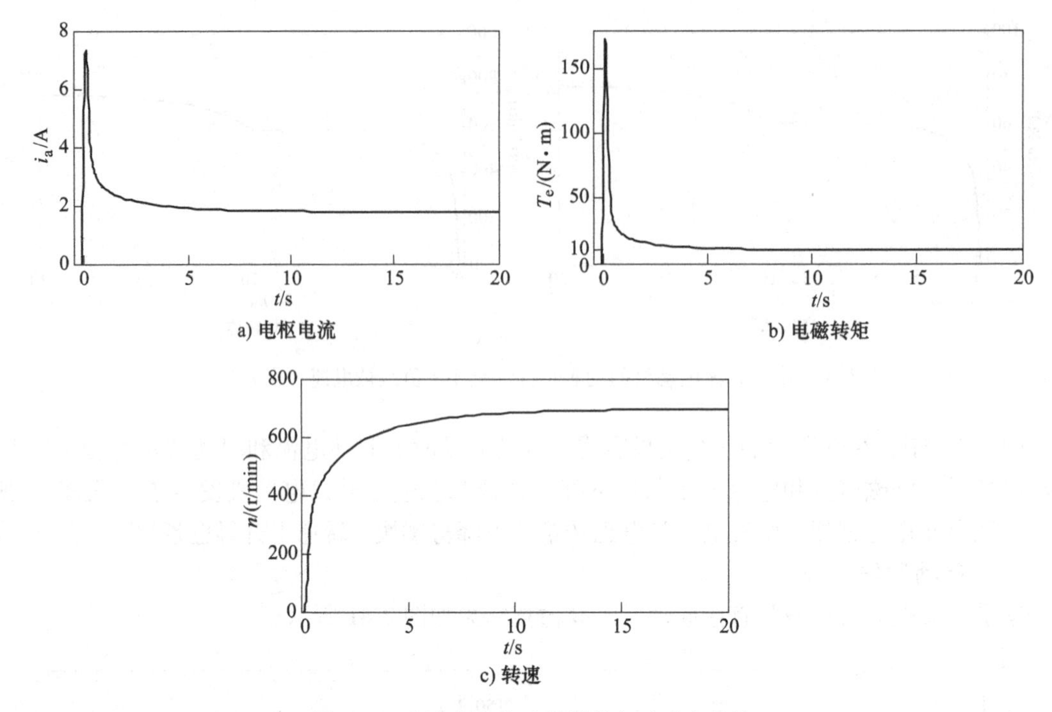

图 2-42　串励直流电动机带载起动动态特性

图 2-41 与图 2-42 表明，串励电动机的速度随负载的增加而下降，由于电磁转矩与负载转矩最终相等，转速 n 保持恒定，电枢电流与电磁转矩都比空载时大。串励电动机的端电压 $U-I_aR_a$ 下降，且 $C_E\Phi$ 非但不随 I_a 的增大而减小，反而会增加，使得转速 n 较空载有所下降。

2.3.4　直流电动机的制动过程仿真

1. 能耗制动过程

为限制制动瞬间的冲击电流或电磁转矩，在电枢电路串联附加电阻的数值可按直流电动机稳定运行时的基本方程算出。当 $I_a=2I_{aN}$时，$R_L=0.3824\Omega$。反抗性负载下的仿真结果如图 2-43 所示。

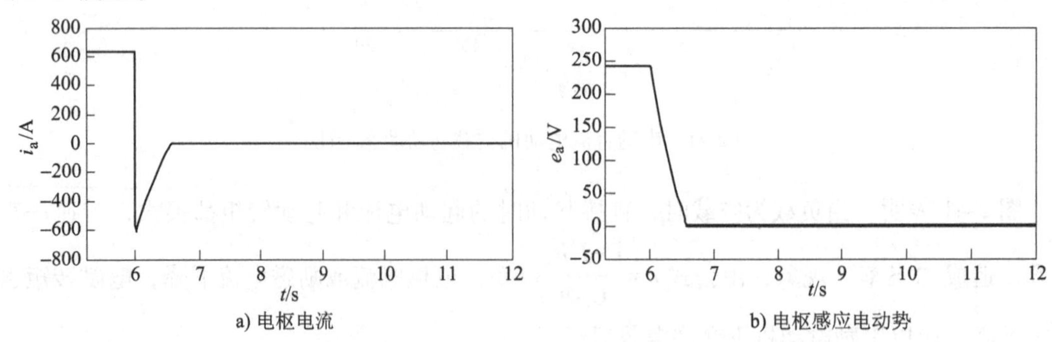

图 2-43　并励直流电动机能耗制动动态特性（反抗性恒转矩负载，$R_L=0.3824\Omega$）

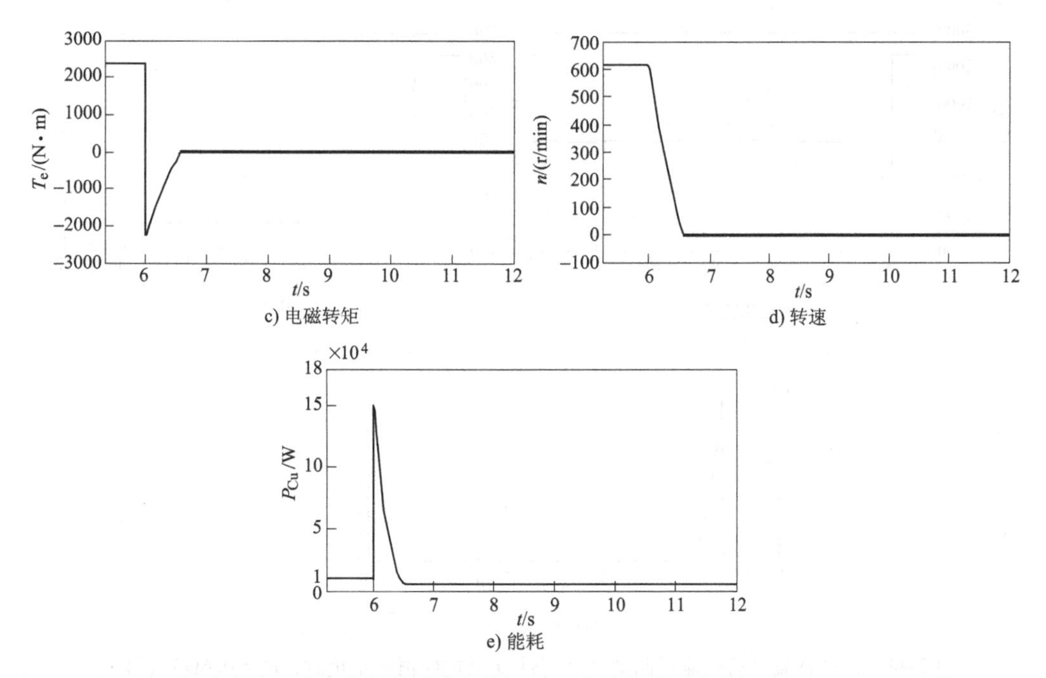

c) 电磁转矩

d) 转速

e) 能耗

图 2-43　并励直流电动机能耗制动动态特性（反抗性恒转矩负载，R_L=0.3824Ω）（续）

能耗制动时，电动机励磁不变，电枢电源电压 $U=0$，由于机械惯性，制动初始瞬间转速 n 不能突变，仍保持原来的方向和大小，电枢感应电动势也保持原来的大小和方向，而电枢电流变为负，说明其方向与原来电动运行时相反，因此电磁转矩也变负，表明此时的方向与转速的方向相反，起制动作用，称为制动性转矩。在制动性转矩的作用下，拖动系统减速。直到 $n=0$。

由图 2-43 可知，对于反抗性恒转矩负载，能耗制动开始（$t=6$s）后，电枢电流突然变为负值，由于励磁电流保持恒值不变，从而导致电磁转矩也突变为负值，转速不能突变仍为正值，电动机进入能耗制动过程，电动机减速至停转（$t=6.57$s）。

$t=6$s 时在电枢回路串联附加电阻 $R_L=0.6\Omega$，并励直流电动机能耗制动仿真结果如图 2-44 所示。

当电枢电路串联的附加电阻 R_a+R_L变大时，电枢电流与电磁转矩突变为负值，负值的绝对值变小，转速不能突变仍为正值，电动机进入能耗制动过程。

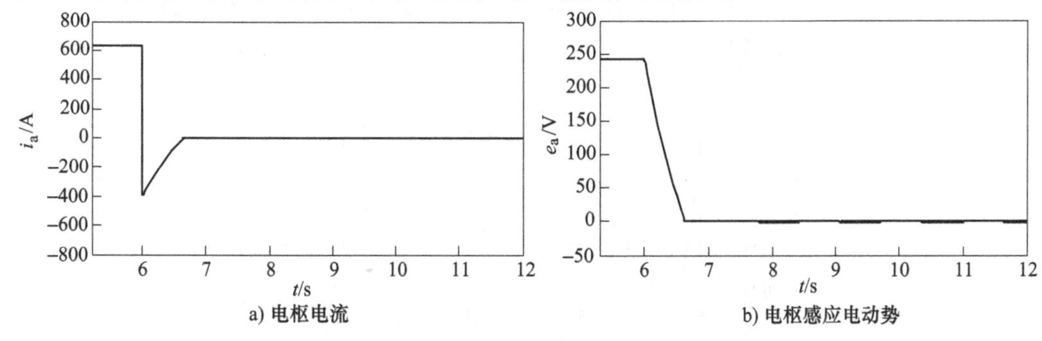

a) 电枢电流

b) 电枢感应电动势

图 2-44　并励直流电动机能耗制动动态特性（反抗性恒转矩负载，R_L=0.6Ω）

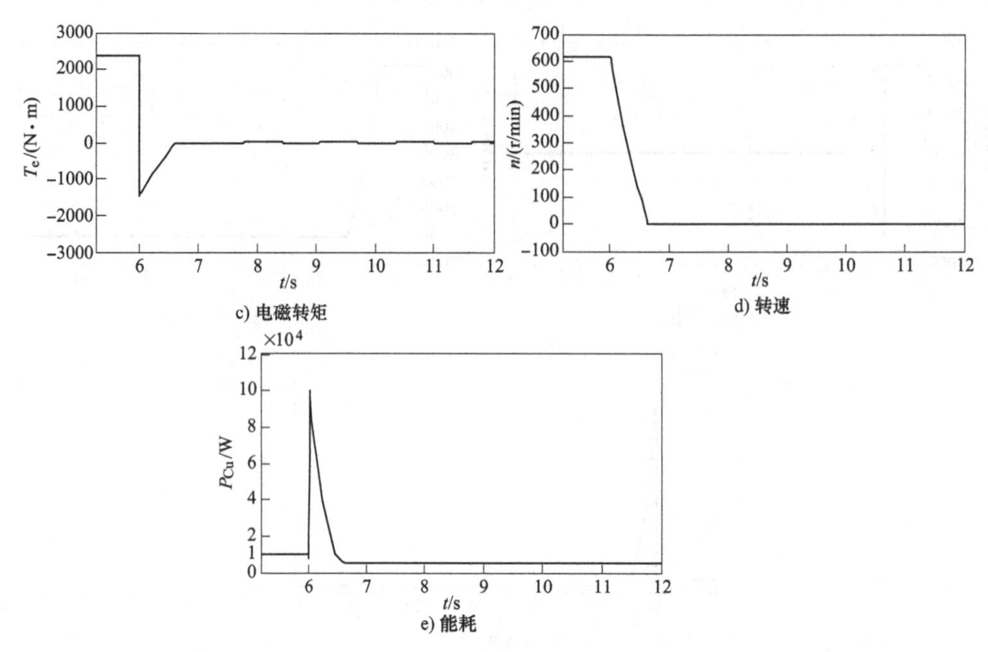

c) 电磁转矩　　d) 转速

e) 能耗

图 2-44　并励直流电动机能耗制动动态特性（反抗性恒转矩负载，$R_L=0.6\Omega$）（续）

位能性负载下仿真结果如图 2-45 所示。

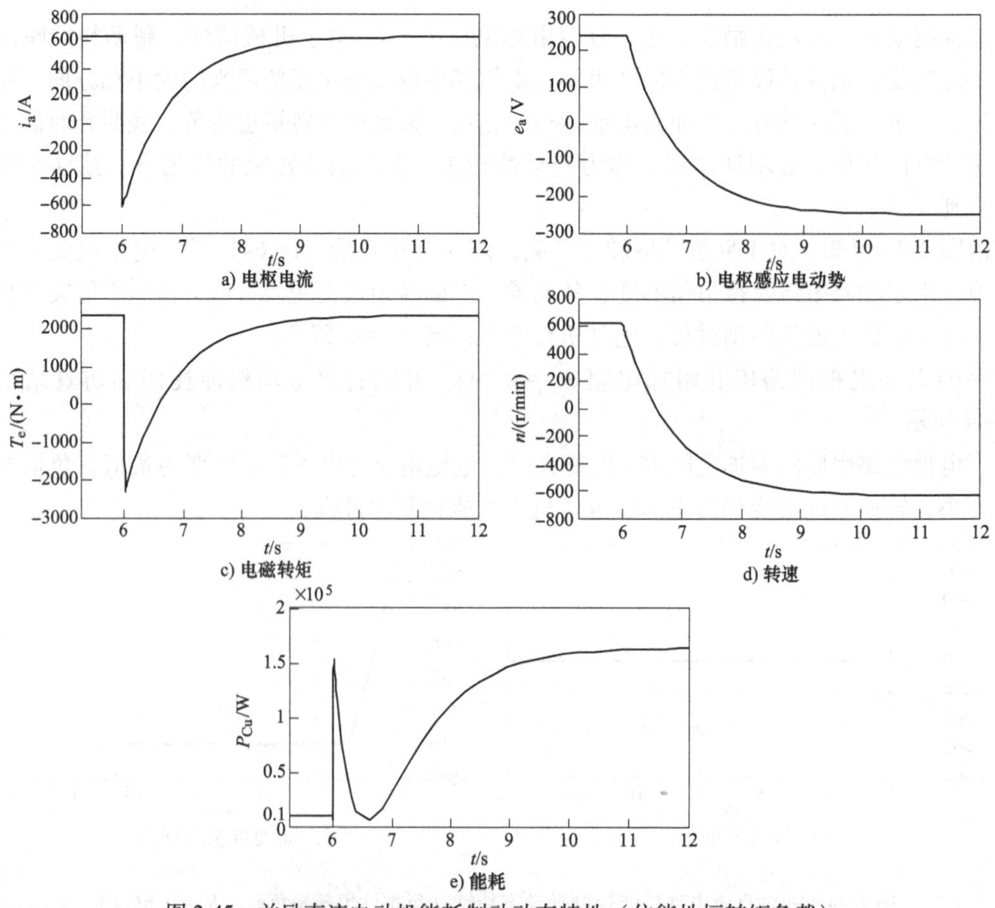

a) 电枢电流　　b) 电枢感应电动势

c) 电磁转矩　　d) 转速

e) 能耗

图 2-45　并励直流电动机能耗制动动态特性（位能性恒转矩负载）

图 2-45 表明，对于位能性恒转矩负载，能耗制动到零速后，电动机将在位能性负载的作用下反向旋转，这时电磁转矩为正，直到 $T_e = T_L$ 达到新的平衡，电动机在一个较低的转速下稳定运行。

$t=6s$ 时在电枢回路串联附加电阻 $R_L = 0.6\Omega$，并励直流电动机能耗制动仿真结果如图 2-46 所示。

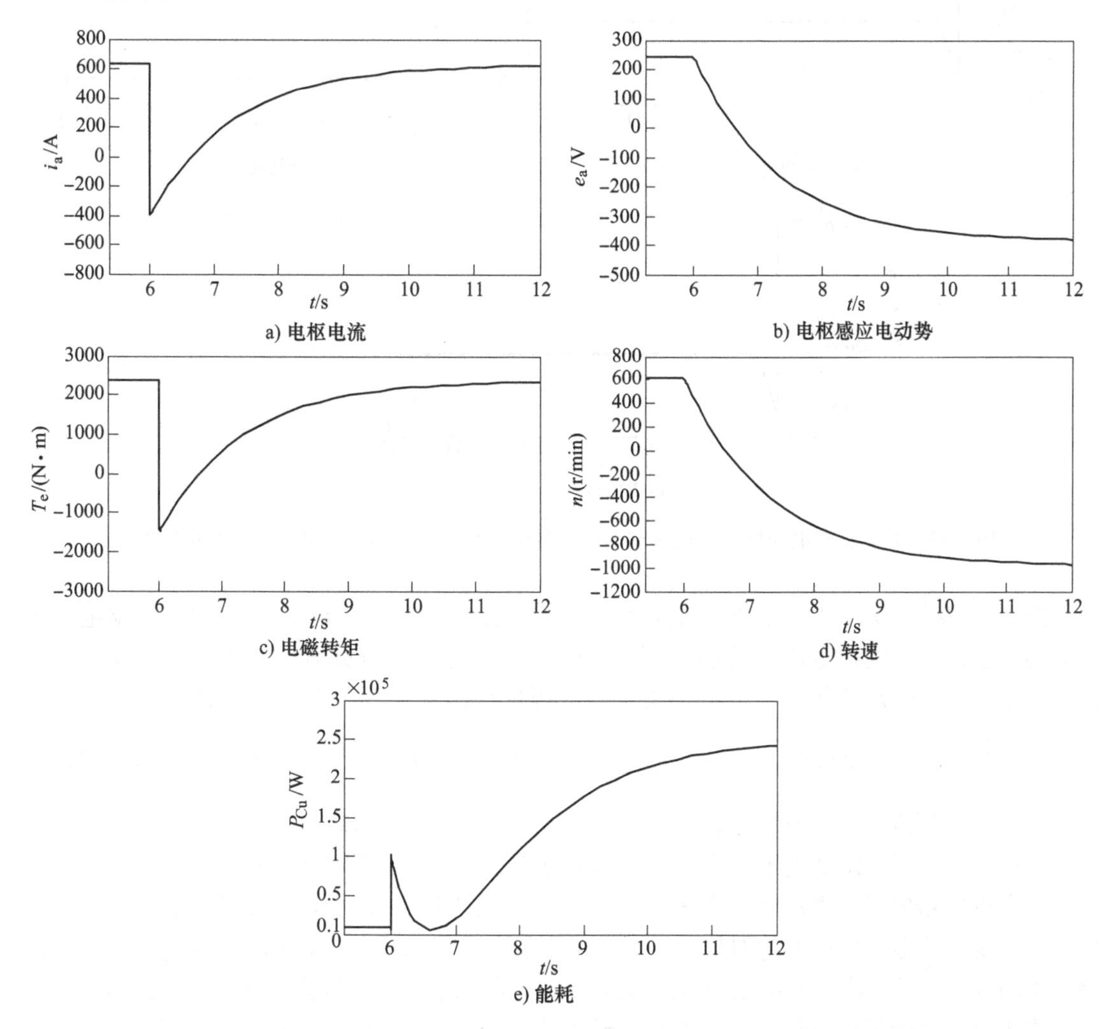

图 2-46　并励直流电动机能耗制动动态特性（位能性恒转矩负载，电枢回路串联电阻 0.6Ω）

如图所示，$n=-1000\text{r/min}$。并励直流电动机拖动位能性负载运行，若电枢回路串联电阻时，转速 n 下降。当电阻增大到一定程度时，转速 $n<0$，且 R_a+R_L 越大，转速绝对值 $|n|$ 越高。

在能耗制动过程中，电动机靠惯性旋转，电枢通过切割磁场将机械能转变成电能，再消耗在电枢回路电阻 R_a+R_L 上，因而称能耗制动。

2. 电源反接制动

并励直流电动机运行在稳定状态，在 $t=6s$ 时进行电源反接制动。为使制动瞬间电枢电流限制在两倍额定电流，在电枢回路串联附加电阻 $R_L=0.3824\Omega$。反抗性负载下的仿真结果如图 2-47 所示。

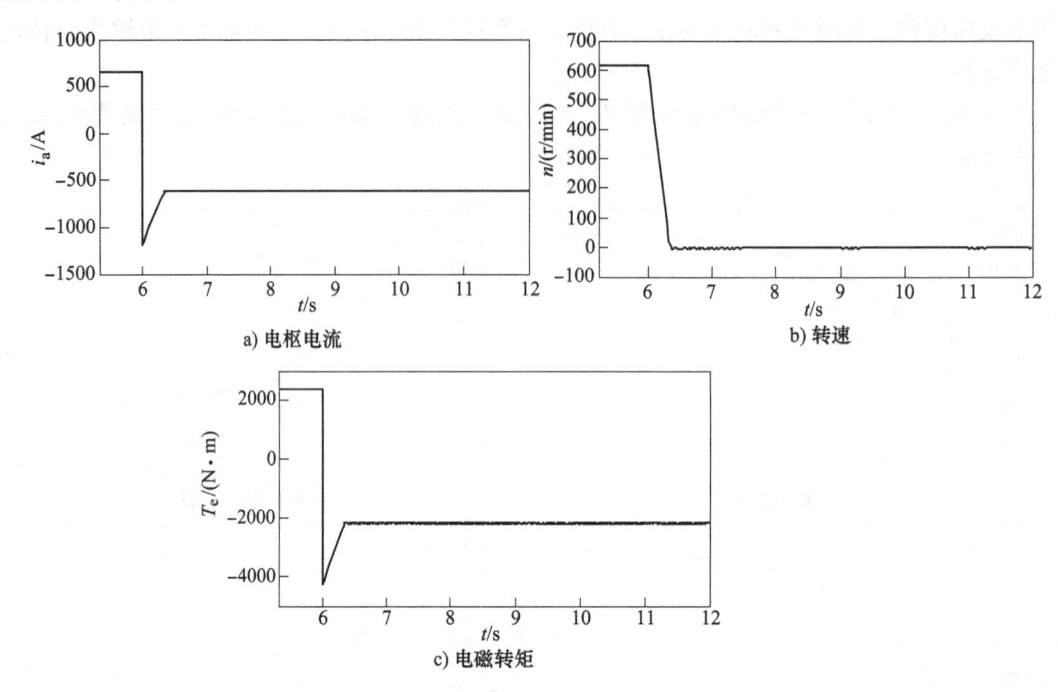

图 2-47　并励直流电动机电源反接制动动态特性（反抗性恒转矩负载，R_L=0.3824Ω）

图 2-47 表明，对于反抗性恒转矩负载，电源反接制动开始（t=6s）瞬间，电枢电流突然变为负值，由于励磁电流保持恒值不变，电磁转矩也突变为负值，转速不能突变仍为正值。在制动电磁转矩的作用下，电动机进入电源反接制动过程，电动机减速至零时，由于 $|T_e| \leqslant |T_L|$，电机停转。且在电源反接制动的瞬间，$I_a=\dfrac{-U-C_e\Phi n}{R_a}$电枢电流变为负值，绝对值大于原来值，且当电机停转时，n=0，电枢电流绝对值回落。

电枢回路串联的附加电阻改为 R_L=0.7768Ω 时，仿真图如图 2-48 所示。

当电枢回路串联的附加电阻变大时，电源反接制动开始（t=6s）瞬间，电枢电流与电磁转矩突变为负值，负值的绝对值变小，转速不能突变仍为正值。电枢电流 $|I_a|$ 与电枢回路总电阻 R_a+R_L成反比，所串联的电阻 R_L越大，$|I_a|$ 越小。在制动电磁转矩的作用下，电动机进入电源反接制动过程，电动机减速至零时，由于 $|T_e| \leqslant |T_L|$，电动机停转。

电动机运行稳定状态，并在 t=6s 时进行电源反接制动时，为使制动瞬间电枢电流限制在两倍额定电流，在电枢回路串联附加电阻 R_L = 0.3824Ω。位能性负载下的仿真结果如图 2-49 所示。

对于位能性恒转矩负载，电源反接制动到转速为零时，电磁转矩为负，电动机将在电磁转矩和位能负载的共同作用下反向旋转，电动机进入反向电动状态，随着转速反向加速，电磁转矩不断减小，当 T_e=0 时，电动机在位能负载的作用下进一步反向加速，电磁转矩又变为正值并不断增加，直到 $|T_e|=|T_L|$ 达到新的平衡，电动机在一个很高的转速下稳定运行在反向回馈制动状态。

电枢电路串入附加电阻改为 R_L=0.7768Ω 时，仿真结果如图 2-50 所示。

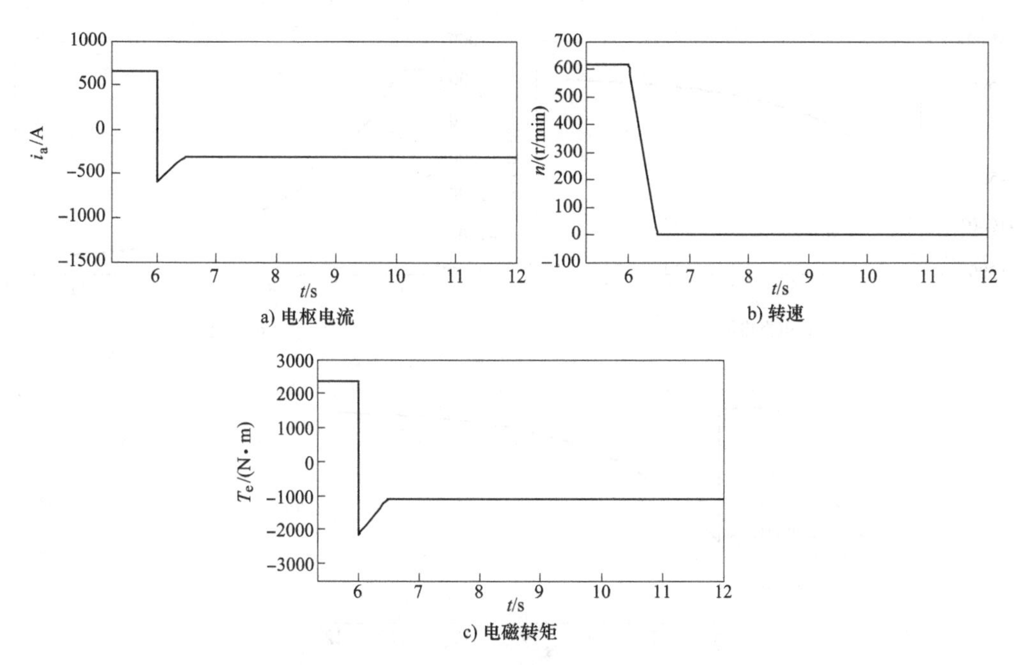

a) 电枢电流　b) 转速　c) 电磁转矩

图 2-48　并励直流电动机电源反接制动动态特性（反抗性恒转矩负载，R_L=0.7768Ω）

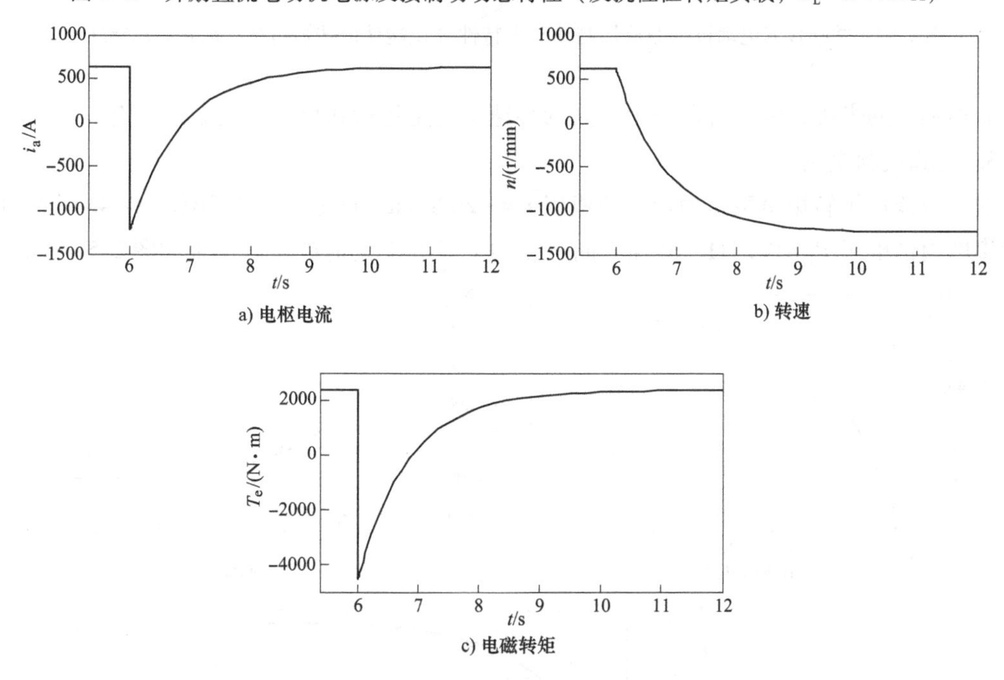

a) 电枢电流　b) 转速　c) 电磁转矩

图 2-49　并励直流电动机电源反接制动动态特性（位能性恒转矩负载，R_L=0.3824Ω）

电源反接制动开始（t=6s）瞬间，当电枢回路串联的附加电阻变大时，电枢电流与电磁转矩突变为负值，负值的绝对值变小。电枢电流 $|I_a|$ 与电枢回路总电阻 R_a+R_L 成反比，所串联的电阻 R_L 越大，$|I_a|$ 越小。电动机电枢回路串联的电阻不同时，运行速度也不同，制动电阻 R_a+R_L 越大，由 $n=\dfrac{-U-I_a(R_a+R_L)}{C_e\Phi}$ 可知，转速绝对值 $|n|$ 越高，直到 $|T_e|$ =

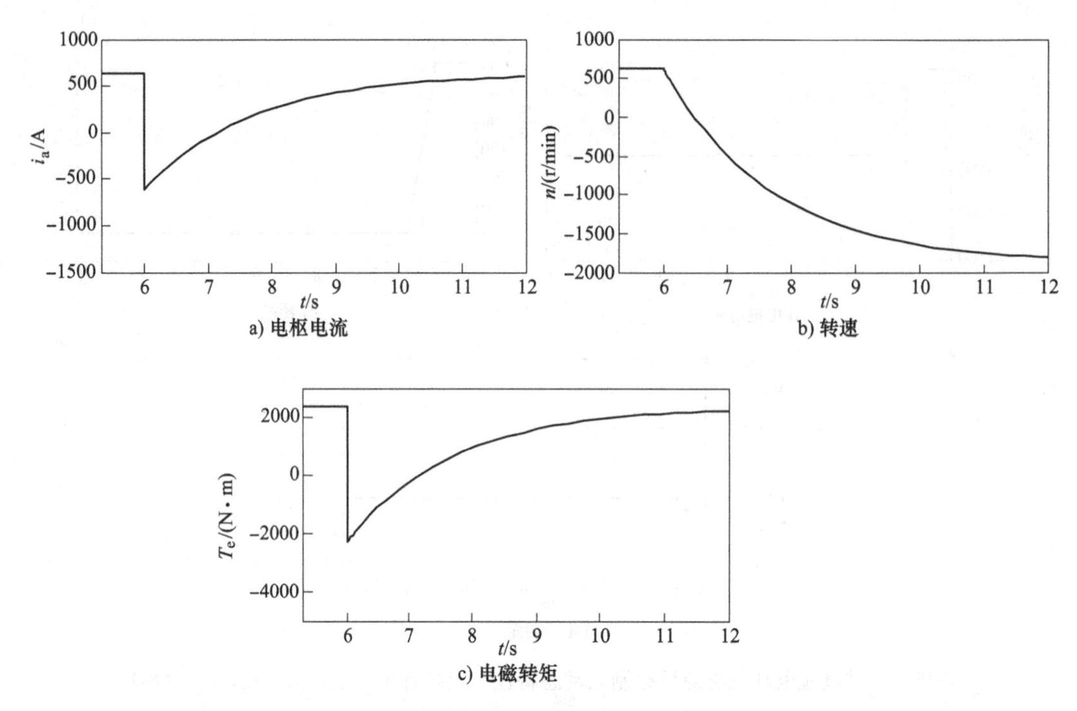

图 2-50　并励直流电动机电源反接制动动态特性（位能性恒转矩负载，$R_L = 0.7768\Omega$）

$|T_L|$ 达到新的平衡，电动机在一个很高的转速下稳定运行在反向回馈制动状态。

3. 倒拉反转制动

对于位能性恒转矩负载，为使电动机以 $n = -200$r/min 的转速下放物体，$t = 4$s 时在电枢回路串联附加电阻 $R_L = 0.51\Omega$，转速方向（倒拉）反接制动时的仿真结果如图 2-51 所示。

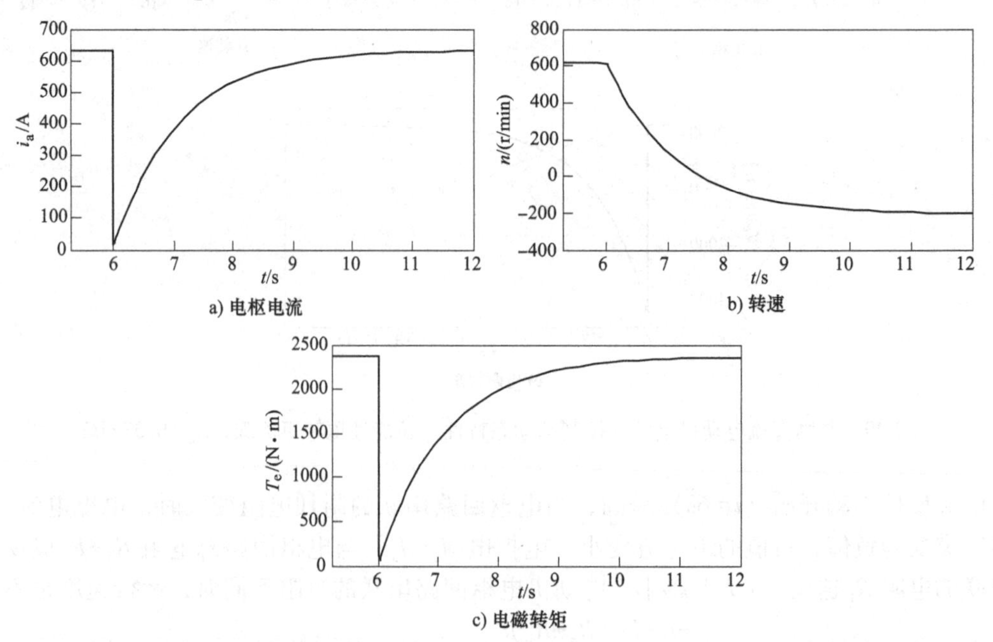

图 2-51　并励直流电动机倒拉反转制动动态特性（位能性恒转矩负载，$R_L = 0.51\Omega$）

串联较大电阻 R_L 可使提升的电磁转矩小于下降的位能转矩，拖动系统将进入倒拉反转制动。进入倒拉反转制动时，转速 n 反向为负值，使反电动势 E_a 也反向为负值，电枢电流 I_a 是正值，所以电磁转矩也应为正值（保持原方向），与转速 n 方向相反，电动机运行在制动状态。此运行状态是由于位能负载转矩拖动电动机反转而形成的。

$t=4s$ 时，在电枢回路串联附加电阻 $R_L=0.637\Omega$，转速方向（倒拉）反接制动时的仿真结果如图 2-52 所示。

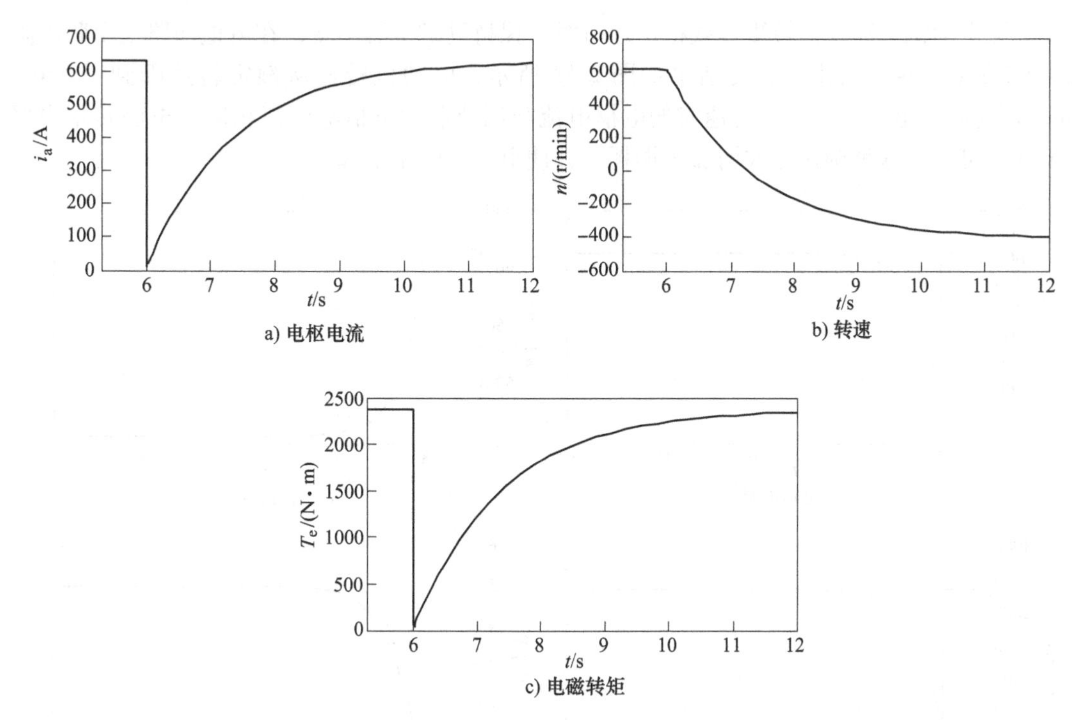

a) 电枢电流　　b) 转速

c) 电磁转矩

图 2-52　并励直流电动机电源倒拉反转制动动态特性（位能性恒转矩负载，$R_L=0.637\Omega$）

图 2-52 表明，电动机以 $n=-400$r/min 转速下放物体。并励直流电动机拖动位能性负载运行时，若电枢回路串联电阻时，转速下降。当电阻增大到一定程度时，转速 $n<0$，且 R_a+R_L 越大，由 $n=\dfrac{U-I_a(R_a+R_L)}{C_e\Phi}$ 可知，转速绝对值 $|n|$ 越高，直到 $|T_e|=|T_L|$ 达到新的平衡。

电动机进入倒拉反转制动状态时必须有位能性负载反拖电动机，同时电枢回路要串联较大的电阻。在此状态中，位能性负载转矩是拖动转矩，而电动机的电磁转矩是制动转矩，它抑制重物下放的速度，使之限制在安全范围之内。这种制动方式不能用于停车，只可以用于下放重物。

2.3.5　直流电动机的调速过程仿真

直流电动机具有在宽广范围内平滑调速的优良性能，其调速方法有：电枢回路串联电阻调速、改变励磁电流调速和改变端电压调速。电枢回路串联电阻调速的装置简单，但效率低，不经济，属于恒转矩调速方式，转速只能从基速往下调。改变励磁电流调速通常是在励磁回路中串联电阻来改变励磁电流，属于恒功率调速方式，调速前后电动机的效率几乎不变，转速通常只能从基速往上调，调速范围有很大局限性。改变端电压调速需要专用直流电源，转速既可调高也可调低，配合改变励磁电流调节，调速范围可以更加宽广。辅以对整流电源的先进控制策略和调制方案，可以获得最为理想的调速性能。

仿真用的电机参数见表 2-1 中的 149kW 组的数据。

1. 电枢回路串电阻调速

直流电动机带额定恒转矩负载稳定运行时，保持励磁电流不变，在电枢回路里串联电阻 $R_L=0.1\Omega$（$t=8s$）调速，仿真结果如图 2-53 所示，电动机转速从额定转速降到了 456r/min。调速后，电动机达稳定转速时的电枢电流与调速前的电枢电流值相同，电磁转矩也保持不变。可见，这种调速方式增加了铜耗，并使电动机效率下降。

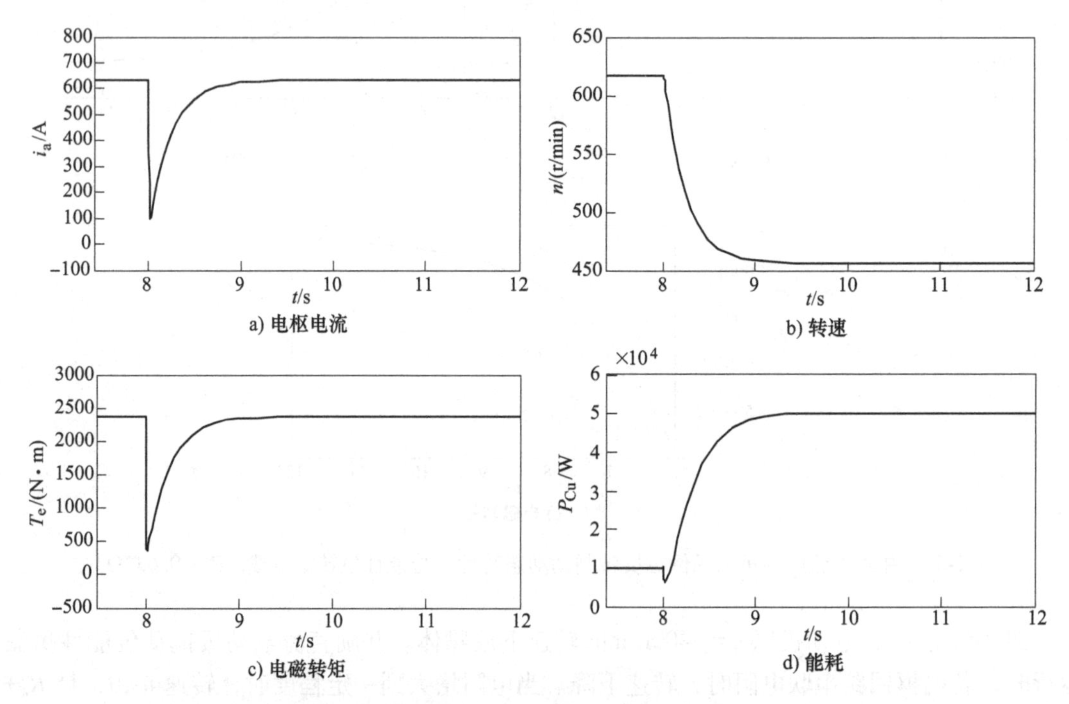

图 2-53　并励直流电动机电枢回路串联电阻调速的动态特性（$R_L=0.1\Omega$）

$t=8s$ 时，在电枢回路串联附加电阻 $R_L=0.2\Omega$，并励直流电动机能耗制动仿真结果如图 2-54所示。

图 2-54 表明，串联电枢回路的电阻值越大，电动机运行的转速越低。通常把电动机运行于固有机械特性上的转速称为基速，那么，电枢回路串联电阻调速的方法，其调速方向只能是从基速向下调。串联的调速电阻越大，机械特性越软，转速就越小。

电枢回路串联电阻，不能改变理想空载转速 n_0，只能改变机械特性的硬度。所串联的附加电阻越大，特性越软，在一定负载转矩 T_L 下，转速也就越低。这种调速方法，其调节区间只能是电动机的额定转速向下调节。其机械特性的硬度随串联电阻的增加而减小，当负载较小时，低速时的机械特性很软，负载的微小变化将引起转速的较大波动。在额定负载时，其调速范围一般是 2∶1。然而当为轻负载时，调速范围很小，在极端情况下，即理想

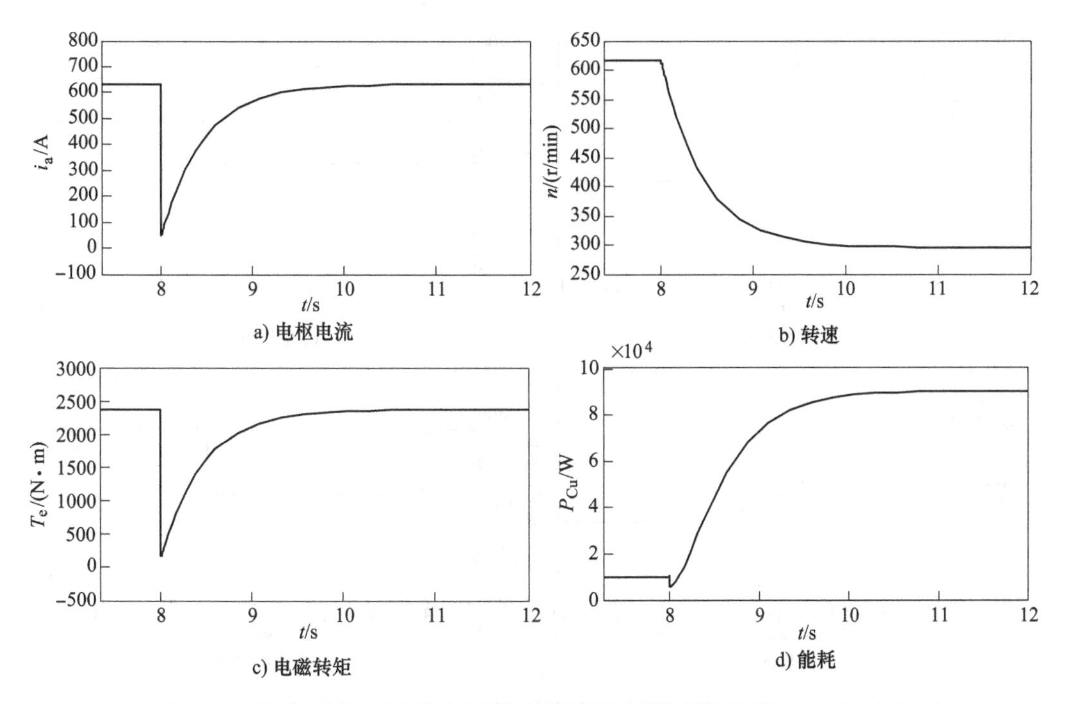

图 2-54　并励直流电动机电枢回路串联电阻调速的动态特性（$R_L=0.2\Omega$）

空载时，则失去调速性能。这种调速方法是属于恒转矩调速性质，因为在调速范围内，其长时间输出额定转矩不变。

2. 减压调速

直流电动机带额定恒转矩负载稳定运行时，保持励磁电流不变，用可调直流电源将电枢端电压从 250V 线性地降到 180V（$t=8s\rightarrow12s$）进行减压调速，仿真结果如图 2-55 所示。

从图 2-53~图 2-55 可知，当保持励磁电流不变时，电枢回路串联电阻调速和减压调速在调速前后都保持电枢电流和电磁转矩不变，属于恒转矩调速方式。

用可调直流电源将电枢端电压从 250V 线性地降到 100V（$t=8s\rightarrow12s$）进行减压调速仿真结果如图 2-56 所示。

图 2-55 与图 2-56 所示的仿真结果表明，降低电源电压调速时，如果拖动恒转矩负载，电动机稳定运行于不同的转速上时，电动机电枢电流 I_a 不变。因此，T_L 为常数时，I_a = 常数。I_a 与电动机转速无关。

由直流他励电动机的机械特性方程式可以看出，增加电源电压 U 可以增加电动机的转速，降低电源电压 U 便可以减小电动机的转速。由于电动机正常工作时已是工作在额定状态下，所以改变电源电压通常都是向下调，即降低加在电动机电枢两端的电源电压，进行减压调速。由人为机械特性可知，当降低电枢电压时，理想空载转速降低，但其机械特性斜率不变。它的调速方向是从基速（额定转速）向下调的。这种调速方法是属于恒转矩调速。

3. 弱磁调速

直流电动机带额定恒转矩负载稳定运行时，保持励磁绕组和电枢绕组端电压不变，在励

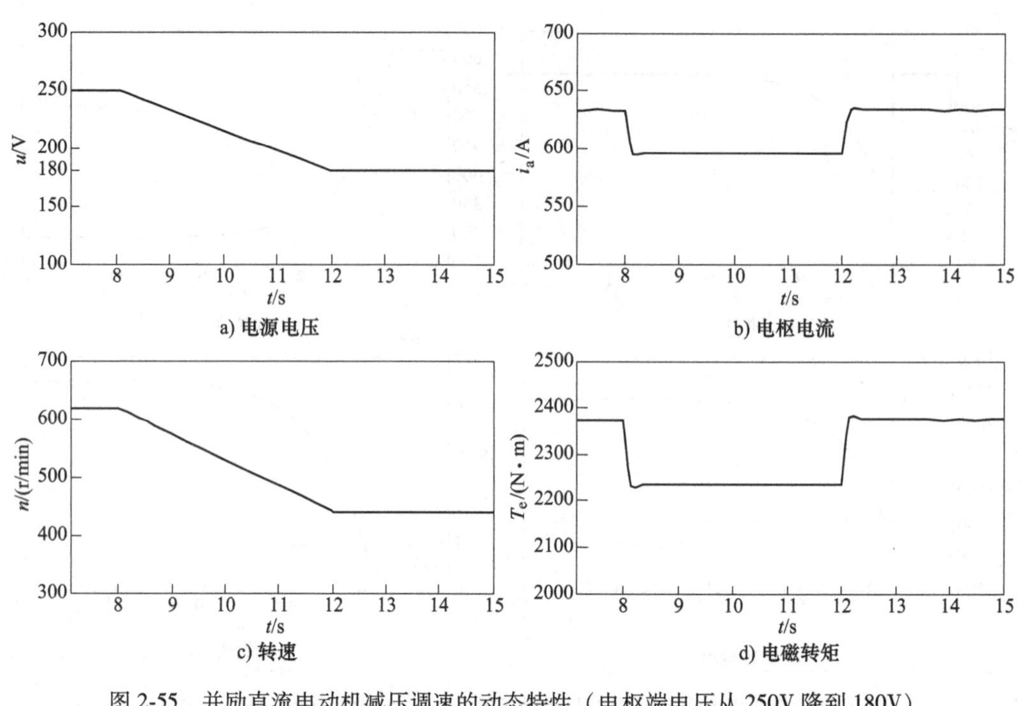

a) 电源电压　b) 电枢电流　c) 转速　d) 电磁转矩

图 2-55　并励直流电动机减压调速的动态特性（电枢端电压从 250V 降到 180V）

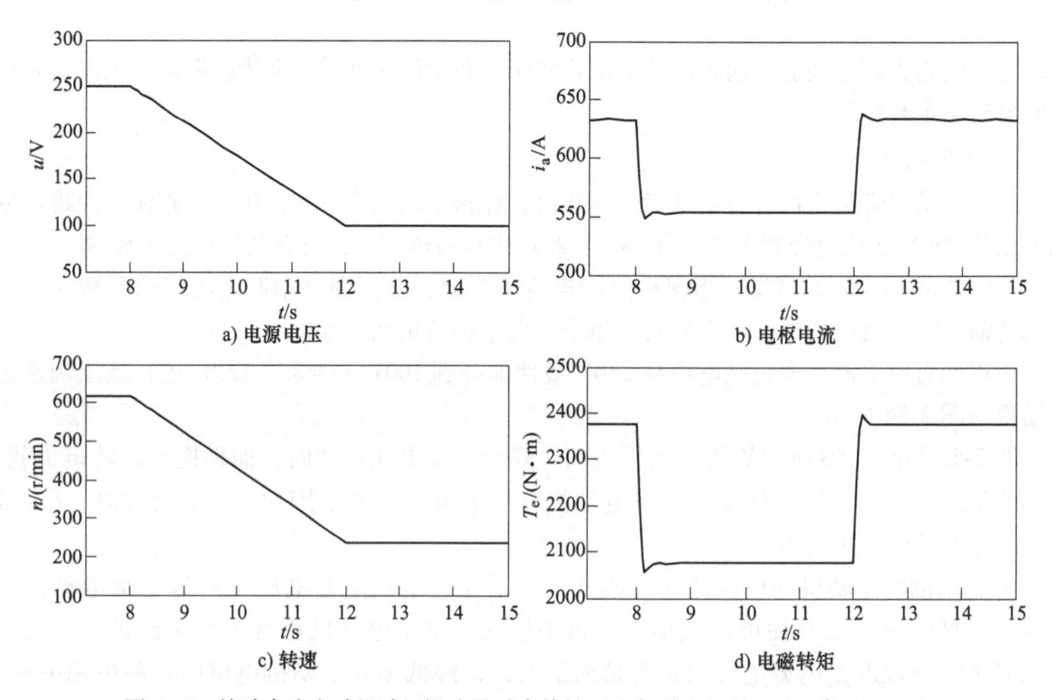

a) 电源电压　b) 电枢电流　c) 转速　d) 电磁转矩

图 2-56　并励直流电动机减压调速的动态特性（电枢端电压从 250V 降到 100V）

磁绕组回路串联 $R_f = 2\Omega$（$t = 7s$ 时）进行调速，仿真结果如图 2-57 所示。由于电动机带恒转矩负载，当励磁电流下降时电枢电流必然要上升，以产生与调速前相同的电磁转矩来平衡负载转矩。

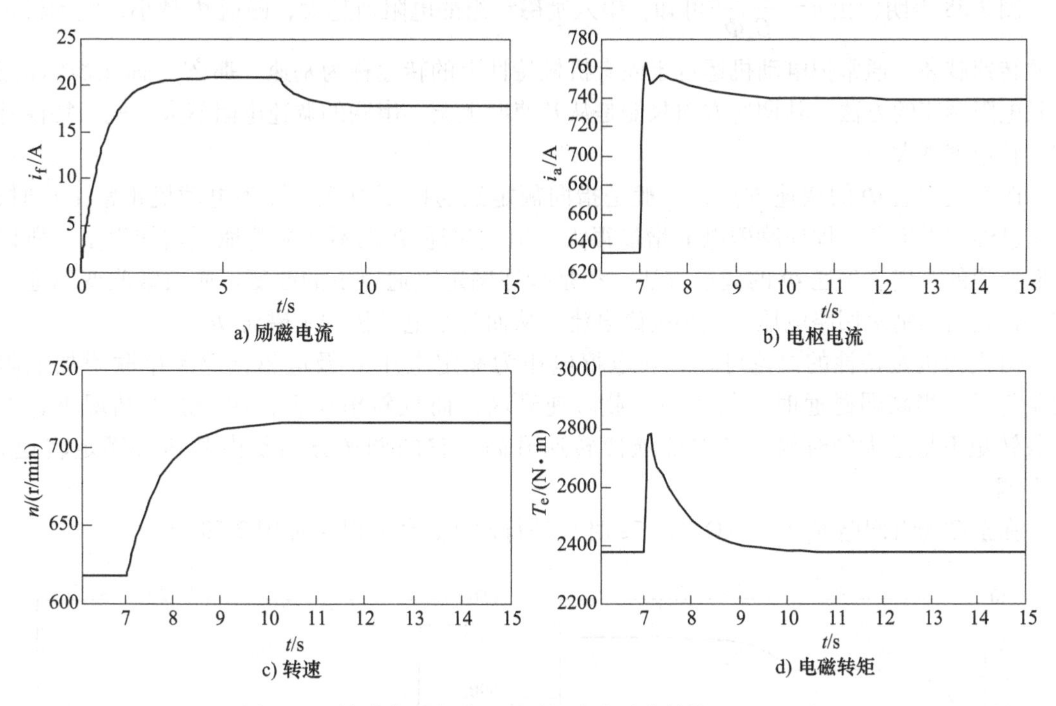

a) 励磁电流　b) 电枢电流　c) 转速　d) 电磁转矩

图 2-57　并励直流电动机弱磁调速的动态特性（$R_f=2\Omega$）

在励磁绕组回路串联 $R_f=4\Omega$（$t=7s$ 时）进行调速，仿真结果如图 2-58 所示。

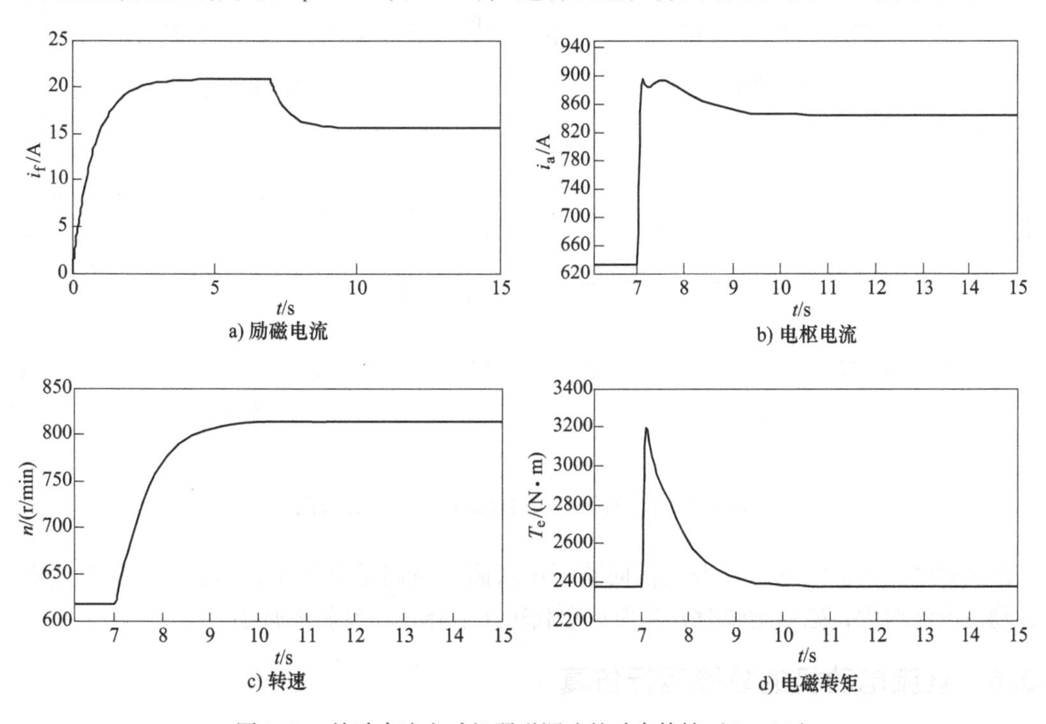

a) 励磁电流　b) 电枢电流　c) 转速　d) 电磁转矩

图 2-58　并励直流电动机弱磁调速的动态特性（$R_f=4\Omega$）

图 2-58 表明，由 $n=\dfrac{U-I_aR_a}{C_e\Phi}$ 可知，串入励磁绕组的电阻值越大，磁通 Φ 越小，电动机运行的转速越高。通常把电动机运行于固有机械特性上的转速称为基速，那么，励磁绕组回路串联电阻调速的方法，其调速方向只能是从基速向上调。串联的调速电阻越大，机械特性越软，转速就越大。

改变主磁通 Φ 的调速方法，一般是指向额定磁通以下改变。因为电动机正常工作时，磁路已经接近饱和，即使励磁电流增加很大，但主磁通 Φ 也不能显著地再增加很多。所以一般所说的改变主磁通 Φ 的调速方法，都是指往额定磁通以下的改变。而通常改变磁通的方法都是增加励磁回路电压，减小励磁电流，从而减小电动机的主磁通 Φ。

由人为机械特性的讨论可知，在电枢电压为额定电压 U 及电枢回路不串联附加电阻的条件下，当减弱磁通时，其理想空载转速升高，而且斜率加大，在一般的情况下，即负载转矩不是过大的时候，减弱磁通使转速升高。它的调速方向是由基速（额定转速）向上调。

在励磁绕组回路 R_f 减小 2Ω（$t=7$s 时）进行调速，仿真结果如图 2-59 所示。

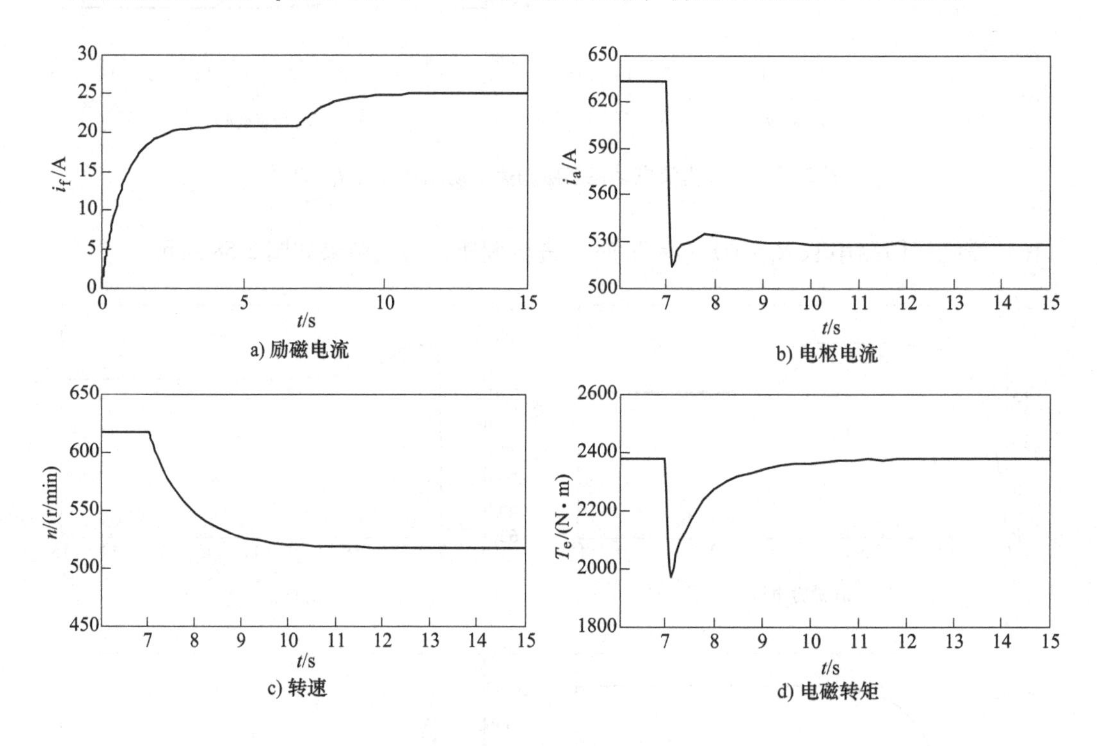

图 2-59　并励直流电动机增磁调速的动态特性

在电枢电压为额定电压 U 及电枢回路不串联附加电阻的条件下，励磁绕组回路电阻减小，励磁电流增大，磁通增强时，其理想空载转速下降，而且斜率减小。

2.3.6　直流电动机的故障运行仿真

为了得到并励直流电动机故障运行过程中的动态特性，本节根据并励直流电动机的动态数学模型，通过实例对并励直流电动机的几种故障运行过程（励磁回路断路、负载突变、电源电压突变）进行仿真计算，并对仿真结果进行分析。

1. *并励直流电动机励磁回路突然断路*

并励直流电动机带恒转矩负载（$T_L=0.5T_{LN}$，$T_L=0.77T_{LN}$和$T_L=T_{LN}$，其中$T_{LN}=2375N \cdot m$）运行在稳定状态，励磁回路突然断路（$t=7s$）时电动机瞬变过程的仿真结果如图2-60所示。设励磁回路断路时主磁路的剩磁磁通对应的励磁电流为0.5A（为额定励磁电流的2.4%），灭磁时间一般设置为150~200ms，此仿真设置200ms内励磁电流线性下降到额定值的2.4%。

如图2-60所示，励磁绕组断开前，电磁转矩与负载转矩相等，即$T_L=0.5T_{LN}=1187.5N \cdot m$，$T_L=0.77T_{LN}=1828.75N \cdot m$和$T_L=T_{LN}=2375N \cdot m$。励磁绕组断开时，由于主磁通迅速下降到剩磁磁通，反电动势下降到接近于零的很小数值，电枢电流迅速增大到近似等于直接起动时电流的数值，这么大的冲击电流将产生很大的电磁力使机械部件受到损害，使电动机换向发生困难。当$T_L=0.5T_{LN}$时，负载较轻，由剩磁磁通与电枢电流相作用产生的电磁转矩大于负载转矩，转速变化率大于零，电动机转速迅速增大，造成转速飞逸；$T_L=T_{LN}$（反抗性负载）时，电磁转矩可以与负载转矩相平衡，在一个稍高于额定转速的转速下稳定运行。对于后两种情况，由于电枢电流太大，电机都会很快因过热而烧毁。由此可见，励磁回路断路是一种非常严重的故障，在电机传动系统中，必须要有对付这种情况发生的保护措施。

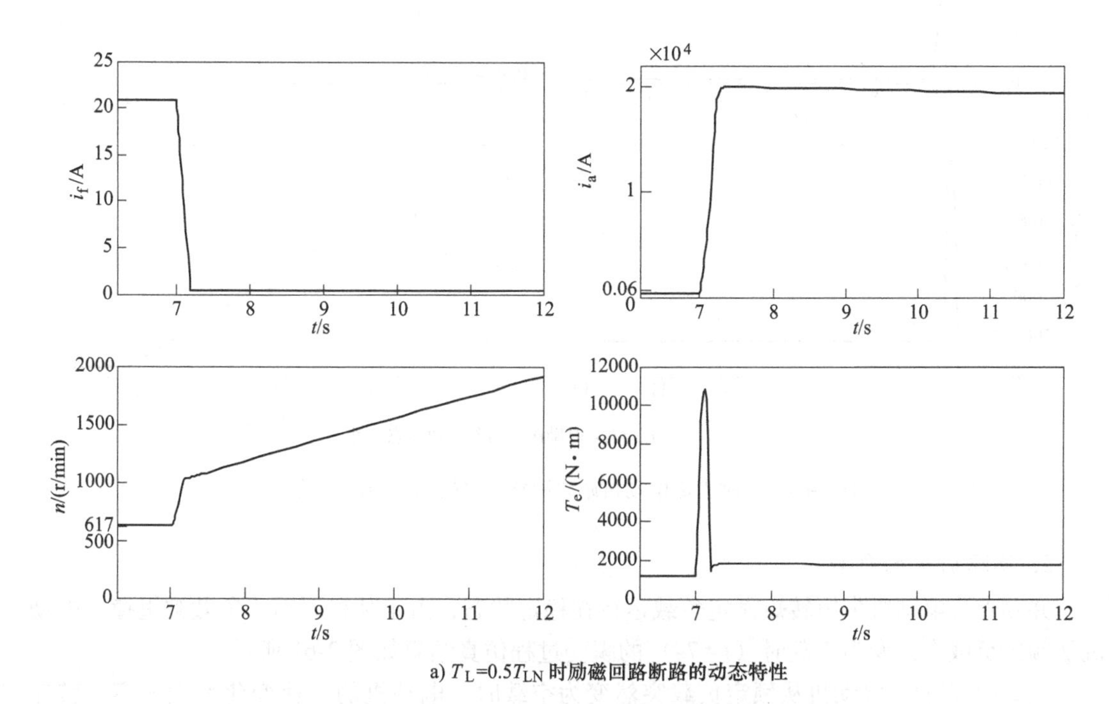

a) $T_L=0.5T_{LN}$时励磁回路断路的动态特性

图2-60 并励直流电动机励磁回路断路的动态特性

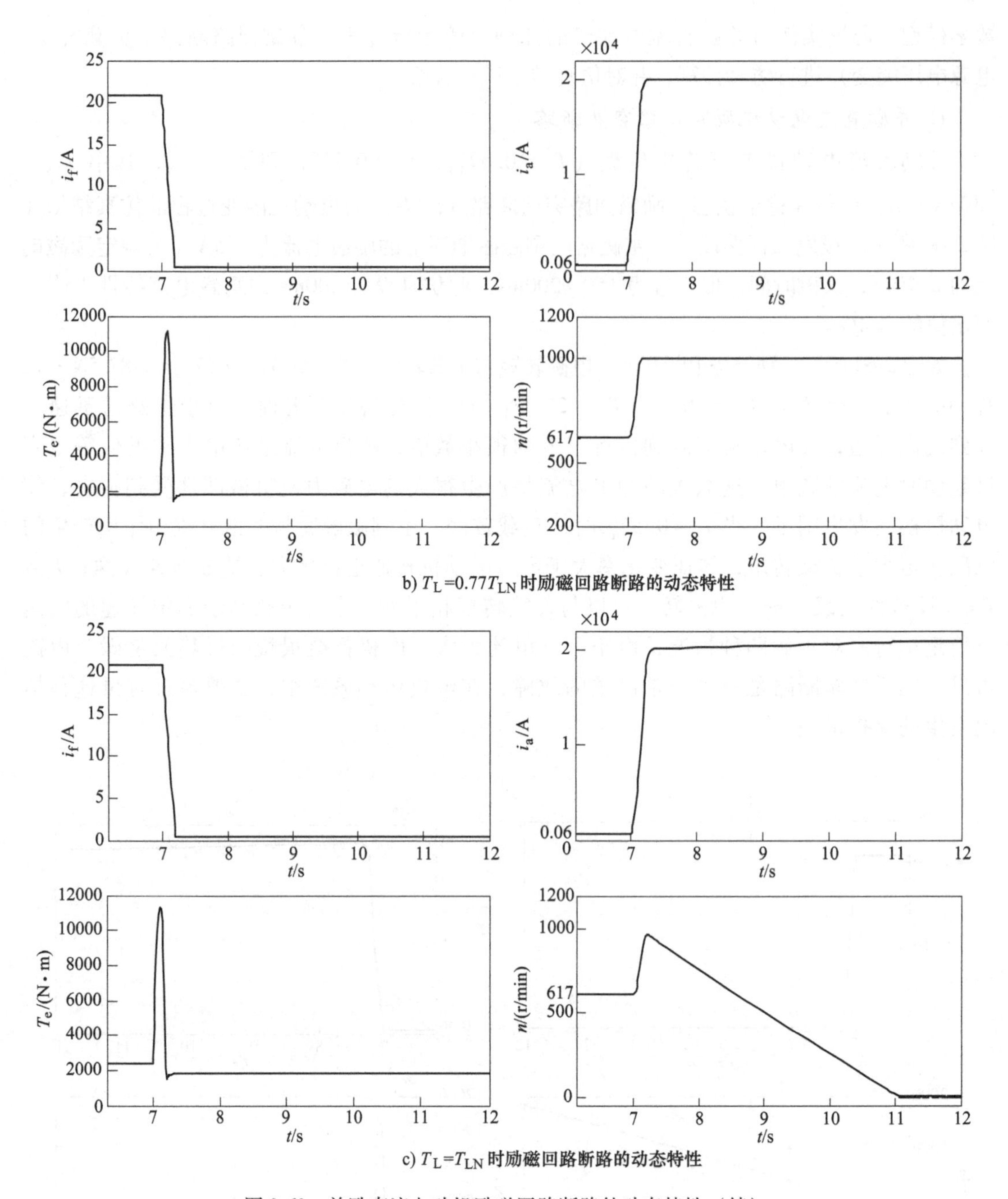

b) $T_L=0.77T_{LN}$ 时励磁回路断路的动态特性

c) $T_L=T_{LN}$ 时励磁回路断路的动态特性

图 2-60　并励直流电动机励磁回路断路的动态特性（续）

2. 故障引起的负载突变

并励直流电动机带恒转矩额定负载运行在稳定状态，由于某种原因，负载被甩掉，电动机从额定负载突然变为空载时（$t=7$s）的瞬变过程仿真结果如图 2-61 所示。

图 2-61 表明，电动机从额定负载突然变为空载时，电动机的转速变化率大于零，转速迅速增加，由于主磁通保持不变，故反电动势迅速增大，电枢电流迅速减小（本例减小到了小于零的数值），随之电磁转矩也迅速减小到小于零的数值，使转速变化率小于零，电动

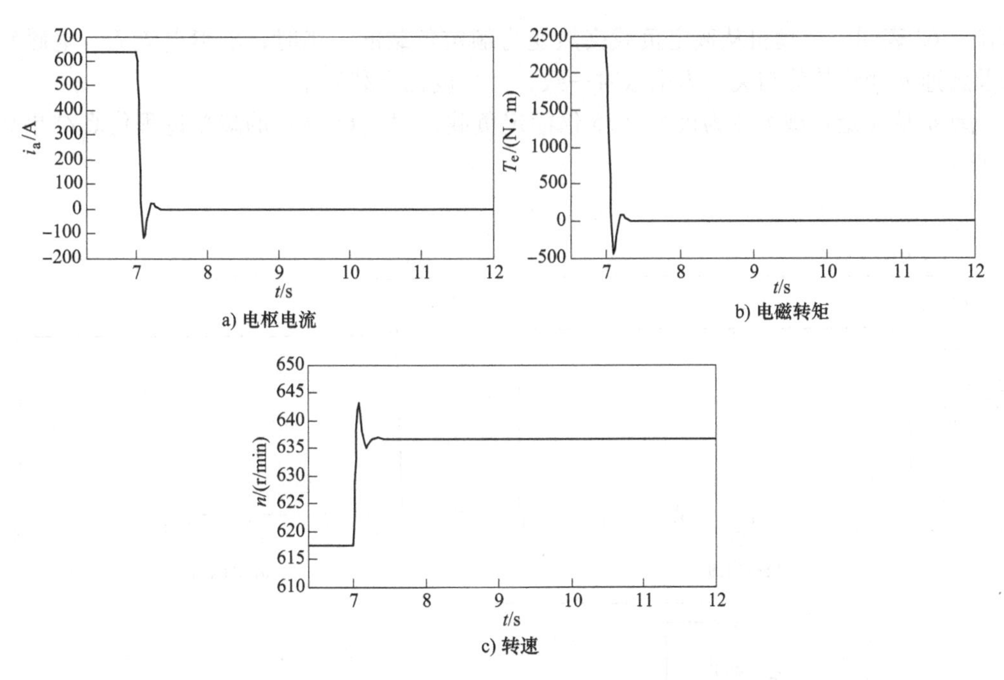

图 2-61　并励直流电动机负载突变（T_{LN}→0）时的动态特性

机减速，反电动势减小，电枢电流和电磁转矩的数值回升，电磁转矩等于零时，电动机稳定运行在空载状态。但在相当长的一段时间内，电动机的电枢电流、电磁转矩和转速都将发生一定程度的振荡。

电动机从额定负载突变为额定负载的一半时（t=7s）的瞬变过程仿真结果如图 2-62 所示。

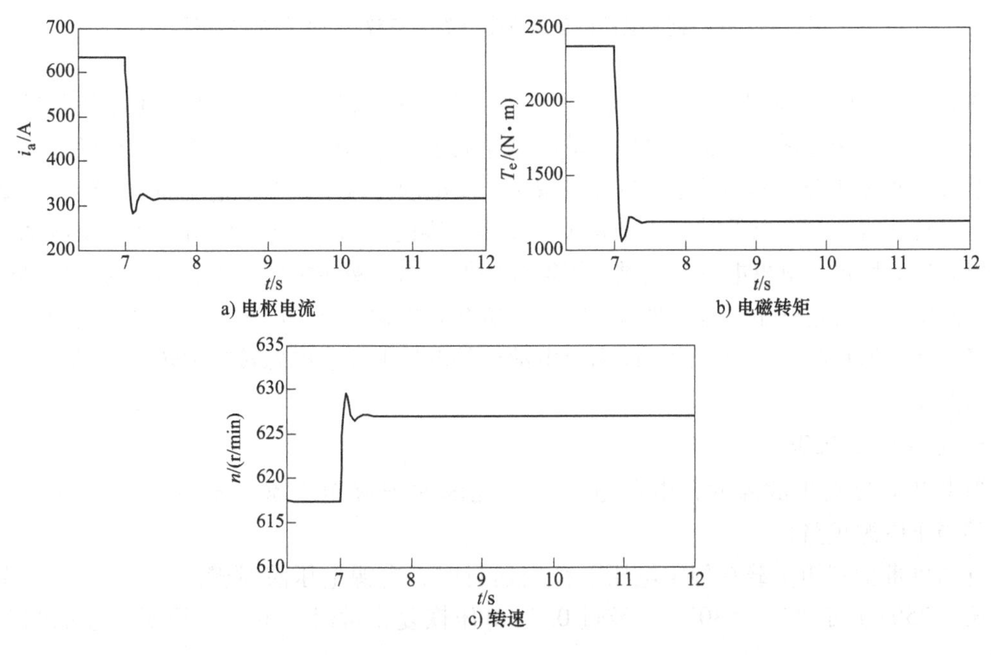

图 2-62　并励直流电动机负载突变（T_{LN}→0.5T_{LN}）时的动态特性

图 2-62 表明，电动机从额定负载突然变为额定负载的一半时，电枢电流 I_a、电磁转矩 T_e以及转速 n 变化趋势与突变为空载时一致，但幅度比空载时小。

电动机从额定负载突变为极大（35 倍额定负载）时（$t=7s$）的瞬变过程仿真结果如图 2-63 所示。

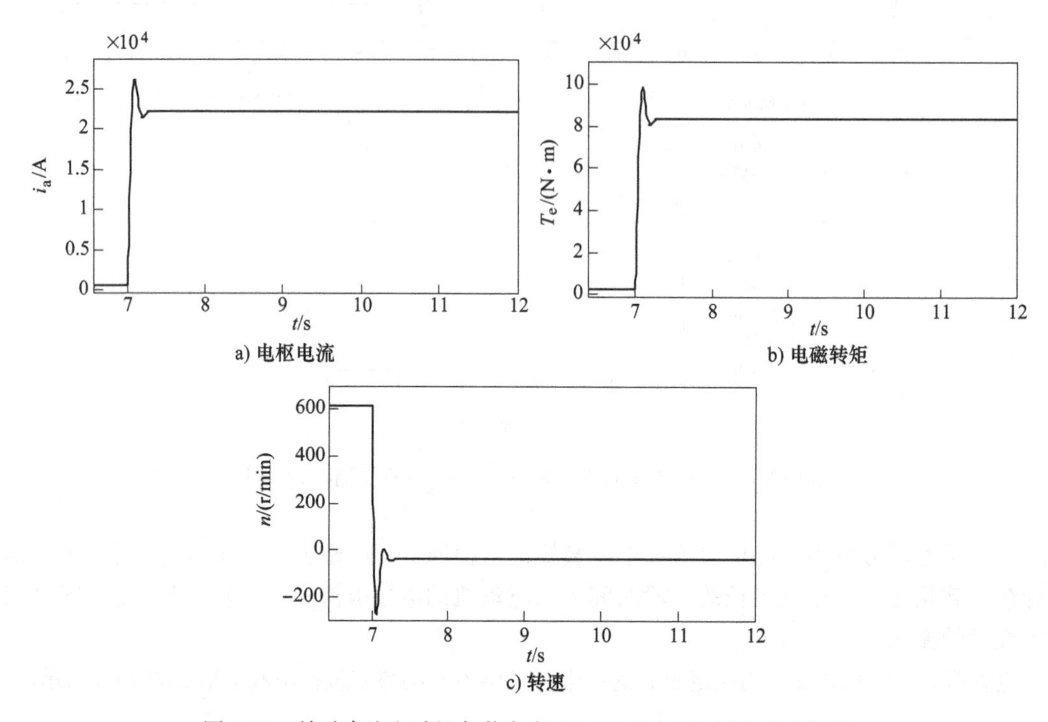

图 2-63 并励直流电动机负载突变（$T_{LN}\rightarrow 35T_{LN}$）时的动态特性

图 2-63 表明，电动机从额定负载突然变为极大（35 倍额定负载）时，电动机的转速迅速减小，由于主磁通保持不变，故反电动势迅速减小，电枢电流迅速增大，电磁转矩也随之迅速增大，使转速变化率小于零，电动机减速，反电动势减小，电枢电流和电磁转矩的数值上升。当转速减小至 0 以下时（本例减小到了小于零的数值），转子反向加速，反电动势的绝对值 $|E_a|$ 增加，电枢电流与电磁转矩继续增加，当电磁转矩大于负载转矩时，抑制转子转速反向增大，转速开始回落，当电磁转矩与负载转矩相等时，即 $T_e=T_L$，电动机稳定运行在稳定状态。但在相当长的一段时间内，电动机的电枢电流、电磁转矩和转速都将发生一定程度的振荡。

3. 电源电压骤降

当供电系统发生故障时，电源电压有可能瞬时骤降至正常电压的 50%，甚至降为零（相当于电源短路）。

电动机带恒转矩负载在额定电压下稳定运行时，电源电压瞬时骤降（$t=7s$ 时）至正常电压（250V）的 32%（80V），经过 0.5s 电压恢复正常时的电动机瞬变特性如图 2-64 所示。

图 2-64 表明，当电压突然减小到低于反电动势的数值，电枢电流和电磁转矩变为负

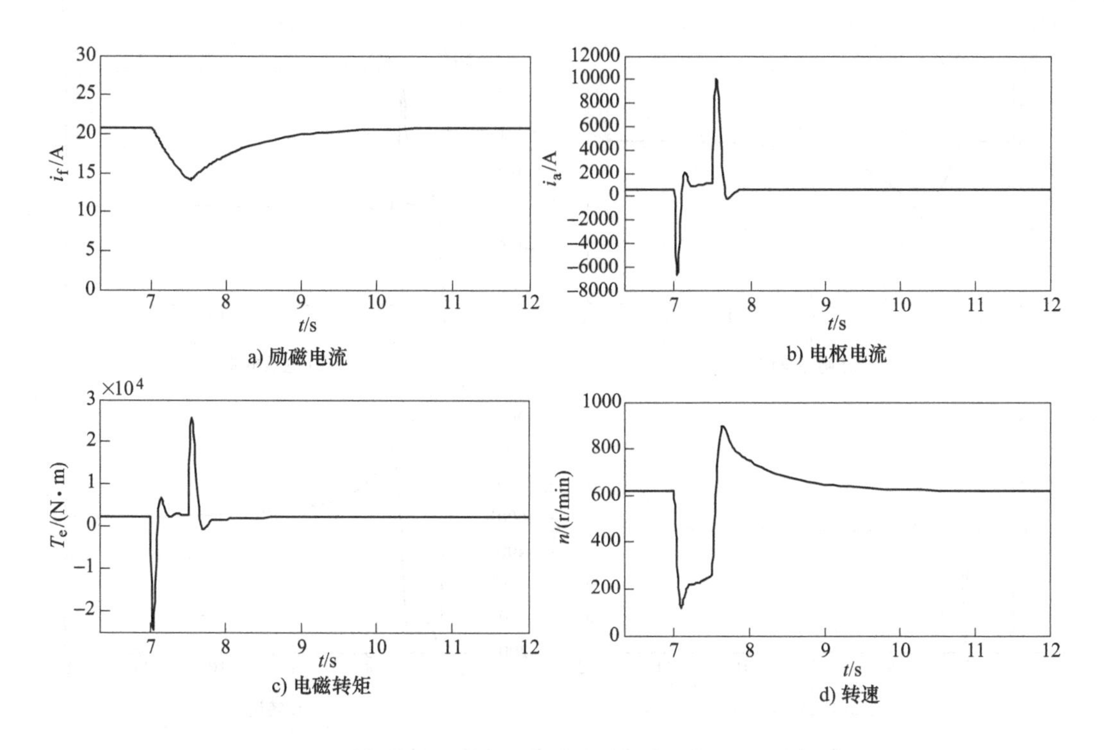

a) 励磁电流　b) 电枢电流　c) 电磁转矩　d) 转速

图 2-64　并励直流电动机电源电压骤降至 80V 时的动态特性

值（峰值电流为-6730A；峰值转矩为-24330Nm），转速很快降低，由于励磁回路电感比电枢回路大，励磁电流是个大惯量系统，励磁绕组的时间常数较电枢绕组的时间常数大得多，所以下降得比较缓慢。随着转速和励磁电流下降，反电动势减小，电枢电流和电磁转矩回升。随着反电动势进一步减小，电枢电流和电磁转矩变为正值并逐步增加，当 $T_e=T_{LN}$时，转速开始上升（励磁电流仍在下降），由于电枢电流和电磁转矩的变化比转速的变化快，它们达到一个大于额定值的数值时，反电动势也达到了一定数值，电枢电流略有减小，直到反电动势基本不变，$T_e=T_{LN}$时，电动机稳定运行在一个较低的转速上。电压恢复时，电动机的瞬变过程与直接起动的情况相似。电压瞬时骤降幅度较大时，较大的瞬变电流和瞬变转矩将对电动机的绝缘、驱动轴产生不利影响。同时也会引起电动机换向困难。

电源电压瞬时骤降（$t=7$s 时）至零，经过 0.5s 电压恢复正常时的电动机瞬变特性，其仿真结果如图 2-65 所示。

图 2-65 表明，电源突然短路时，即电源电压瞬时骤降至零，电枢电流和电磁转矩很快从额定值变为负值（峰值电流为-10180A，峰值转矩为-36516N · m），假设电动机仍然能继续运行，则转速很快下降，随着转速和励磁电流下降，反电动势减小，电枢电流和电磁转矩有所回升，随后，电动机转速降低到零，电动机停车，电枢电流和电磁转矩也变为零。由此可见，电源突然短路时，电枢绕组将要承受极大的冲击电流，电动机转轴将要承受极大的反向冲击转矩，电动机会出现严重的换向困难或出现严重的环火，若无保护措施，电动机无疑会损坏。

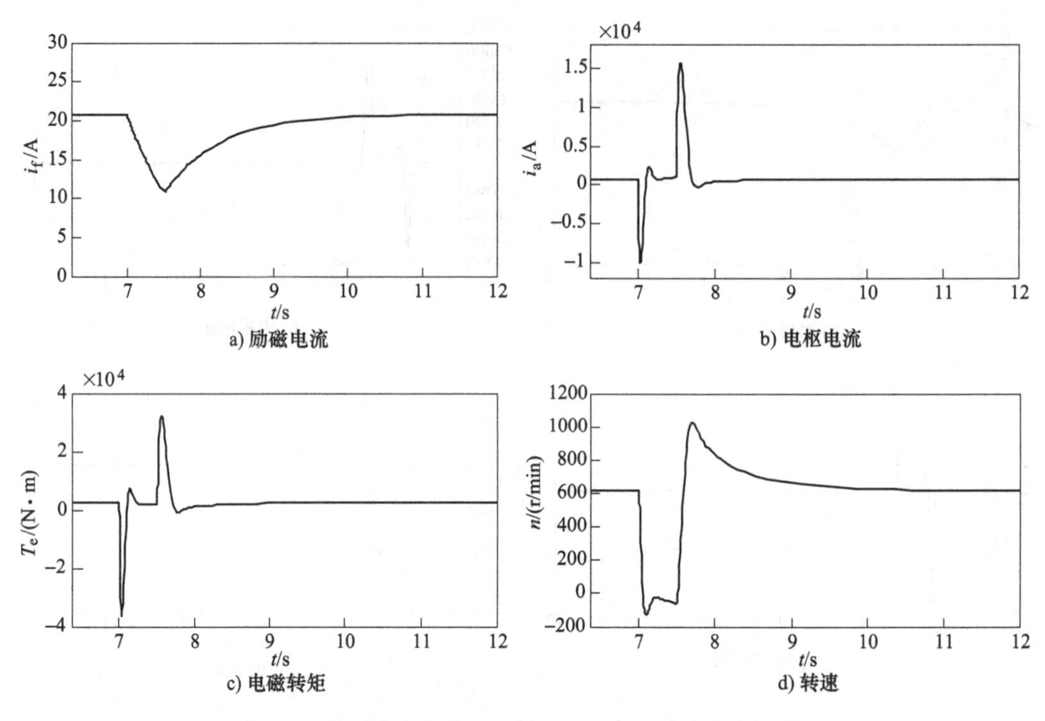

图 2-65　并励直流电动机电源电压骤降至零时的动态特性

第 3 章 感应电机

感应电机是交流电机，主要作为电动机使用，在农村及风力发电等场合也作为发电机使用。感应电机结构简单、制造容易、价格低廉、运行可靠且坚固耐用，广泛应用于工农业生产中。感应电机的主要缺点是目前尚不能经济地在较大范围内平滑调速，以及必须从电网吸取滞后性质的无功功率。本章主要介绍感应电机的数学模型，包括单相、三相和多相感应电机，并介绍如何用 MATLAB/Simulink 软件建立仿真模型，最后通过实例对感应电机的动态过程进行仿真计算和分析。

3.1 三相感应电机的数学模型

3.1.1 相坐标系中三相感应电机的数学模型

图 3-1a 所示为三相感应电机的物理模型，为方便分析，图中定子三相分布绕组等效为三相集中绕组，分别用 A、B、C 表示，转子三相分布绕组等效为三相集中绕组，分别用 a、b、c 表示（笼型转子等效为三相绕线转子，并折算到定子侧），转子 a 相轴线与定子 A 相轴线的夹角为 0°，ω_r为转子角速度，如图 3-1b 所示。

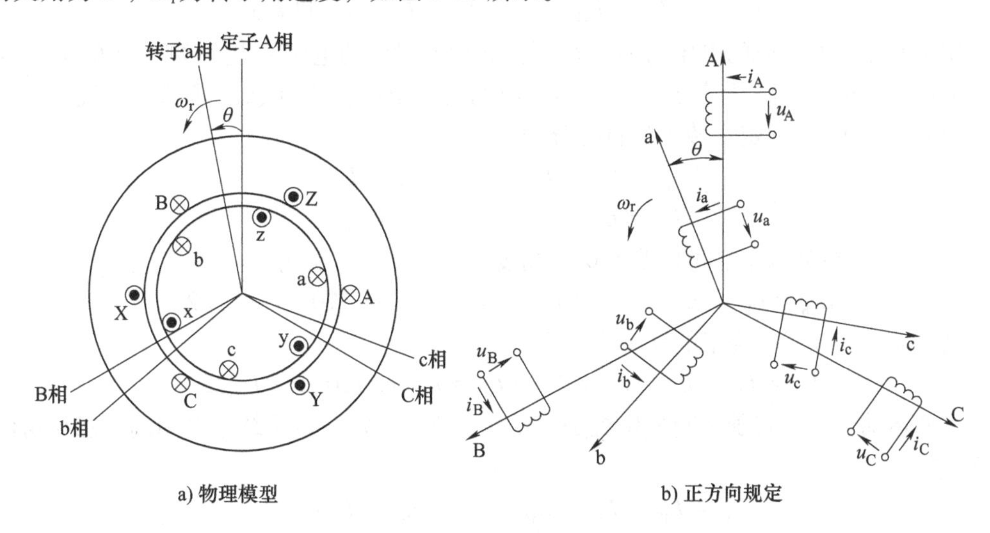

图 3-1 三相感应电机物理模型及正方向

（1）定子电压方程

按图 3-1 所示采用电动机惯例，根据基尔霍夫电压定律列出定子三相绕组的电压方程为

$$\begin{cases}u_A = R_s i_A + p\psi_A \\ u_B = R_s i_B + p\psi_B \\ u_C = R_s i_C + p\psi_C\end{cases} \tag{3-1}$$

式中，u_A，u_B，u_C为定子三相电压；i_A，i_B，i_C为定子三相电流；ψ_A，ψ_B，ψ_C为定子三相绕组磁链；R_s为定子各相绕组电阻；p 为微分算子，$p=\mathrm{d}/\mathrm{d}t$。

（2）转子电压方程

转子电压方程与定子电压方程类似，即

$$\begin{cases}u_a = R_r i_a + p\psi_a \\ u_b = R_r i_b + p\psi_b \\ u_c = R_r i_c + p\psi_c\end{cases} \tag{3-2}$$

式中，u_a，u_b，u_c为转子三相电压；i_a，i_b，i_c为转子三相电流；ψ_a，ψ_b，ψ_c为转子三相绕组磁链；R_r为转子各相绕组电阻。

（3）磁链方程

每个绕组的磁链是它本身的自感磁链和其他绕组对它的互感磁链之和，设电流、磁链的正方向符合右手螺旋定则，因此 6 个绕组的磁链可表达为

$$\begin{bmatrix}\psi_A \\ \psi_B \\ \psi_C \\ \psi_a \\ \psi_b \\ \psi_c\end{bmatrix} = \begin{bmatrix}L_{AA} & L_{AB} & L_{AC} & L_{Aa} & L_{Ab} & L_{Ac} \\ L_{BA} & L_{BB} & L_{BC} & L_{Ba} & L_{Bb} & L_{Bc} \\ L_{CA} & L_{CB} & L_{CC} & L_{Ca} & L_{Cb} & L_{Cc} \\ L_{aA} & L_{aB} & L_{aC} & L_{aa} & L_{ab} & L_{ac} \\ L_{bA} & L_{bB} & L_{bC} & L_{ba} & L_{bb} & L_{bc} \\ L_{cA} & L_{cB} & L_{cC} & L_{ca} & L_{cb} & L_{cc}\end{bmatrix} \begin{bmatrix}i_A \\ i_B \\ i_C \\ i_a \\ i_b \\ i_c\end{bmatrix} \tag{3-3}$$

设定子漏磁通所对应的电感为 L_{ls}，转子漏磁通所对应的电感为 L_{lr}，如果用 L_{sm}表示与主磁通对应的定子电感，L_{rm}上表示与主磁通对应的转子电感。因互感磁通都通过气隙，磁阻相同，故有 $L_{sm}=L_{rm}$，则定、转子的自感分别为

$$L_{AA} = L_{BB} = L_{CC} = L_{ss} = L_{sm} + L_{ls}$$

$$L_{aa} = L_{bb} = L_{cc} = L_{rr} = L_{sm} + L_{lr}$$

由于 A、B、C 三相绕组在空间相差 120°电角度，因此定子互感为

$$L_{AB} = L_{BC} = L_{CA} = L_{BA} = L_{CB} = L_{AC} = L_{sm}\cos 120^\circ = -L_{sm}/2$$

同理，转子 a、b、c 三相绕组的互感为

$$L_{ab} = L_{bc} = L_{ca} = L_{ba} = L_{cb} = L_{ac} = L_{sm}\cos 120^\circ = -L_{sm}/2$$

由于转子的运动，定、转子之间的位置是变化的。所以，定、转子绕组之间的互感与角位移 θ 的函数为

$$L_{Aa} = L_{Bb} = L_{Cc} = L_{aA} = L_{bB} + L_{cC} = L_{sm}\cos\theta$$

$$L_{Ab} = L_{Bc} = L_{aC} = L_{Ca} = L_{bA} + L_{cB} = L_{sm}\cos(\theta + 120^\circ)$$

$$L_{Ac} = L_{Ba} = L_{Cb} = L_{bC} = L_{cA} + L_{aB} = L_{sm}\cos(\theta - 120^\circ)$$

式（3-3）中的电感参数矩阵是变参数矩阵。所以，式（3-1）为变系数微分方程。

（4）转子运动方程与电磁转矩方程

根据牛顿定律，设轴系转动惯量为 J，转子机械角速度为 ω_m，负载转矩为 T_L，机惯例

的转子运动方程为

$$T_e = T_L + J\frac{d\omega_m}{dt} + B_m\omega_m$$

对于极对数为 n_p 电机，写成用电角速度 ω_r（$\omega_r = n_p\omega_m$）表示的形式，就是

$$T_e = T_L + \frac{Jd\omega_r}{n_p dt} + B_m\frac{\omega_r}{n_p} \tag{3-4}$$

式中，B_m 为阻尼转矩系数。

按照机电能量转换原理，磁场的储能为 $\boldsymbol{W}_m = \frac{1}{2}\boldsymbol{i}^T\boldsymbol{L}\boldsymbol{i}$，而电磁转矩为电流不变、只有机械位移变化时磁场储能 W_m 对机械位移 θ_m 的偏导，且 $\theta_m = \boldsymbol{\theta}/n_p$，因此电磁转矩方程为

$$T_e = \frac{1}{2}n_p\boldsymbol{i}^T\frac{\partial L}{\partial\theta}\boldsymbol{i} \tag{3-5}$$

式中，$\boldsymbol{i} = [i_A \quad i_B \quad i_C \quad i_a \quad i_b \quad i_c]^T$；$L$ 由式（3-3）定义。

由式（3-1）~式（3-5）可得三相感应电机相坐标系中的数学模型，即

$$\begin{cases} \boldsymbol{u} = \boldsymbol{R}\boldsymbol{i} + \boldsymbol{L}\dfrac{d\boldsymbol{i}}{dt} + \omega_r\dfrac{\partial L}{\partial\theta}\boldsymbol{i} \\ \dfrac{1}{2}n_p\boldsymbol{i}^T\dfrac{\partial \boldsymbol{L}}{\partial\theta}\boldsymbol{i} = T_L + \dfrac{Jd\omega_r}{n_p dt} \\ \omega_r = \dfrac{d\theta}{dt} \end{cases} \tag{3-6}$$

式中，$\boldsymbol{u} = [u_A \quad u_B \quad u_C \quad u_a \quad u_b \quad u_c]^T$；$\boldsymbol{R} = \text{diag}(R_s \quad R_s \quad R_s \quad R_f \quad R_D \quad R_Q)$。

因此，感应电机的电压方程又可以写为

$$\begin{bmatrix} \boldsymbol{u}_s \\ \boldsymbol{u}_r \end{bmatrix} = \begin{bmatrix} \boldsymbol{R}_s & 0 \\ 0 & \boldsymbol{R}_r \end{bmatrix}\begin{bmatrix} \boldsymbol{i}_s \\ \boldsymbol{i}_r \end{bmatrix} + p\begin{bmatrix} \boldsymbol{L}_s & \boldsymbol{M}_{sr} \\ \boldsymbol{M}_{rs} & \boldsymbol{L}_r \end{bmatrix}\begin{bmatrix} \boldsymbol{i}_s \\ \boldsymbol{i}_r \end{bmatrix} \tag{3-7}$$

式中，$\boldsymbol{u}_s = [u_A \quad u_B \quad u_C]^T$；$\boldsymbol{u}_r = [u_a \quad u_b \quad u_c]^T$；$\boldsymbol{R}_s = \text{diag}(R_s \quad R_s \quad R_s)$；$\boldsymbol{R}_r = \text{diag}(R_r \quad R_r \quad R_r)$；$\boldsymbol{i}_s = [i_A \quad i_B \quad i_C]^T$；$\boldsymbol{i}_r = [i_a \quad i_b \quad i_c]^T$。

设定、转子零序电流等于零，即 $i_A + i_B + i_C = 0$、$i_a + i_b + i_c = 0$，则有

$\boldsymbol{L}_s = \text{diag}(L_s \quad L_s \quad L_s)$，$\boldsymbol{L}_r = \text{diag}(L_r \quad L_r \quad L_r)$。$L_s = L_{ss} + L_{sm}/2$；$L_r = L_{rr} + L_{sm}/2$。以及

$$\boldsymbol{M}_{sr} = M_{sr}\begin{bmatrix} \cos\theta & \cos(\theta + 2\pi/3) & \cos(\theta - 2\pi/3) \\ \cos(\theta - 2\pi/3) & \cos\theta & \cos(\theta + 2\pi/3) \\ \cos(\theta + 2\pi/3) & \cos(\theta - 2\pi/3) & \cos\theta \end{bmatrix}$$

式中，$M_{sr} = L_{sm} = L_{rm}$ 为定、转子两个绕组的轴线重合时互感的幅值。

定、转子电感与稳态 T 型等效电路中各电感的关系为

$$\begin{cases} L_{ss} = L_{ls} + \dfrac{2L_m}{3} \\ L_{rr} = L_{lr} + \dfrac{2L_m}{3} \\ L_{sm} = L_{sm} + \dfrac{2L_m}{3} \end{cases}$$

3.1.2 dq0 坐标系中三相感应电机的动态数学模型

1. 标量形式

3.1.1 节导出的三相感应电机在 *ABC* 相坐标系中的动态数学模型，其电感矩阵 $\boldsymbol{L}$ 是转子位置角 θ 的函数，而 θ 是随时间变化的，因而直接求解变系数微分方程比较复杂。通过坐标变换，可使电感矩阵成为对角阵，且各个元素均为常数，从而使数学模型的求解得以简化。

三相感应电机在 dq0 正交坐标系中的动态数学模型如下：

（1）电压方程

1）定子电压方程为

$$\begin{cases} u_{sd} = R_s i_{sd} + \dfrac{d\psi_{sd}}{dt} + \omega\psi_{sd} \\ u_{sq} = R_r i_{sq} + \dfrac{d\psi_{sq}}{dt} - \omega\psi_{sq} \\ u_{s0} = R_s i_{s0} + \dfrac{d\psi_{s0}}{dt} \end{cases} \tag{3-8}$$

2）转子电压方程为

$$\begin{cases} u_{rd} = R_r i_{rd} + \dfrac{d\psi_{rd}}{dt} + (\omega - \omega_r)\psi_{dr} \\ u_{rq} = R_r i_{rq} + \dfrac{d\psi_{rq}}{dt} - (\omega - \omega_r)\psi_{qr} \\ u_{r0} = R_r i_{rm} + \dfrac{d\psi_m}{dt} \end{cases} \tag{3-9}$$

（2）磁链方程

1）定子磁链方程为

$$\begin{cases} \psi_{sd} = L_{sl} i_{sd} + L_m(i_{sd} + i_{rd}) \\ \psi_{sq} = L_{sl} i_{sq} + L_m(i_{sq} + i_{rq}) \\ \psi_{s0} = L_{sl} i_{s0} \end{cases} \tag{3-10}$$

式中，$L_m = \dfrac{3}{2}L_{sm}$。

2）转子磁链方程为

$$\begin{cases} \psi_{rd} = L_{rl} i_{dr} + L_m(i_{ds} + i_{dr}) \\ \psi_{rq} = L_{rl} i_{rq} + L_m(i_{sq} + i_{rq}) \\ \psi_{r0} = L_{rl} i_{r0} \end{cases} \tag{3-11}$$

（3）电磁转矩方程

$$T_e = 1.5n_p L_m(i_{sd}i_{rq} - i_{sq}i_{rd}) \tag{3-12}$$

电磁转矩还有其他表达形式。

（4）运动方程

$$T_e = \frac{J\mathrm{d}\omega_r}{n_p \mathrm{d}t} + T_L + B_m \frac{\omega_r}{p} \tag{3-13}$$

2. 空间向量形式

以上的电磁方程是标量形式的，下面给出书写紧凑的、以便于建立仿真模型的任意速 dq 正交坐标系下的空间向量形式的数学模型。

设任意速旋转坐标系以逆时针方向旋转，d 轴超前于 A 相绕组 θ 电角度，q 轴超前于 d 轴 90°电角度。

（1）电压方程

$$\begin{aligned} \boldsymbol{u}_s &= R_s \boldsymbol{i}_s + p\boldsymbol{\psi}_s + \omega_k \boldsymbol{J}\boldsymbol{\psi}_s \\ \boldsymbol{u}_r &= R_r \boldsymbol{i}_r + p\boldsymbol{\psi}_r + (\omega_k - \omega_r)\boldsymbol{J}\boldsymbol{\psi}_r \end{aligned} \tag{3-14}$$

式中，$\boldsymbol{u}_s = [u_{sd} \quad u_{sq}]^T$；$\boldsymbol{u}_r = [u_{rd} \quad u_{rq}]^T$；$\boldsymbol{i}_s = [i_{sd} \quad i_{sq}]^T$；$\boldsymbol{i}_r = [i_{rd} \quad i_{rq}]^T$；$\boldsymbol{\psi}_s = [\psi_{sd} \quad \psi_{sq}]^T$；$\boldsymbol{\psi}_r = [\psi_{rd} \quad \psi_{rq}]^T$；90°旋转因子为 $\mathrm{j}\omega t = \begin{bmatrix} 0 & -1 \\ 1 & 0 \end{bmatrix}$。

如果设任意速旋转坐标系以顺时针方向旋转，d 轴超前于 A 相绕组 θ 电角度，q 轴滞后于 d 轴 90°电角度，则有 $\mathrm{j}\omega t = \begin{bmatrix} 0 & -1 \\ 1 & 0 \end{bmatrix}$。

（2）磁链方程

$$\begin{bmatrix} \boldsymbol{\psi}_s \\ \boldsymbol{\psi}_r \end{bmatrix} = \begin{bmatrix} L_s \boldsymbol{I} & L_m \boldsymbol{I} \\ L_m \boldsymbol{I} & L_r \boldsymbol{I} \end{bmatrix} \tag{3-15}$$

即

$$\begin{bmatrix} \psi_{sd} \\ \psi_{sq} \\ \psi_{rd} \\ \psi_{rq} \end{bmatrix} = \begin{bmatrix} L_s & 0 & L_m & 0 \\ 0 & L_s & 0 & L_m \\ L_m & 0 & L_r & 0 \\ 0 & L_m & 0 & L_r \end{bmatrix} \begin{bmatrix} i_{sd} \\ i_{sq} \\ i_{rd} \\ i_{rq} \end{bmatrix} \tag{3-16}$$

式中，$\boldsymbol{I} = \begin{bmatrix} 1 & 0 \\ 0 & 1 \end{bmatrix}$；$L_s = L_{sl} + L_m$；$L_r = L_{rl} + L_m$。

（3）电磁转矩方程

$$T_e = 1.5n_p L_m(\boldsymbol{i}_r \otimes \boldsymbol{i}_s) \tag{3-17}$$

3.1.3 静止坐标系考虑铁心损耗时的数学模型

在构建三相感应电机的一般动态数学模型时，为了简单起见，经常忽略铁心损耗。但是，利用这种模型分析和研究与效率有关的电机性能时必然会带来明显的误差，也不适合用于电机最佳效率控制等相关的高精度控制分析中。电机铁心损耗与电机的铁心结构参数、电源频率及磁通密度有关，通常包括磁损耗和涡流损耗两部分，理论上很难推导出精确计算铁耗的公式。在动态的数学模型中，考虑铁心损耗时，可将电机铁心损耗用等效纯电阻绕组的损耗表示。由于感应电机在稳定运行时的转子频率很低，通常感应电机主要考虑定子铁心损耗，因此只在定子上存在假定铁心损耗等效绕组。在 αβ 静止坐标系中除了原有定、转子轴上四个绕组外，在定子侧又增加了两个铁心损耗等效绕组。因此，在三相感应电机 αβ 静止坐标系的数学模型中，增加铁心损耗等效绕组（设铁耗等效电阻为常数）的两个电压方程和两个电流方程，即可得到考虑铁心损耗时静止坐标系中的三相感应电机的数学模型。

电压方程为

$$\begin{cases} u_{s\alpha} = R_s i_{s\alpha} + p\psi_{s\alpha} \\ u_{s\beta} = R_s i_{s\beta} + p\psi_{s\beta} \\ u_{r\alpha} = 0 = R_r i_{r\alpha} + \omega_r\psi_{r\beta} + p\psi_{s\alpha} \\ u_{r\beta} = 0 = R_r i_{r\beta} + \omega_r\psi_{r\alpha} + p\psi_{s\beta} \\ 0 = R_c i_{Rc\alpha} + p\psi_{m\alpha} \\ 0 = R_c i_{Rc\beta} + p\psi_{m\beta} \end{cases} \tag{3-18}$$

式中，R_c 是铁心损耗等效绕组；$i_{Rc\alpha}$和 $i_{Rc\beta}$是铁心损耗等效电流。

励磁电流方程为

$$\begin{cases} i_{Lm\alpha} = i_{s\alpha} + i_{r\alpha} - i_{Rm\alpha} \\ i_{Lm\beta} = i_{s\beta} + i_{r\beta} - i_{Rm\alpha} \end{cases} \tag{3-19}$$

式中，$i_{Lm\alpha}$是励磁绕组电感电流；$i_{Rm\alpha}$是励磁绕组电阻电流。

磁链方程为

$$\begin{cases} \psi_{s\alpha} = L_{sl} i_{s\alpha} + \psi_{m\alpha} \\ \psi_{s\beta} = L_{sl} i_{s\beta} + \psi_{m\beta} \\ \psi_{r\alpha} = L_{rl} i_{r\alpha} + \psi_{m\alpha} \\ \psi_{r\beta} = L_{rl} i_{r\beta} + \psi_{m\beta} \\ \psi_{m\alpha} = L_m i_{Lm\alpha} \\ \psi_{m\beta} = L_m i_{Lm\beta} \end{cases} \tag{3-20}$$

电磁转矩方程为

$$T_e = n_p \frac{L_m}{L_r}[\psi_{r\alpha}(i_{s\beta} - i_{Rc\beta}) - \psi_{r\beta}(i_{s\alpha} - i_{Rs\alpha})] \tag{3-21}$$

由式（3-23）~式（3-25）可得对应的等效电路，如图 3-2 所示。

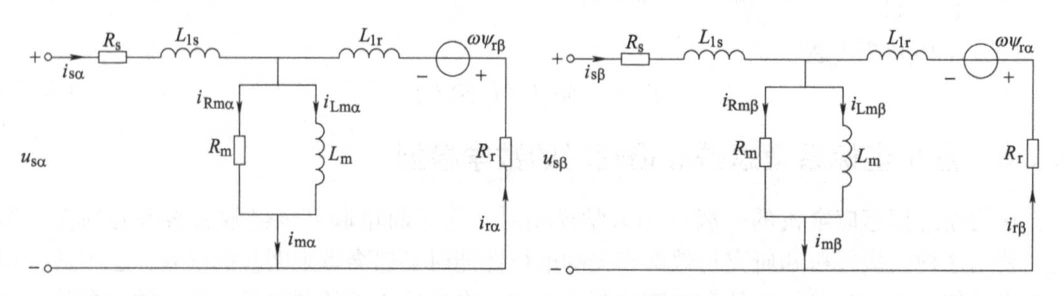

图 3-2　考虑铁心损耗时的三相感应电机动态等效电路

选择定、转子磁链和励磁电流、电机转速作为状态变量，根据式（3-18）~式（3-21），得状态方程为

$$
\begin{cases}
p\psi_{s\alpha} = u_{s\alpha} - R_s i_{s\alpha} \\
p\psi_{s\alpha} = u_{s\alpha} - R_s i_{s\alpha} \\
p\psi_{s\alpha} = -(R_r i_{r\alpha} + \omega_r \psi_{r\beta}) \\
p\psi_{s\beta} = -(R_r i_{r\beta} + \omega_r \psi_{r\alpha}) \\
p i_{Lm\alpha} = \dfrac{R_c}{L_m}(i_{s\alpha} + i_{r\alpha} - i_{Lm\alpha}) \\
p i_{Lm\beta} = \dfrac{R_c}{L_m}(i_{s\beta} + i_{r\beta} - i_{Lm\beta}) \\
p\omega_r = \dfrac{n_p}{J}(T_e - T_L)
\end{cases}
\tag{3-22}
$$

其中，等效定、转子电流和电磁转矩可表达为

$$
\begin{cases}
i_{s\alpha} = \dfrac{1}{L_{sl}}(\psi_{s\alpha} - L_m i_{Lm\alpha}) \\
i_{s\beta} = \dfrac{1}{L_{sl}}(\psi_{s\beta} - L_m i_{Lm\beta}) \\
i_{r\alpha} = \dfrac{1}{L_{sl}}(\psi_{r\alpha} - L_m i_{Lm\alpha}) \\
i_{r\beta} = \dfrac{1}{L_{rl}}(\psi_{r\beta} - L_m i_{Lm\beta}) \\
T_e = n_p L_m (i_{Lm\beta} i_{r\alpha} - i_{Lm\alpha} i_{r\beta})
\end{cases}
\tag{3-23}
$$

3.2 三相感应电动机的运行状态

3.2.1 三相感应电动机的工作特性

三相电动机的工作特性是指在额定电压、额定频率下感应电动机的转速 n、效率 η、功率因数 $\cos\varphi_1$、输出转矩 T_2、定子电流 I_1与输出功率 P_2的关系曲线。异步电动机的工作特性可以用计算方法获得。在已知等效电路各参数、机械损耗、附加损耗的情况下，给定一系列的转差 s，可以由计算得到 n、I_1、T_{em}、T_2、P_2、η、$\cos\varphi_1$，从而得到工作特性。对于已制成的异步电动机，其工作特性也可以通过试验求得。用测功机作为负载测取不同转速下的输出转矩 T_2，同时测取 I_1、$\cos\varphi_1$，从而可算出 P_2、η，得到工作特性。

（1）转差率特性　在空载运行时，$P_2=0$，$s\approx0$，$n\approx n_1$。

在 $s=[0,\ s_m]$ 区间，近似有 $T_2 \approx T_{em} \propto s$, $P_2 \propto T_2 n \propto sn \propto s(1-s)$ 。故在此区间，随 T_2增大，s 随之增大，而转速 n 呈下降趋势。这和并励直流电动机相似，转差率特性 $s=f(P_2)$。

（2）效率特性　电动机的效率为

$$\eta = \frac{P_2}{P_1} = 1 - \frac{\sum p}{P_1} \tag{3-24}$$

式中，$\sum p$ 为电动机总损耗，$\sum p = p_{Cu1} + p_{Cu2} + p_{Fe} + p_{mec} + p_{ad}$。

在空载运行时，$P_2=0$，$\eta=0$。从空载到额定负载运行，由于主磁通变化很小，故铁损耗认为不变；在此区间转速变化很小，故机械损耗认为不变。上述两项损耗称为不变损耗。而定、转子铜损耗与各自电流的二次方成正比，附加损耗也随负载的增加而增加，这三项损耗称为可变损耗。当 P_2 从零开始增加时，总损耗 $\sum p$ 增加较慢，效率上升很快，在可变损耗与不变损耗相等时（即 $p_{Cu1}+p_{Cu2}+p_{ad}=p_{Fe}+p_{mec}$），$\eta$ 达到最大值；当 P_2 继续增大，由于定、转子铜损耗增加很快，效率反而下降。对于普通中小型感应电动机，效率约在（0.25~0.75）P_N 时达到最大。

（3）功率因数特性　感应电动机必须从电网吸收滞后的电流来励磁，其功率因数永远小于1。空载运行时，感应电动机的定子电流基本上是励磁电流 I_m，因此空载时功率因数很低，通常小于0.2。随着 P_2 的增大，定子电流的有功分量增加，$\cos\varphi_1$ 增大，在额定负载附近，$\cos\varphi_1$ 达到最大值。当 P_2 继续增大时，转差率 s 变大，使转子回路阻抗角 $\varphi_2 = \arctan\dfrac{sX_{\sigma2}}{R_2}$ 变大，$\cos\varphi_2$ 下降，从而使 $\cos\varphi_1$ 下降。

（4）转矩特性　感应电动机的轴端输出转矩 $T_2 = \dfrac{P_2}{\Omega}$，其中 $\Omega = \dfrac{60}{2\pi n}$ 为机械角速度。从空载到额定负载，转速 n 变化很小，所以 $T_2=f(P_2)$ 可以近似地认为是一条过零点的斜线，该曲线还通过点 $P_2^*=1$、$T_2^*=1$。

（5）定子电流特性　异步电动机定子电流 $\dot{I}_1 = \dot{I}_0 + (-\dot{I}_2')$，空载运行时，$\dot{I}_2' \approx 0$，定子电流 $\dot{I}_1 = \dot{I}_0$，是励磁电流。随 P_2 增大，转子电流 I_2' 增大，与之平衡的定子电流 I_1 也随之增大。

3.2.2　三相感应电动机的起动

当异步电动机直接投入电网起动时，在 $t=0$ 时刻，$n=0$，$s=1$。异步电动机对电网呈现短路阻抗 Z_k，流过它的稳态电流称为起动电流。利用简化等效电路，并忽略励磁支路，则异步电动机的起动电流（相电流）为

$$I_{st} = \frac{U_1}{\sqrt{(R_1 + R_2')^2 + (X_{10} + X_{20}')^2}} = \frac{U_1}{Z_k} \tag{3-25}$$

一般笼型异步电动机 $Z_k^*=0.14\sim0.25$，额定电压（$U_1^*=1$）下直接起动，$I_{st}^*=4\sim7$，即起动电流倍数为

$$k_I = \frac{I_{st}}{I_N} = 4 \sim 7 \tag{3-26}$$

而起动转矩倍数 $k_{st}=0.9\sim1.3$。

这就是说，一般笼型异步电动机直接起动时，起动电流很大而起动转矩并不大。

起动电流大还会造成如下影响：一方面使电源电压在起动时下降，特别是电源容量较小时电压下降更大；另一方面大的起动电流会在线路和电动机内部产生损耗而引起发热。

起动转矩必须大于负载转矩才可能起动，起动转矩越大，加速越快，起动时间越短。异步电动机在起动时，电网对异步电动机的要求与负载对它的要求往往是矛盾的。电网从减少它所承受的冲击电流出发，要求异步电动机起动电流尽可能小，但太小的起动电流所产生的起动转矩又不足以带动负载；而负载要求起动转矩尽可能大，以缩短起动时间，但大的起动转矩伴随着大的起动电流又可能不为电网所接受。下面讨论适合于不同电动机容量、负载性质而采用的起动方法。

1. 直接起动

直接起动适用于小容量电动机带轻负载的情况，起动时将定子绕组直接接到额定电压的电网上。在此工况下电磁转矩、起动电流很容易同时得到满足。对于经常起动的电动机，起动时引起的母线电压降不大于10%，对于偶尔起动的电动机，电压降不大于15%。

2. 定子回路串联电抗减压起动

减压起动适用于容量大于或等于20kW并带轻负载的工况。由于是轻负载，故电动机起动时电磁转矩很容易满足负载要求。但这种方法的主要问题是起动电流大，电网难以承受过大的冲击电流，因此必须降低起动电流。

在研究起动时，可以用短路阻抗 R_k+jX_k 来等效异步电动机。电动机的起动电流（即流过 R_k+jX_k 的电流）与端电压成正比，而起动转矩与电动机端电压的二次方成正比，这就是说起动转矩比起动电流降得更快。降低电压之后，在起动电流满足要求的情况下，还要校核起动转矩是否满足要求。

在定子绕组中串联电抗或电阻都能降低起动电流，但串联电阻时起动能耗较大，只用于小容量电动机中。一般的电动机都采用定子串联电抗减压起动。图3-3a是定子串联电抗 X_Ω 减压起动的等效电路，图3-3b是该电动机直接全压起动的等效电路。图3-3a、b中点画线框内的（R_k+jX_k）代表电动机的短路阻抗。在图3-3a中，电动机端电压为 U_X，电网提供的起动电流为 I_{st}。图3-3b中电动机端电压为 $U_{\varphi N}$，电网提供的起动电流为 I_{stN}。令图3-3a、b中电动机端电压之比为

$$\frac{U_X}{U_{\varphi N}}=\frac{1}{a} \tag{3-27}$$

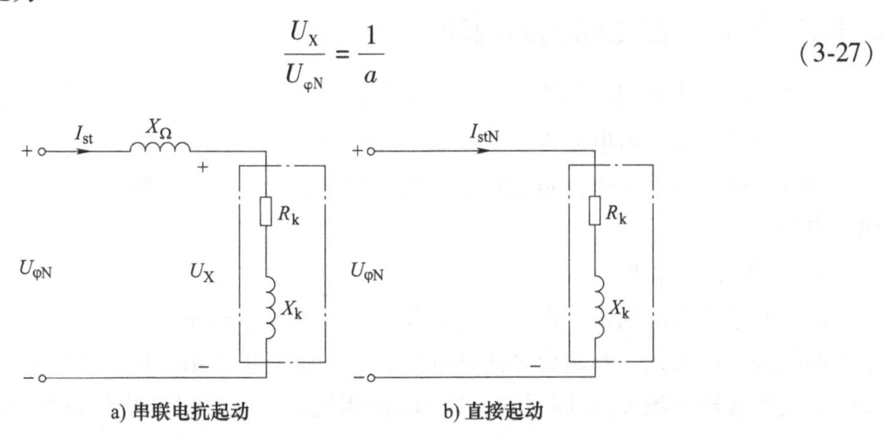

图3-3　异步电动机起动等效电路

于是在此两种情况下，电网提供的线电流之比 $\frac{I_{st}}{I_{stN}}$，即相应的电动机相电流之比等于电

动机端电压之比，即

$$\frac{I_{st}}{I_{stN}}=\frac{U_X}{U_{\varphi N}}=\frac{1}{a} \tag{3-28}$$

减压起动时起动转矩 T_{st} 与全压直接起动时起动转矩 T_{stN} 之比为

$$\frac{T_{st}}{T_{stN}}=\frac{U_X}{U_{\varphi N}}=\frac{1}{a^2} \tag{3-29}$$

式（3-27）~式(3-29）说明，在采用串联电抗减压起动时，若电动机端电压降为电网电压的$\frac{1}{a}$，则起动电流降为直接起动的$\frac{1}{a}$，起动转矩降为直接起动的$\frac{1}{a^2}$，比起动电流降得更厉害。因此在选择 a 值使起动电流满足要求时，还必须校核起动转矩是否满足要求。

3. 用Y-△起动器起动

对于起动转矩要求不高的场合，正常运行时定子绕组为△联结的中小型三相笼型感应电动机常采用Y-△起动器减压起动，以限制起动电流。Y-△起动器的接线图如图 3-4 所示。在开始起动时，开关 S_2 投向“起动”位置，定子绕组接成Y联结，然后合上开关 S_1 接通电源，电动机在低压下起动，转速上升。当转速接近正常运行转速时，将开关 S_2 投向“运行”位置，定子绕组接成△联结，电动机在全压下运行。采用Y-△起动器起动时，起动电流将降为直接起动的$\frac{1}{3}$，起动转矩也将降为直接起动的$\frac{1}{3}$。Y-△起动器的价格便宜，操作简单。为便于采用这种起动方法，国产 Y 系列 4kW 以上的电动机定子绕组都采用△联结。

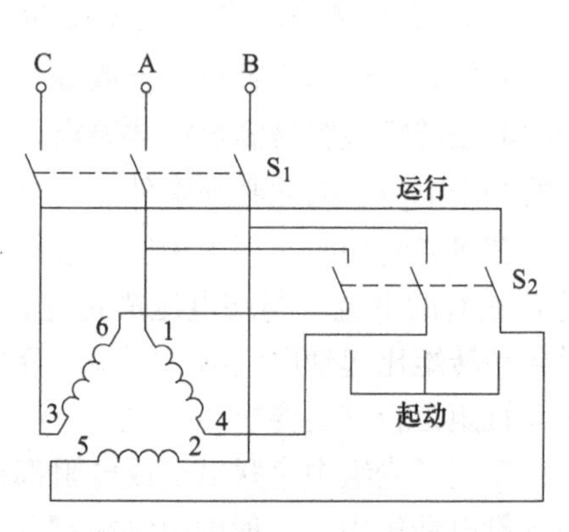

图 3-4　Y-△起动器的接线图

3.2.3　三相感应电动机的制动

电动机运行于正向电动状态（即第Ⅰ象限）时，其电磁转矩 T_{em} 与转速 n 均为正方向并对外输出机械功率。若电磁转矩 T_e、转速 n 中有一项与正向电动状态方向相反，即 T_m 与 n 方向相反，电动机就工作在制动状态。在此状态下，电动机转轴从外部吸收机械功率进而转换成电功率。

1. 电源反接制动

绕线转子异步电动机工作在正向电动状态时，为了迅速让电动机停转或迅速反转，可将定子两相绕组的出线头对调后再接到电源，这就是定子两相反接的反接制动。当定子两相反接时，气隙旋转磁场 B_m 立即反向，以 $-n_1$ 转速旋转。电动机的机械特性也由原来过 n_1 的特性，变为过 $-n_1$ 的特性。在反接制动时，由于转子的转动惯量、转子的转速 n 不能突变，但工作点发生改变，假设异步电动机拖动的是位能性负载，负载转矩 T_z 为常数，电磁转矩 T_{emB} 为负值，且是制动转矩，电动机在这两个转矩之和的作用下减速，在转速为零时断电刹车则效果最好。

电源反接制动时的机械方程为

$$T_{em}=\frac{2T_{max}}{s_m}s \tag{3-30}$$

制动时的转差率为

$$s=\frac{-n_1-n}{-n_1}>1 \tag{3-31}$$

2. 能耗制动

三相感应电动机能耗制动的原理是将运行在电动状态的感应电动机的定子脱离交流电源并立即在定子绕组通入直流励磁电流，使定子产生静止磁场，此时转子由于惯性仍在旋转，其导体切割磁场进而感应出电流，产生与转子转向相反的电磁制动转矩而实现制动。由于其导体切割定子的恒定磁场而在转子绕组中感应出电动势和电流，于是转子的动能变成电能消耗在转子电阻上，使转子发热，当转子动能消耗完，转子就停止转动，这一过程称为能耗制动。能耗制动的接线图如图3-5所示。

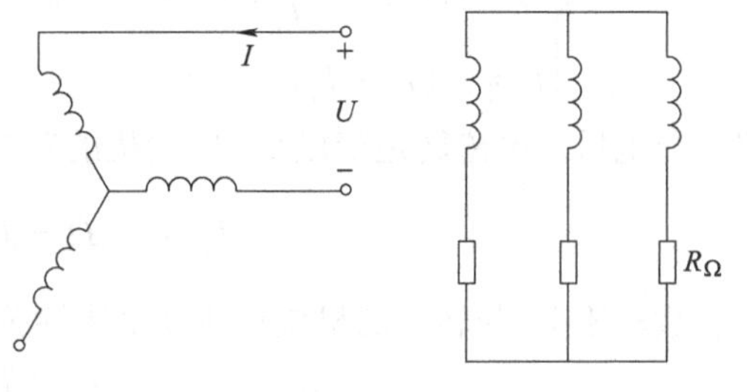

图3-5 能耗制动的接线图

3.2.4 三相感应电动机的故障运行过程

1. 瞬间断电重合闸过程

三相感应电动机定子瞬间断电时，定子电流立即变为0，转子则成为无源闭合电路，转子电流将成为自由分量，从断电瞬间的“初值”按转子的时间常数以指数曲线衰减。若转子旋转的角速度为ω_r，此自由分量将在定子绕组内感应出一个角频率为ω_r的感应电动势$\dot{E}_0$。当电动机重新投入电网时，若$\dot{E}_0$尚未完全衰减，则在电网电压$\dot{U}_1$和电动势$\dot{E}_0$的共同作用下，定子电流和电磁转矩将产生一定的冲击。下面对此进行分析。

设定子绕组为Y联结，转子绕组亦已化成等效Y联结，转子电流和自感、互感均为归算到定子边的归算值。$t=0$时电动机投入电网，经过一段时间电动机进入稳态，$t=t_1$时，定子三相断电。

断电后，定子电流$i_A=i_B=i_C=0$，由于转子电流无零序分量，$i_a+i_b+i_c=0$，故转子的三相电压方程可简化为

$$\begin{cases}R_r i_a+L_r\dfrac{di_a}{dt}=0\\ R_r i_b+L_r\dfrac{di_b}{dt}=0 \quad t\geqslant t_1\\ R_r i_c+L_r\dfrac{di_c}{dt}=0\end{cases} \tag{3-32}$$

式中，R_r为转子电阻；$L_r=L_{rr}+M_r$。

由此可解出转子三相电流分别为

$$i_a=I_a e^{\frac{t-t_1}{T_\tau}},i_b=I_b e^{\frac{t-t_1}{T_\tau}},i_c=I_c e^{\frac{t-t_1}{T_\tau}},t\geqslant t_1 \tag{3-33}$$

式中，T_τ为转子回路的时间常数，$T_\tau = \dfrac{L_\tau}{R_\tau}$，$I_a$、$I_b$、$I_c$分别为$t=t_1^+$时转子电流的初值。根据断电瞬间转子各闭合回路磁链不能跃变的原则，可以求出

$$\begin{cases} I_a = i_{a(t=t_1^-)} + \dfrac{M_{sr}}{L_r}[i_A\cos\theta + i_B\cos(\theta - 120°) + i_C\cos(\theta + 120°)]_{t=t_1^-} \\ I_b = i_{b(t=t_1^-)} + \dfrac{M_{sr}}{L_r}[i_A\cos\theta + i_B\cos(\theta - 120°) + i_C\cos(\theta + 120°)]_{t=t_1^-} \\ I_c = -(I_a + I_b) \end{cases} \tag{3-34}$$

定子断电后，电磁转矩变成0，电动机的转矩方程变成

$$T_L + R_\Omega \Omega + J\frac{d\Omega}{dt} = 0 \quad t \geqslant t_1 \tag{3-35}$$

设负载转矩T_L与转子的机械角速度呈线性关系，即

$$T_L = T_{L0} + R_L\Omega$$

式中，T_{L0}为0时刻的负载转矩。

则转矩方程可改写成

$$T_{L0} + (R_\Omega + R_L)\Omega + J\frac{d\Omega}{dt} = 0 \quad t \geqslant t_1 \tag{3-36}$$

式（3-36）的解为

$$\Omega = \Omega_1 e^{-\frac{t-t_1}{T_M}} - \frac{T_{L0}}{R_L + R_\Omega}(1 - e^{-\frac{t-t_1}{T_M}}) \quad t \geqslant t_1 \tag{3-37}$$

式中，Ω_1为$t=t_1$时转子的机械角速度；T_M为机组的机械时间常数；$T_L = \dfrac{J}{L_L + L_\Omega}$。

转角θ的变化规律为

$$\theta = \theta_1 + p\int_{t_1}^{t} \Omega dt \tag{3-38}$$

式中，θ_1为$t=t_1$时转子的转角；p为极对数。

断电后重新投入电网时，电动机的状态方程及其解法与起动时相同，仅需采用不同的初值。若在$t=t_2$时重新投入电网，重投时定子三相电流的初值为0，转子电流、转角和转子机械角速度的初值，可以分别用式（3-33）、式（3-38）和式（3-37）算出。

重新投入电网时，电网电压$\dot{U}_1$的角频率为ω_1，由转子的自由分量在定子中所产生的电动势$\dot{E}_0$的角频率为ω_r，若将相量$\dot{E}_0$视为相对静止，则$\dot{U}_1$将以转差角频率$s\omega_1$与$\dot{E}_0$产生相对运动。设δ为$\dot{U}_1$与$\dot{E}_0$的相位差，则$\delta = \int_{t_1}^{t_2} s\omega_1 dt$，当$\dot{E}_0$与$\dot{U}_1$达到反相位（即$\delta=\pi$）时重新投入电网，定子电流的冲击将达到最大，此时刻用t_{2max}表示，于是

$$\Delta t_{max} = t_{2max} - t_1 \approx \frac{\pi}{s_{av}\omega_1} = \frac{1}{2f_1 s_{av}} \tag{3-39}$$

式中，Δt_{max}的单位为s；s_{av}为$t_1 \sim t_{2max}$期间转差率的平均值。

用定子的周波数表示时为

$$\Delta t_{max} \approx \frac{1}{2s_{av}} \tag{3-40}$$

对于电磁转矩，考虑到重新投入电网是一个动态过程，计算其最不利投入时刻时，式（3-40）应乘上1.2~1.3的修正系数。确切的Δt_{max}值应由数值计算来确定。

对于中小型感应电动机的Y-△起动法，在Y联结到△联结的切换过程中，由于转子存在自由分量，所以改接成△联结重新投入电网时，定子电流也会产生相应的冲击，使最不利情况下瞬态电流的峰值超过起动电流的峰值。

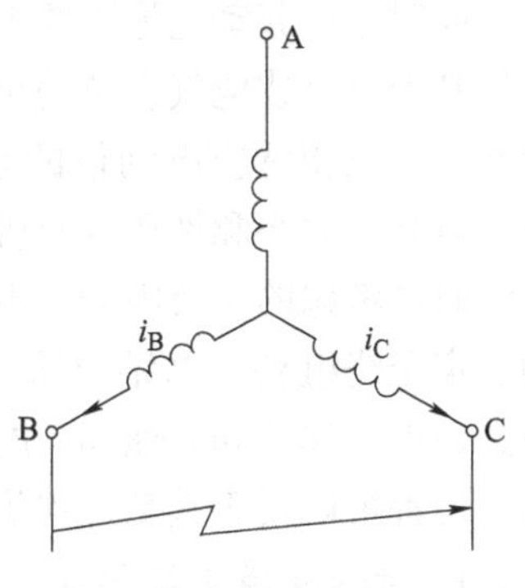

图3-6　定子B、C相线间短路

2. 定子绕组匝间短路

图3-6所示为定子B、C相发生线间突然短路、A相开路时的情况。此时故障条件为

$$\begin{cases} i_B = -i_C, i_A = 0 \\ u_{BC} = u_B - u_C = 0 \end{cases} \tag{3-41}$$

以i_B和i_b、i_c为状态变量，u_{BC}和u_{ab}、u_{bc}为控制变量，即

$$\begin{cases} i = \begin{bmatrix} i_s \\ i_r \end{bmatrix} = \begin{bmatrix} i_B \\ \cdots \\ i_b \\ i_c \end{bmatrix} \\ \boldsymbol{u} = \begin{bmatrix} \boldsymbol{u}_s \\ \boldsymbol{u}_r \end{bmatrix} = \begin{bmatrix} u_{BC} \\ \cdots \\ u_{ab} \\ u_{bc} \end{bmatrix} = \begin{bmatrix} 0 \\ \cdots \\ 0 \\ 0 \end{bmatrix} \end{cases} \tag{3-42}$$

经过推导电阻矩阵$\boldsymbol{R}$和电感矩阵$\boldsymbol{L}$将变成

$$\begin{cases} \boldsymbol{R} = \begin{bmatrix} 2R_s & 0 & 0 \\ 0 & -2R_r & -R_r \\ 0 & R_r & -R_r \end{bmatrix} \\ \boldsymbol{L} = \begin{pmatrix} 2L_s & 3M_{sr}\sin(\theta - 30°) & 3M_{sr}\sin(\theta + 30°) \\ 3M_{sr}\sin(\theta - 30°) & -2L_r & -L_r \\ 3M_{sr}\cos\theta & L_r & -L_r \end{bmatrix} \end{cases} \tag{3-43}$$

这样，一旦给出$t=0$时的初始条件，即可求解突然短路时的短路电流和电磁转矩。

3.3　三相感应电动机的仿真

3.3.1　三相感应电动机起动过程仿真分析

三相感应电动机结构简单、价格低廉、运行可靠、维护方便、在工农业生产中得到了广泛应用。为使电动机能够转动起来，并很快达到工作转速，要求电动机具有足够大的电磁转矩，同时希望起动电流不要太大。起动电流大会引起电网电压下降过多，影响接在同一电网上的其他电机或电气设备的正常运行。起动转矩小使得电动机重载时起动困难，严重时则不能起动。三相感应电动机的起动应考虑其结构特点（是笼型还是绕线转子型）、电网的容量、负载的大小和性质以及机械转动惯量的高低、起动是否频繁等，这些是选择电动机起动方法时应考虑的主要因素。本节对三相笼型感应电动机的直接起动、定子回路串联电抗器起动、定子绕组Y-△联结起动、电容补偿起动的动态过程以及绕线转子感应电动机转子回路串分级电阻起动和双馈起动的动态过程进行仿真计算和分析。以上所建的三相感应电动机仿真模型都可以用于起动过程仿真。

1. 对称电源直接起动

直接起动就是利用刀开关和接触器等开关电器将电动机直接接到额定电压的电源上起动，又称全压起动。这种方简单易行，经济实惠。为了利用直接起动的优点，三相笼型感应电动机几乎都按直接起动时的电磁力和发热来考虑它的机械强度和热稳定性。因此从电动机本身来说，笼型感应电动机都允许直接起动。但这样起动时起动电流大，会使电网电压骤然跌落，所以该方法的使用会受电网容量的限制。对于经常起动的电动机，起动时引起的母线电压降不应大于10%，对于不经常起动的电动机，起动时引起的母线电压降不应大于15%。

仿真模型如图 3-7 所示。它由三个子系统组成，子系统 1 的增益模块设置为 Gain：diag（[Rs Rs Rs Rr Rr Rr]），Multiplication：Matrix（K * u）。需要说明的是，为了仿真定、转子绕组回路串联电阻起动和调速以及绕组开路故障的瞬态行为，子系统1 按图 3-7b 构造

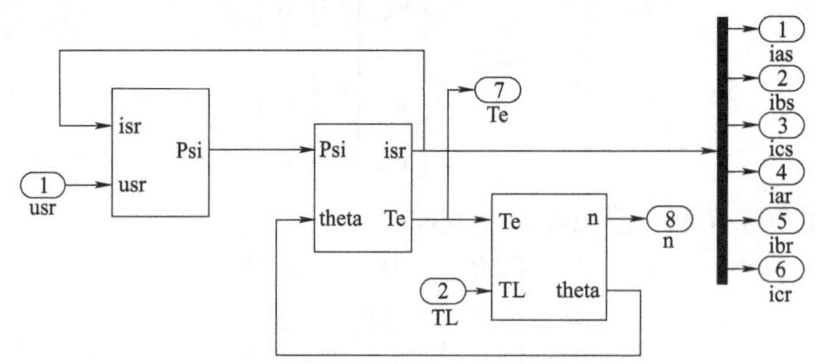

a) ABC相坐标系三相感应电动机仿真模型

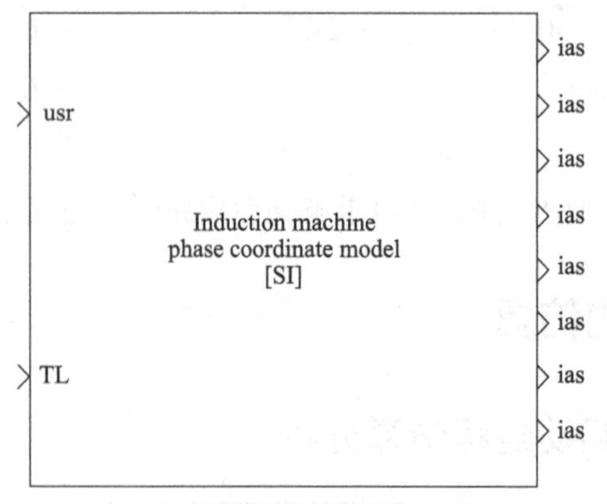

b) 仿真模型的封装形式

图 3-7　三相感应电动机及子系统仿真模型

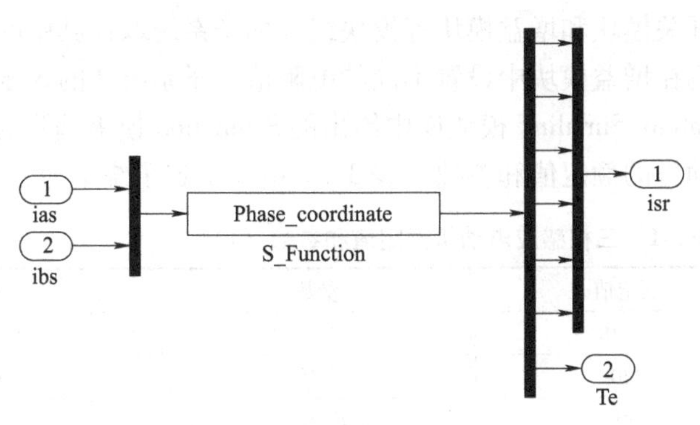

c) 子系统2内部形式

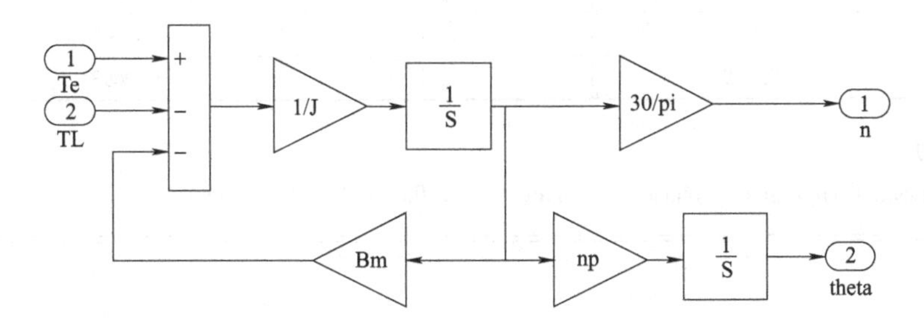

d) 子系统3内部

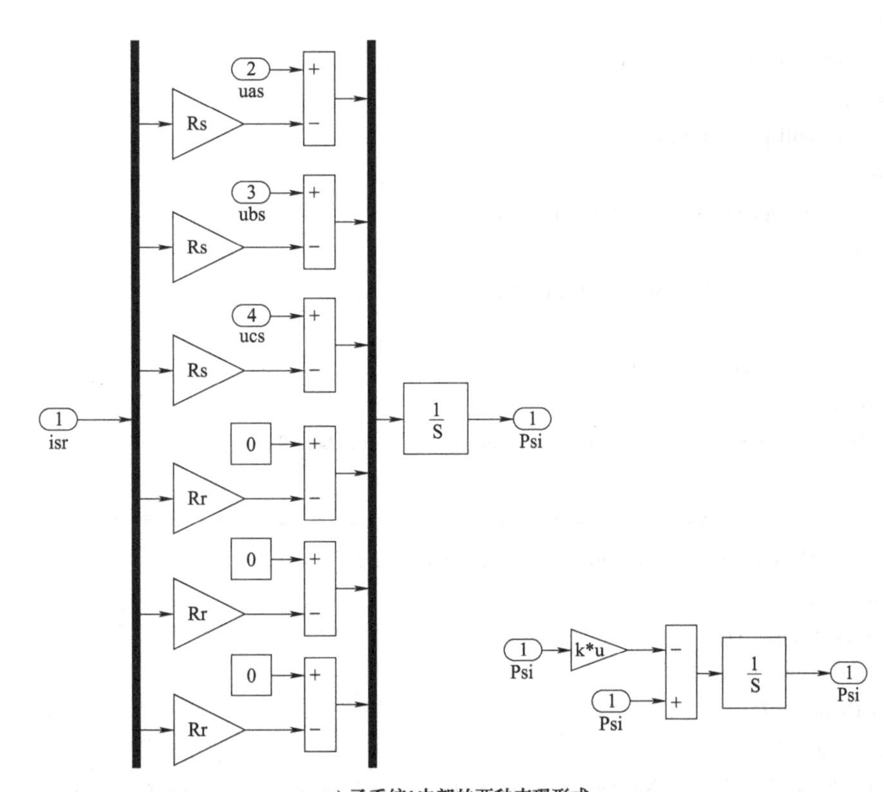

e) 子系统1内部的两种表现形式

图 3-7　三相感应电动机及子系统仿真模型（续）

较为适宜，它可以方便地用开关模块和增益模块等模块组成的子系统取代其中的单一的增益模块，从而可以在不同的时刻在增益模块中设置不同的电阻值。子系统 2 的 S 函数的文件名为 phase_coordinate. m，按 Matlab/Simulink 模块库中给出的 S-function 模板编写的 S 函数编写样例。仿真用的三相感应电动机的额定值和参数见表 3-1。电动机定子绕组为△联结。

表 3-1　三相感应电动机额定值和参数（1）

参数	额定值	参数	额定值
P_N/kW	2.238	R_s/Ω	0.435
U_N/V	220	R_r/Ω	0.816
f_N/Hz	60	R_m/Ω	0.000
n_p（极对数）	2	L_{ls}/H	0.002
I_N/A	10	L_{lr}/H	0.002
J/(kg · m^2)	0.089	L_m/H	0.06931

phase_coordinate. m 函数为：

```
function [sys,x0,str,ts,simStateCompliance]=phase_coordinate(t,x,u,flag,Ls1,Lr1,Lm,np)
%================================================================
switch flag,
    case 0,
        [sys,x0,str,ts,simStateCompliance]=mdlInitializeSizes;
    case 1,
        sys=mdlDerivatives(t,x,u);
    case 2,
        sys=mdlUpdate(t,x,u);
    case 3,
        sys=mdlOutputs(t,x,u,Lsl,Lrl,Lm,np)
    case 4,
        sys=mdlGetTimeOfNextVarHit(t,x,u);
    case 5,
        sys=mdlTerminate(t,x,u);
    otherwise
        DAStudio.error('Simulink:blocks:unhandledFlag', num2str(flag));
end
%================================================================
function [sys,xO,str,ts,simStateCompliance]=mdlInitializeSizes
sizes =simsizes;
sizes.NumContStates =0;
sizes.NumDiscStates = 0;
sizes.NumOutputs=7;
sizes.NumInputs=7;
sizes.DirFeedthrough = 1;sizes.NumSampleTimes = 1;   % at least one sample time is needed
sys =simsizes(sizes);
x0=zeros(0,0);
```

```
str=[ ];
ts=[0 0];
simStateCompliance= 'UnknownSimState';
%==========================================================
function sys=mdlDerivatives(t,x,u)
sys=[ ];
%==========================================================
function sys=mdlUpdate(t,x,u)
sys=[ ];
%==========================================================
function sys=mdlOutputs(t,x,u,Lsl,Lrl,Lm,np)
ang=2/3 * pi;
Lml=2/3 * Lm;
Ls=Ls1+Lml;
Lr=Lrl+Lml;
Lss=[ Ls-Lm1/2 -Lml/2;
     -Lml/2 Ls -Lml/2;
     -Lml/2 -Lml/2 Ls];
Lrr=[ Lr -Lml/2 -Lml/2;
     -Lml/2Lr -Lml/2;
     -Lm1/2 -Lml/2 Lr];
Lsr=Lm1 * [ cos(u(1)),cos(u(1)+ang),cos(u(1)-ang);
         cos(u(1)-ang),cos(u(1)),cos(u(1)+ang);
         cos(u(1)+ang),cos(u(1)-ang),cos(u(1))];
L=[ Lss Lsr; Lsr' Lrr];
dLsrdtheta=Lml * [ -sin(u(1)),-sin(u(1)+ang),-sin(u(1)-ang);
                -sin(u(1)-ang),-sin(u(1)), -sin(u(1)+ang);
                -sin(u(1)+ang),-sin(u(1)-ang),-sin(u(1))];
dLdtheta=[ zeros(3,3) dLsrdtheta;dLsrdtheta' zeros(3,3)];
Psi=[ u(2);u(3);u(4);u(5);u(6);u(7)];
I=L\(Psi);
Te=T′ * dLdtheta * I * np/2;
sys=[ I(1);I(2); I (3); I (4); I (5); I (6);Te];
%==========================================================
function sys=mdlGetTimeOfNextVarHit(t,x,u)
sampleTime=1;
% Example, set the next hit to be one second later.
sys=t+sampleTime;
function sys=mdlTerminate(t,x,u)
sys=[ ];
% endmdlTerminate
```

该电动机在额定三相对称电压下带额定恒转矩负载不能直接起动，因此起动时，电动机定子绕组端直接施加额定三相对称电压，电动机带1/3额定负载时直接起动（电动机各状态变量的初始值为零，以下若无特殊说明，均指这种情况）的仿真结果如图 3-8 所示。

设Y联结三相电源电压为

$$\begin{cases} u_A = 220\sqrt{2}\sin\omega t \\ u_B = 220\sqrt{2}\sin(\omega t - 120°) \\ u_C = 220\sqrt{2}\sin(\omega t - 240°) \end{cases}$$

则线电压分别为

$$\begin{cases} u_{AB} = \sqrt{3} \times 220\sqrt{2}\sin\omega t \\ u_{BC} = \sqrt{3} \times 220\sqrt{2}\sin(\omega t - 120°) \\ u_{CA} = \sqrt{3} \times 220\sqrt{2}\sin(\omega t - 240°) \end{cases}$$

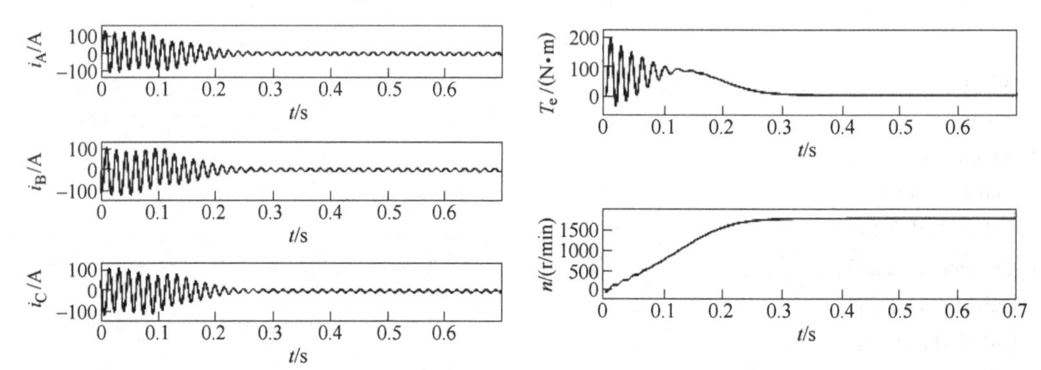

图 3-8 对称电源直接起动三相感应电动机的动态特征

2. 不对称电源直接起动

三相感应电动机在不对称电源电压下运行是经常会遇到的一个实际问题，因为当电网中有较大的单相负载（如电炉、电焊机等），电网中会发生暂时性短路故障（两相短路、一相接地等），或电网一相断开等都将引起电网三相电压不对称。

在电动机定子绕组端直接施加三相不对称电压，即

$$\begin{cases} u_A = 220\sqrt{2}\sin\omega t v_1 \\ u_B = 220\sqrt{2}\sin\omega t v_2 \\ u_C = 220\sqrt{2}\sin\omega t v_3 \end{cases}$$

电动机带$\frac{1}{3}$额定负载时直接起动的仿真结果如图 3-9 所示。

比较图 3-8 和图 3-9 可知，当电源电压不对称的程度不大时，对电动机的起动影响不大，但对电动机稳态性能的影响较大。电源电压不对称时，三相电流不对称，有一相电流偏大（这里是 A 相）。若不对称程度增加，该相电流还会增大，以至有可能超过正常值较多，使得电动机在起动和稳定运行时，该相绕组的温度升高，引起电动机局部过热，缩短电动机寿命。

电源电压不对称时，电动机的平均起动转矩较小，转矩的过渡过程较长，电动机的过载能力降低（转矩最大值有所减小）；由于电流的波动加剧，使转矩的脉振程度增加，这将会加大电动机的电磁噪声和机械振动。

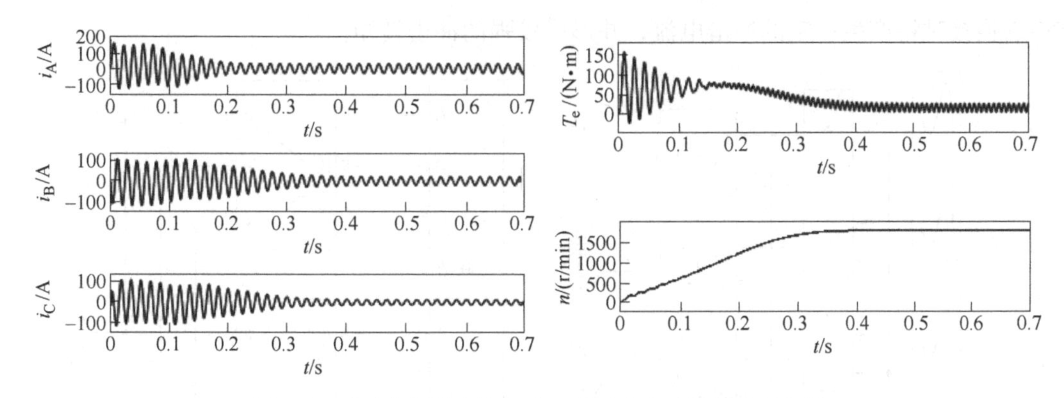

图 3-9　不对称电源直接起动三相感应电动机的动态特征

电源电压不对称时，电动机的起动过程有所延长，且稳定转速值略有降低。

从瞬时对称分量法的分析来看，电动机在电源电压不对称情况下运行时的各不利因素都是由于负序磁场分量造成的。不对称程度增大时，负序磁场分量值变大，上述不利情形将会更为严重。因此，三相感应电动机一般不允许在较严重不对称电源电压下运行，否则必须相应地降低电动机的容量。

3. 定子回路串联电抗器减压起动

三相感应电动机定子串联对称电抗器起动是实际中常采用的起动方法。起动时电抗器接入定子回路，当电动机接近或达到稳定转速后，切除电抗器，进入正常运行。起动电流在电抗器上将产生电压降，从而降低了电动机定子绕组上的电压，起动电流也随之减小。但是，降低电压后，起动转矩随电压值的二次方呈正比减小，因此该方法适用于大、中型电动机带轻载起动的场合。定子回路串联电抗器减压起动的仿真结果如图 3-10 所示。

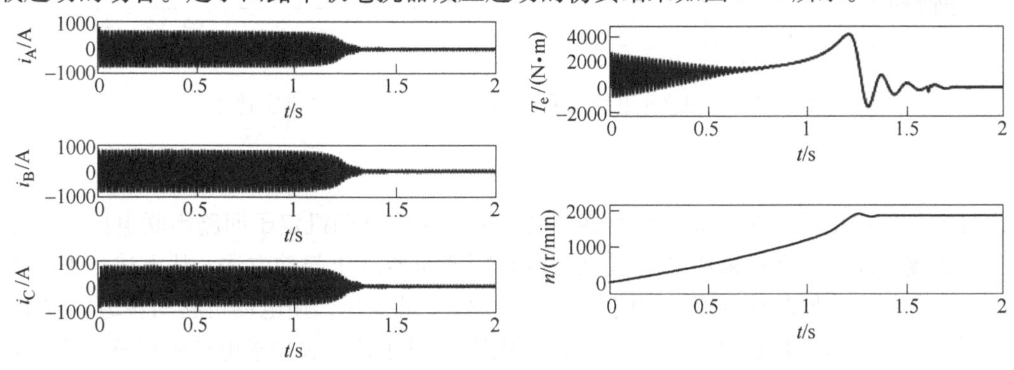

图 3-10　三相感应电机定子回路串联对称电抗器起动时的动态特性

4. Y-△起动器起动

Y-△起动器的仿真模型可以采用图 3-11 所示的仿真模型，也可以采用图 3-12 所示的仿真模型。电动机带$\frac{1}{3}$额定恒转矩负载，采用Y-△起动器起动时，由于起动转矩过小，电动机不能起动，而电动机空载，采用Y-△起动器起动，且当电动机达到稳定转速时（t=1.5s）将电源换成△联结，在 t=2s 时加上额定恒转矩负载的仿真结果如图 3-13 所示。可以看出，当Y-△换接时将产生一定的冲击电流，并形成较强的冲击转矩。

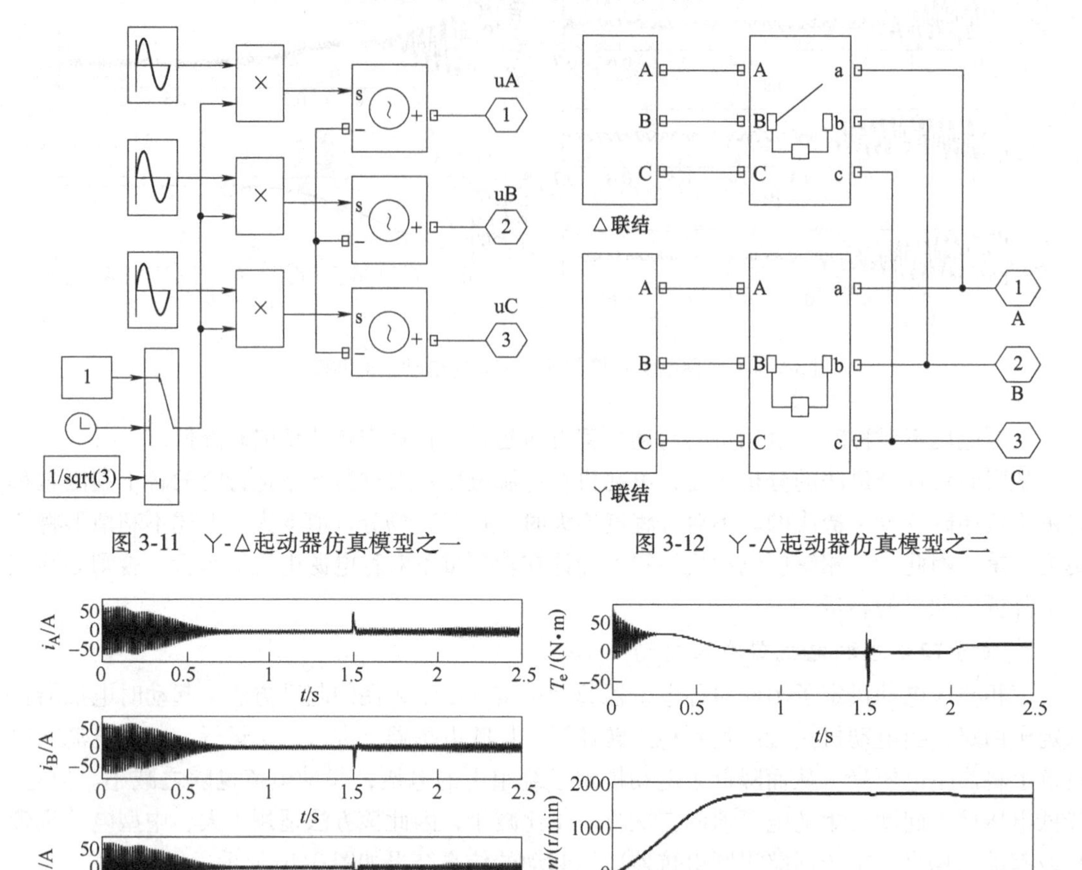

图 3-11　Y-△起动器仿真模型之一

图 3-12　Y-△起动器仿真模型之二

图 3-13　三相感应电动机采用Y-△起动器起动时的动态特性

5. 电容器补偿起动

为了降低起动电流，大中型的笼型感应电动机常采用电动机定子回路串联电抗器减压起动，小型的笼型感应电动机采用Y-△起动器或自耦变压器减压起动方法，从上述仿真结果可知，它们虽然可以降低起动电流，但同时也降低了定子端电压，使电动机起动转矩也减小了，它们仅适合于空载和轻载起动的电动机。对既要限制起动电流，又要求电动机有较高的起动转矩的场合，可以采用电容补偿起动的方法，即当电动机起动时，将一组适当数值的电容器并联在电动机定子绕组两端，使电动机起动时的感性无功电流部分地由电容器补偿，以减小馈电线路的电流和压降，提高电动机定子端电压，保证母线电压波动在允许范围之内，当电动机起动过程结束时再将电容器自动切除，以避免由于电容补偿而使电动机定子端电压过高。

根据三相感应电动机定子绕组端并联三相对称电容器的电路（考虑馈电线路阻抗），如图 3-14 所示，可以列出其电路微分方程，据此方程又可以构造出电容起动器的 Simulink 仿真模型，如图 3-15 所示。

由图 3-14 可得 ABC 三相坐标系下馈电线路和电容支路的电压方程的矩阵形式为

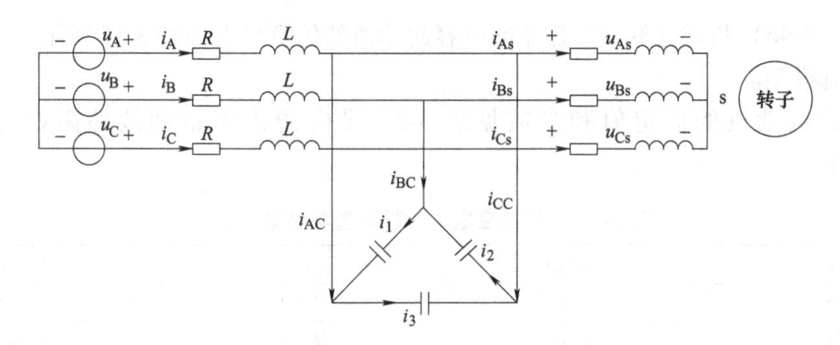

图 3-14　三相感应电动机的电容器补偿起动电路图

$$\begin{bmatrix} u_A - u_{As} \\ u_B - u_{Bs} \\ u_C - u_{Cs} \end{bmatrix} = \begin{bmatrix} R+pL & 0 & 0 \\ 0 & R+pL & 0 \\ 0 & 0 & R+pL \end{bmatrix} \begin{bmatrix} i_A \\ i_B \\ i_C \end{bmatrix} \tag{3-44}$$

$$\begin{bmatrix} u_{As} \\ u_{Bs} \\ u_{Cs} \end{bmatrix} = \begin{bmatrix} \frac{1}{C'p} & 0 & 0 \\ 0 & \frac{1}{C'p} & 0 \\ 0 & 0 & \frac{1}{C'p} \end{bmatrix} \begin{bmatrix} i_{AC} \\ i_{BC} \\ i_{CC} \end{bmatrix} \tag{3-45}$$

将式（3-44）和式（3-45）经$\frac{3}{2}$变换后，考虑到对称运行方式，0 轴分量等于零，即可得到两相静止 dq 坐标系下馈电线路和电容支路的电压方程为

$$\begin{bmatrix} u_d - u_{ds} \\ u_q - u_{qs} \end{bmatrix} = \begin{bmatrix} R+pL & 0 \\ 0 & R+pL \end{bmatrix} \begin{bmatrix} i_{dC} \\ i_{qC} \end{bmatrix} \tag{3-46}$$

$$\begin{bmatrix} u_{ds} \\ u_{qs} \end{bmatrix} = \begin{bmatrix} \frac{1}{C'p} & 0 \\ 0 & \frac{1}{C'p} \end{bmatrix} \begin{bmatrix} i_{dC} \\ i_{qC} \end{bmatrix} \tag{3-47}$$

式中，$C'=3C$（C 为补偿电容）

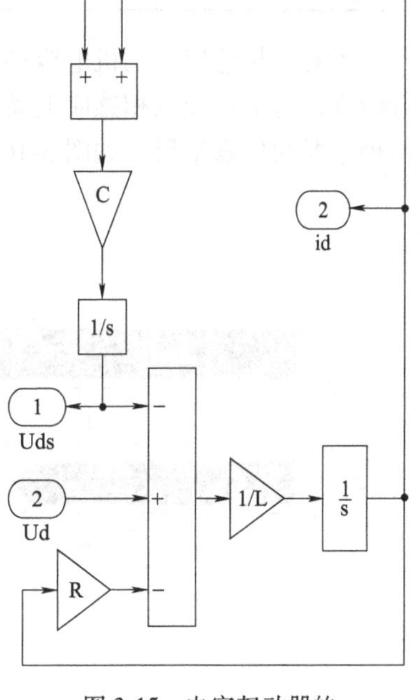

图 3-15　电容起动器的 Simulink 仿真模型

u_d、u_q为 dq 静止坐标系中的电网电压；u_{ds}、u_{qs}为 dq 静止坐标系中的定子电压；i_{dC}、i_{qC}为 dq 静止坐标系中的电容电流。

其中，$\frac{3}{2}$变换矩阵为

$$T = \sqrt{\frac{2}{3}} \begin{bmatrix} 1 & 0 & \frac{1}{\sqrt{2}} \\ -\frac{1}{2} & \frac{\sqrt{3}}{2} & \frac{1}{\sqrt{2}} \\ -\frac{1}{2} & -\frac{\sqrt{3}}{2} & \frac{1}{\sqrt{2}} \end{bmatrix} \tag{3-48}$$

根据式（3-46）和式（3-47）建立的电容起动器的仿真模型如图 3-15 所示。q 轴具有相同形式的仿真模型。

仿真用的电动机的额定值和参数见表 3-2。设电源内阻抗和线路阻抗之和为 $z=0.4+j0.566\Omega$。

表 3-2　三相感应电动机额定值与参数（2）

参数	额定值	参数	额定值
P_N/kW	373	R_s/Ω	0.262
U_N/V	2300	R_r/Ω	0.187
f_N/Hz	60	R_m/Ω	0.00
n_p（极对数）	2	L_{ls}/H	0.0032
I_N/A	93.6	L_{lr}/H	0.0032
J/(kg · m²)	11.06	L_m/H	0.1433

这里对三相感应电动机电容补偿起动电动机带通风机负载（$T_L=570N \cdot m$）的起动过程进行仿真，为了比较三相感应电动机电容补偿起动的性能，下面给出直接起动和并联电容起动两种情况的仿真结果，如图 3-16 所示（补偿电容值为 $C=135\mu F$）。

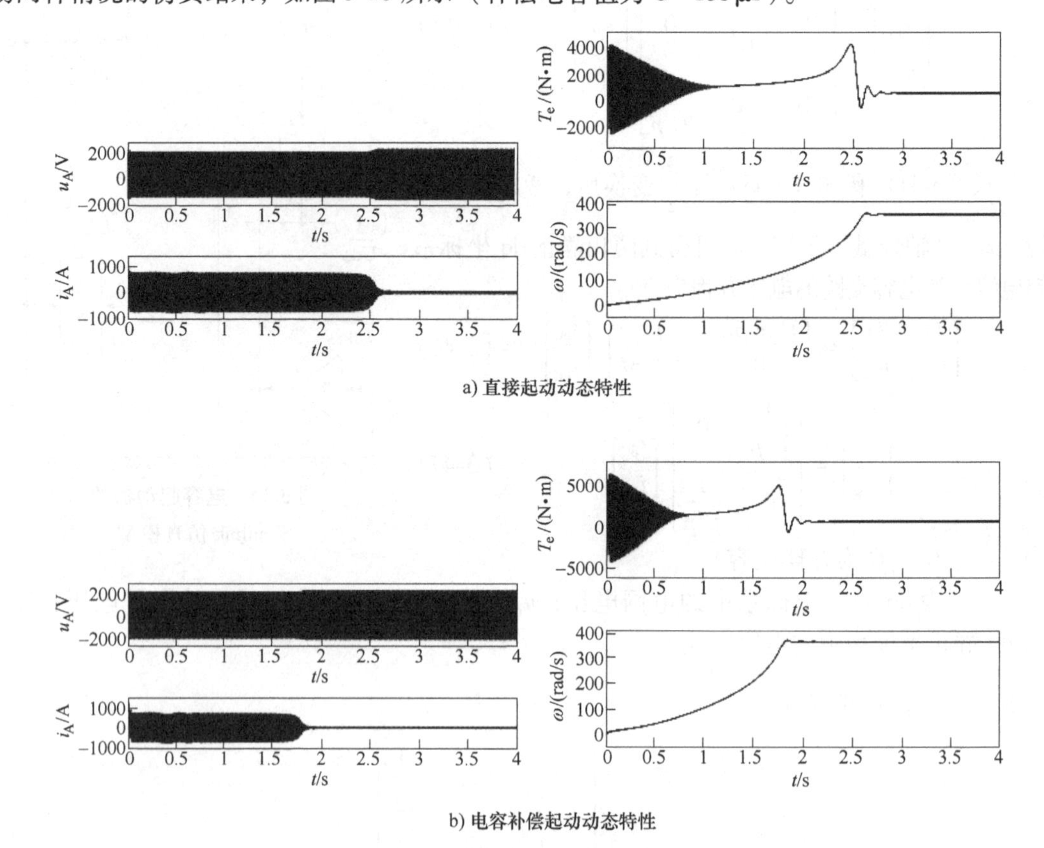

图 3-16　三相感应电动机直接起动与电容补偿起动动态特性比较

图 3-16 中的仿真结果表明：计及馈电线路阻抗电动机直接起动时，电动机定子端电压约为 1500V（幅值），此时馈电线路压降约为电动机额定相电压（1878V）的 21%（超过了

直接起动允许的电压降上限），这是因为电动机起动电流相对较大的缘故。而电动机起动电流、馈电线路压降、电动机定子端电压是相互影响的。由于电动机端电压较低，起动电流又相对较小，从而使起动转矩较低，起动时间较长。起动过程结束电动机达稳态时，电动机端电压约为 1800V，定子电流为 138A（幅值）。

电动机直接起动时，功率因数很低，仅有 0.1～0.2，无功电流占有很大比例，本例按电动机稳定运行时端电压略高于额定值选取补偿电容起动，补偿了起动过程中的一部分无功电流，馈电线路电流有所减小，则馈电线路压降减小，使电动机起动过程中的端电压提高了约 250V。与直接起动相比，电动机起动电流、起动转矩均较大，起动时间较短。起动过程结束电动机达稳态时，电动机端电压约为 2000V，定子电流为 128A，可见，电动机端电压虽略高于额定值，但由于电容的补偿作用，电动机定子电流却比直接起动时低，在这种情况下，电容器仍可保留在电路中运行，以节约能源。

若选取 270μF 电容补偿起动，起动过程中电机端电压进一步提高，馈电线路电流进一步减小。电动机起动电流和起动转矩有所增加，起动时间进一步缩短。电动机起动瞬间，端电压和馈电线路有所增大。进入稳态后，电动机端电压将提高 230V，馈电线路电流反而比起动时大。

6. 电动机接单个电容器起动

用单个电容器起动三相感应电动机的起动方法，是基于三相感应电动机单相运行方式实现的，它借助于一个适当选取的相平衡电容器，在起动时可以获得最大电磁转矩，当电动机转速达到一个预定值时，用一个简单的转换开关，使电动机在三相电源上运行。单相电源电容起动三相感应电动机是一种快速起动方法，其起动时间的长短与电容值的选取密切相关，选取适当的电容值，可以在起动时获得最大电磁转矩，起动时间最短；该方法是在实际中可以考虑采用的方法，适合于大（中）型定子Y联结、按常规设计、高惯量三相笼型感应电动机的重载起动。

单个电容起动器的仿真模型如图 3-17 所示。起动时在Y联结定子绕组的 A、C 端接移相电容器，A、B 端分别接 A、B 两相电源，C 相电源断开，当电动机转速接近稳定转速时，断开电容器，接上 C 相电源。

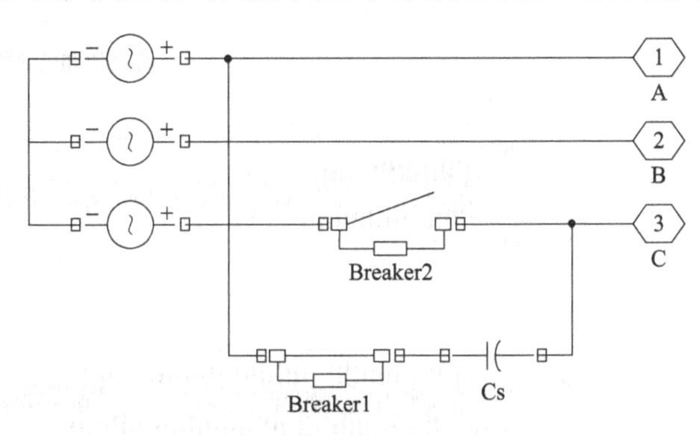

图 3-17　单个电容起动器仿真模型

仿真用的三相感应电动机额定值和参数见表 3-3，电动机定子为Y联结。

表 3-3　三相感应电动机额定值和参数（3）

参数	额定值	参数	额定值
P_N/kW	250	R_s/Ω	1.84
U_N/V	6000	R_r/Ω	3.72
n_p（极对数）	4	L_{ls}/H	0.0032
f_N/Hz	50	L_{lr}/H	0.0032
$J/(kg\cdot m^2)$	0.089	L_m/H	0.932

电动机带额定负载起动时，移相电容器的电容值为 $C_s=101\mu F$，当转速达到 90%左右稳定转速时，用转换开关切除电容，并使电动机接在三相对称电源上运行，仿真结果如图 3-18 所示。

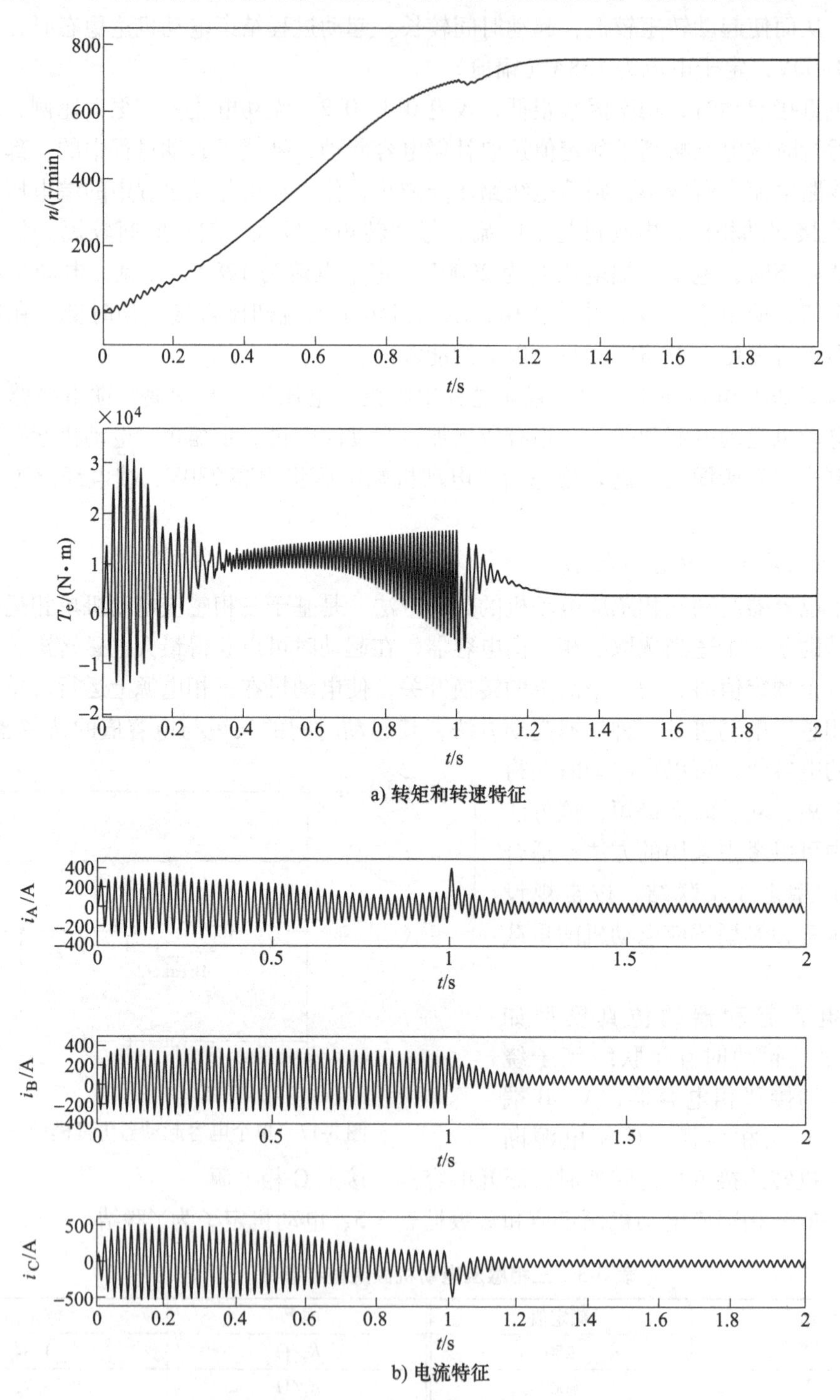

a) 转矩和转速特征

b) 电流特征

图 3-18 三相感应电动机单个电容起动时的动态特征

从图 3-18 可见，单相电源电容起动电动机时，电动机三相电压和三相电流均不对称，在起动过程中，有一相电压和电流的平均值最大（B相）。通过与三相电源直接起动的仿真结果比较可知，单个电容器起动电动机的起动时间比三相电源直接起动的时间要减少许多，但在起动过程中，随着转速的上升，电动机运行的不对称度增大，由于负序磁场的影响，电磁转矩发生较大幅度的二倍电源频率的脉振。所以，在电动机转速上升到90%稳定转速左右时，应及时用换接开关切除起动电容器，使电动机在三相对称电源上运行，这样可以避免转矩和转速波动，避免绕组长时间过电流，减少电动机运行损耗。在电源换接时，将产生一定幅度的冲击电流和冲击转矩，转速也有一定程度的下降。冲击转矩、电流的幅度以及转速下降的程度与负载和转动惯量的大小有关，也与切换时刻有关。

7. 转子回路串联电阻器分级起动

绕线转子感应电动机转子回路串联三相对称电阻起动，既可限制起动电流，又可增大起动转矩，适用于重载和频繁起动的生产机械上。

仿真用的三相感应电动机额定值和参数见表3-4。设该电动机满载起动，电网要求其起动电流小于2倍额定电流。

表3-4　三相感应电动机额定值和参数（4）

参数	额定值	参数	额定值
P_N/kW	22	R_s/Ω	0.2
U_N/V	380	R_r/Ω	0.2
f_N/Hz	50	R_m/Ω	0.0
n_p（极对数）	2	L_{ls}/H	0.0019
B_m/(N·m·s/rad)	10	L_{lr}/H	0.0019
J/(kg·m^2)	0.089	L_m/H	0.0561

从Simulink模块中调用switch模块、step模块、sum模块和gain模块构造的4级电阻起动器的仿真模型，如图3-19a所示。其中gain模块中标出的数值为各级起动电阻的数值，step模块中的阶跃时间即为切除各级外串电阻的时间，仿真结果如图3-19b所示。

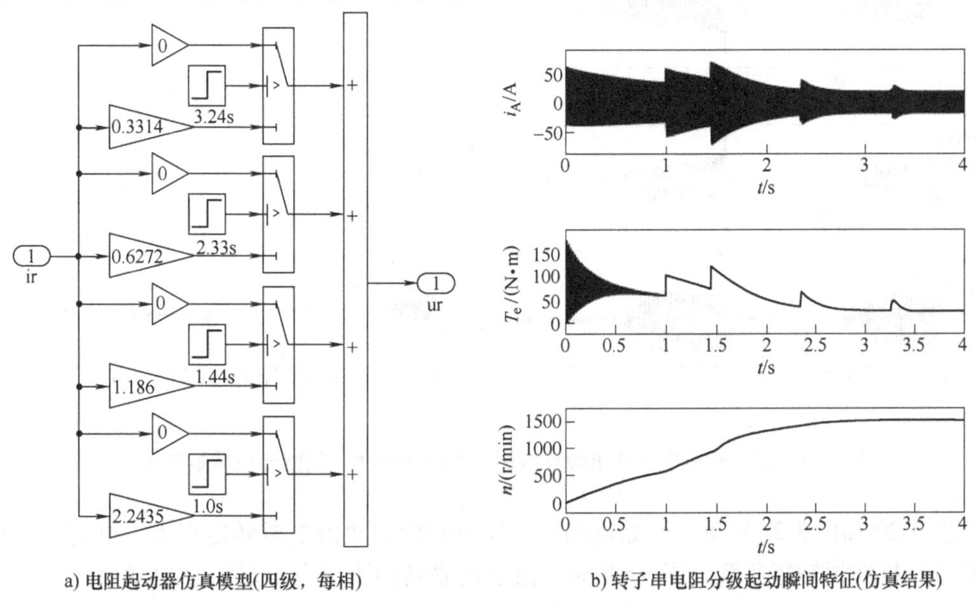

a) 电阻起动器仿真模型(四级，每相)　　b) 转子串电阻分级起动瞬间特征(仿真结果)

图3-19　三相绕线转子感应电动机串电阻分级起动的起动器仿真模型和起动特性

3.3.2 三相感应电动机制动过程仿真分析

1. 电源反接制动

三相感应电动机的电源反接制动通过将运行在电动状态的感应电机的定子任意两相对调，使定子旋转磁场与转子转向相反、电磁转矩变为制动转矩，从而实现制动。它多用于频繁可逆运行的生产机械上。仿真用电动机的额定值和参数见表4-3，设定子绕组为△联结。

电动机拖动恒转矩负载 $T_L=3350\text{N}\cdot\text{m}$（反抗性恒转矩负载和位能性恒转矩负载）稳定运行于电动状态，在 $t=1\text{s}$ 时，采用电源反接制动运行过程进行仿真结果如图3-20和图3-21所示。为了限制制动时的定、转子电流，在转子每相绕组回路中串联电阻 $R_\Omega=6\Omega$。

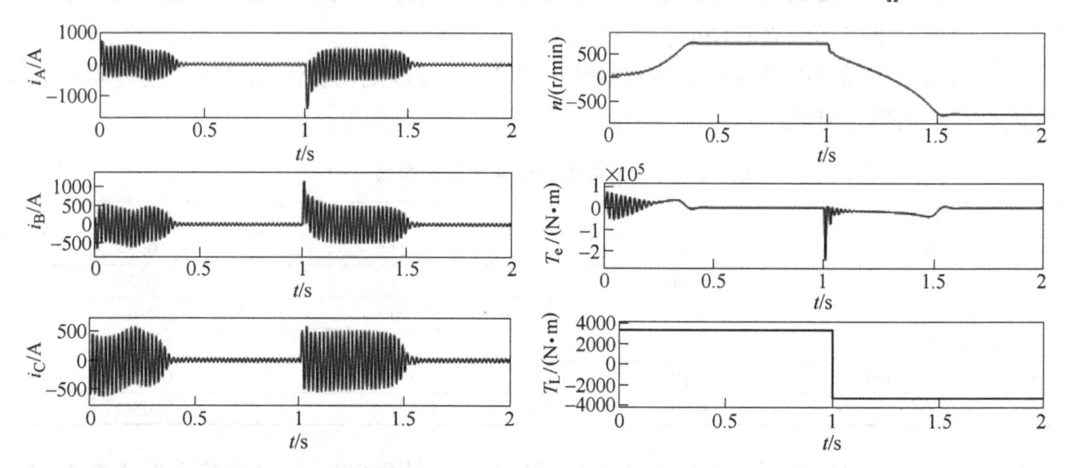

图3-20 三相感应电动机电源反接制动的动态特性（反抗性恒转矩负载）

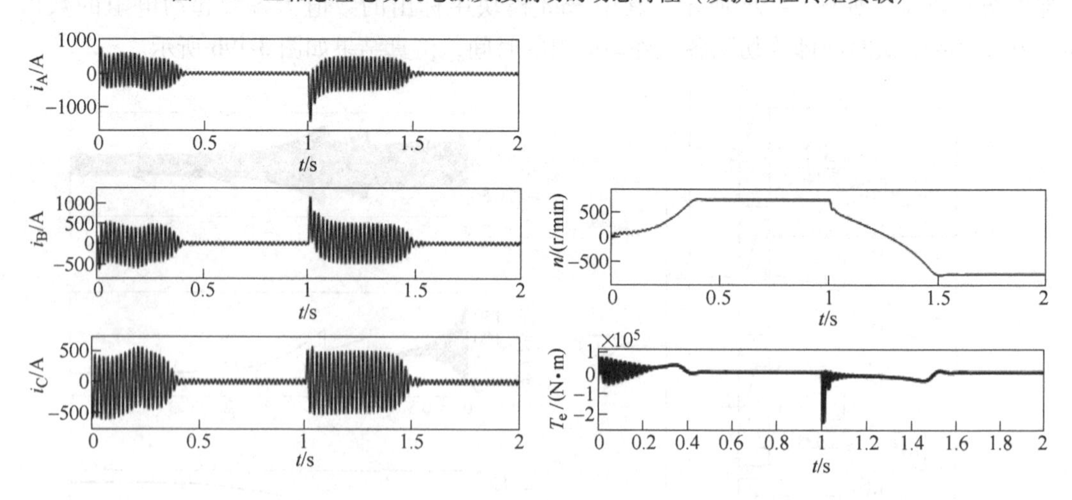

图3-21 三相感应电动机电源反接制动的瞬间特性（位能性恒转矩负载）

从图3-20和图3-21可见，开始制动时，反向的瞬时冲击电磁转矩很大，电动机很快减速。对于反抗性恒转矩负载，当 $n=0$ 时，由于电磁转矩大于负载转矩，电动机进入反向电动状态，最后稳定运行在 $n=-730\text{r/min}$ 附近，此时的电磁转矩值为 $-3350\text{N}\cdot\text{m}$。如电动机还想运行在反向固有特性上，则应把限流电阻切除。若要使电动机快速停车，在转速接近于零时，应立即切断电源，也可在转子电路中串联大电阻使 $n=0$ 时电磁转矩小于负载转矩。对于位能性恒转矩负载，电机最后运行在 $n=-769\text{r/min}$ 的反向回馈制动状态，此时的电磁转矩值为 3350N·m。

2. 能耗制动

构造能耗制动模型时，电动机先运行在电动状态，电源向其定子提供三相对称正弦电压，能耗制动时，切断交流电源，给定子提供直流励磁电压。实际中，在电动机制动停车时，要及时切断直流励磁电源，以免时间长了电动机过热。

仿真用电动机参数见表 3-5，定子为△联结。仿真模型采用三相感应电动机在静止坐标系中 dq 轴空间向量模型，如图 3-22 所示。(将其中的表示电感矩阵的常数模块用 Embedded Matlab Function 模块代替)。其中，Embedded Matlab Function 模块中考虑了主磁路的饱和情况，励磁电感与励磁电流关系为

$$L_m=\begin{cases}0.386232-0.0306052I_m+0.0435252I_m^2-0.0191596I_m^3 & 0<I_m\leqslant 1.8\\ 0.35074 & 1.8<I_m\leqslant 1.97\\ 0.547732-0.122816I_m+1.24868\times10^{-2}I_m^2-4.58952\times10^{-4}I_m^3 & 1.97<I_m\leqslant 13\\ 0.55176 & 13<I_m\end{cases}$$

表 3-5 三相感应电动机额定值和参数（5）

参数	额定值	参数	额定值
P_N/kW	2.2	R_s/Ω	2.437
U_N/V	380	R_r/Ω	2.157
f_N/Hz	50	L_{ls}/mH	7.87
n_p（极对数）	2	L_{lr}/mH	9.529
$J/(\text{kg}\cdot\text{m}^2)$	0.02	L_m/mH	270.9
I_N/A	5.0	n_N/(r/min)	1420

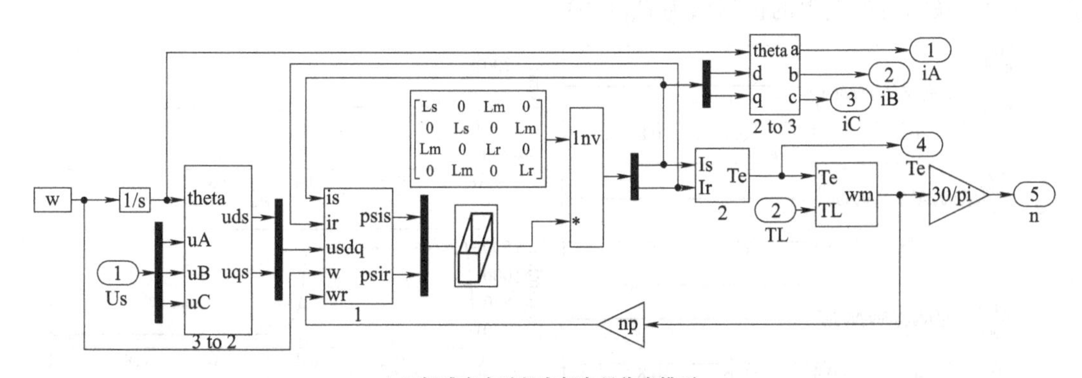

a) 三相感应电动机空间向量仿真模型

图 3-22 三相感应电动机在静止坐标系中 dq 轴空间向量模型

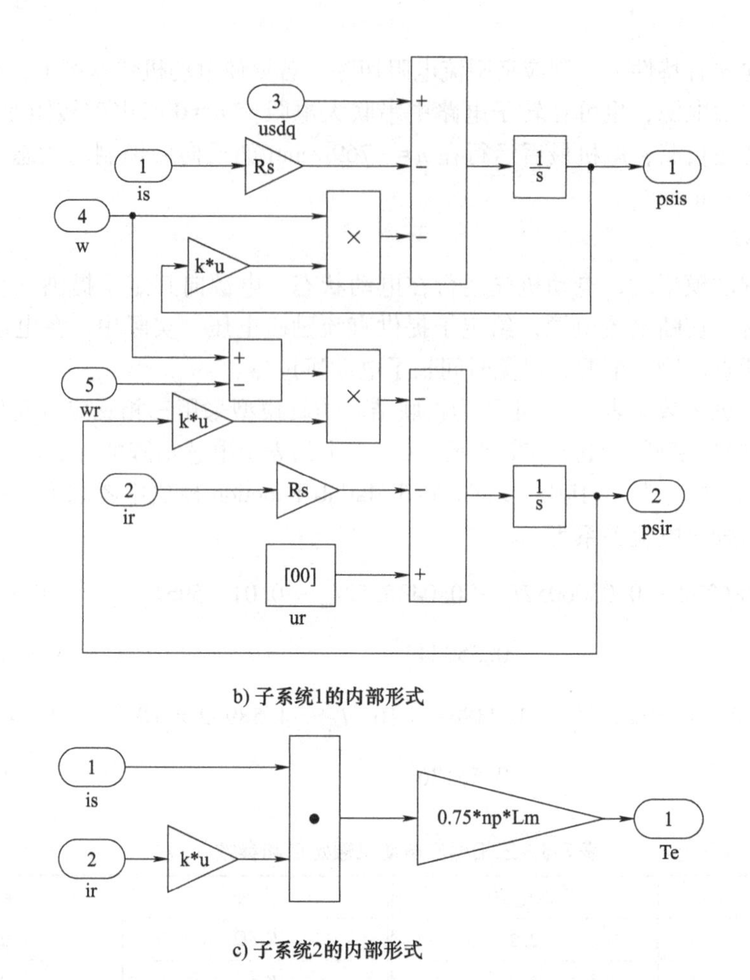

b) 子系统1的内部形式

c) 子系统2的内部形式

图 3-22　三相感应电动机在静止坐标系中 dq 轴空间向量模型（续）

电动机拖动恒转矩负载（$T_L=10\text{N}\cdot\text{m}$）（反抗性恒转矩负载和位能性恒转矩负载）稳定运行于电动状态时，采用能耗制动（$t=0.4\text{s}$ 时）的仿真结果如图 3-23 和图 3-24 所示。本例中，能耗制动时定子绕组端施加的直流励磁电源电压为 35V，为限制定、转子电流，在转子回路中串联的每相电阻的折算值为 $R_\Omega=2\Omega$。

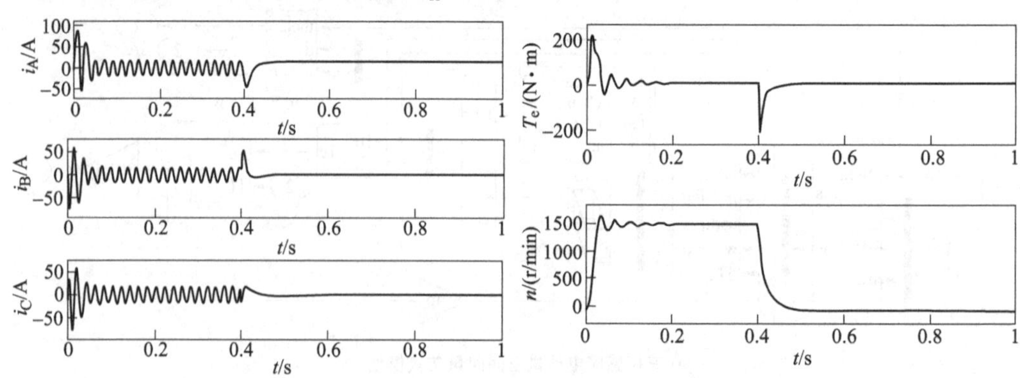

图 3-23　三相感应电动机能耗制动的动态特性（反抗性恒转矩负载）

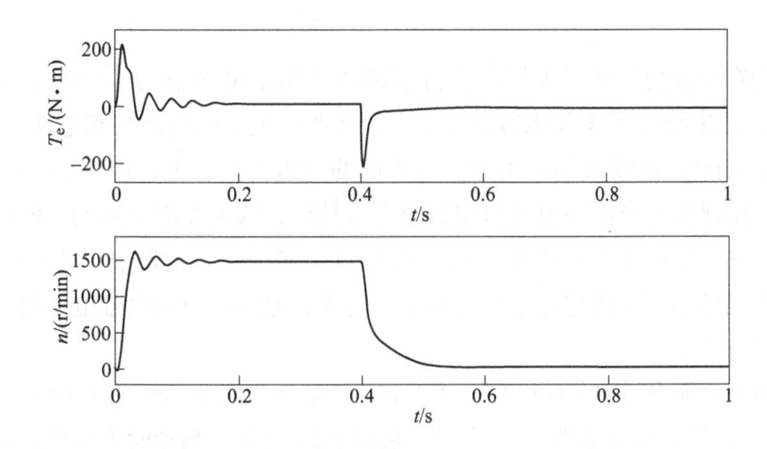

图 3-24　三相感应电动机能耗制动的动态特性（位能性恒转矩负载）

从图 3-23 和图 3-24 的转矩特性、转速特性可以看出，能耗制动开始的瞬间，反向的冲击电磁转矩数值较大，电动机很快减速，随着转速的减小，制动性质的电磁转矩逐渐减小。对于反抗性恒转矩负载，当转速降低到零时，电磁转矩也减小到零，电动机准确停车；若电动机带动位能性负载，当电动机停止时（$T_e=0$，$n=0$），在位能性负载的作用下，电动机将在反方向加速，随着转速的增加，正方向的电磁转矩也不断增加，直到 $T_e=T_L$时，系统加速度为零，电动机最后稳定运行在 $n=-123$r/min 的能耗制动状态，实现匀速下放重物。改变定子绕组的接线方式、转子串联电阻值或施加在定子绕组端的直流励磁电压的大小，均可调节制动转矩的数值，改变三相感应电动机能耗制动时的特性。

3. 电容制动

电容制动也是感应电动机的一种制动方法，制动时电源断开，同时在定子绕组端接入一组对称电容器，这组电容可以是Y联结，也可以是△联结。在定子电动势的作用下，电容中将有电流流过，定、转子绕组中也有电流流过，满足自励条件时，电容电流起助磁作用，实现电动机自励，而电阻中的电流与转子电流相互作用产生一定的制动性质的电磁转矩，把转子的动能转化为电能，消耗在定、转子电阻及铁心中，从而实现制动。电容制动由于控制装置简单、控制方便、不消耗额外能量，广泛应用于小惯量、小容量的感应电动机中，适合于具有摩擦阻尼性质的负载机械制动停车。

外接电容的参数值直接影响到电动机在一定的转速范围内保持自励时的端电压、定（转）子绕组中的电流和制动转矩的大小，因此，选配适当的外接电容对感应电动机的电容制动是至关重要的。根据电容制动原理，感应电动机电容制动时，可将其看成一台没有原动机而利用惯性旋转的变速变频感应发电机。在制动刚刚开始瞬间，由于机械惯性，可认为电动机的转速接近同步速，近似于感应发电机建立稳定电压时的情况，故可利用感应发电机稳态等效电路来求取电容制动时的励磁电容值。

仿真用电动机的额定值和参数见表 3-5。此时，设定子为Y联结。仿真时考虑主磁路的饱和情况。仿真模型采用静止坐标系中 dq 轴空间向量模型（与能耗制动仿真用模型相同）。

电动机运行在空载稳定状态进行电容自励制动（制动电容值为 $C=240\mu F$），仿真结果如图 3-25 所示，图中给出了 A 相电容电压、定子 A 相电流、电磁转矩和电动机转速的波形。从图 3-25 可见，制动时电动机的冲击电流和反向的冲击转矩较大，但未超过起动电流和起动转矩的数值，励磁电容电压在电动机空载时衰减较慢，因为在制动后的一段时间里，电动机的转速仍然较高。励磁电容电压在接近 1.4s 后才衰减完毕，此时制动性质的电磁转矩为零，此后电动机在摩擦转矩的作用下自然停车。电流、电磁转矩和电容电压最大幅值、衰减速度与电容取值有关。

电动机带阻尼性负载（$T_L=0.0865\omega_m N\cdot m$）稳定运行时进行电容自励制动，制动电容值仍为 $C=240\mu F$，仿真结果如图 3-26 所示。从图 3-26 可见，制动时电动机在制动性质的电磁转矩和负载转矩的作用下，转速下降较快，励磁电容电压在接近 0.7s 时衰减完毕，之后电动机在阻尼性负载转矩的作用下自然停车。

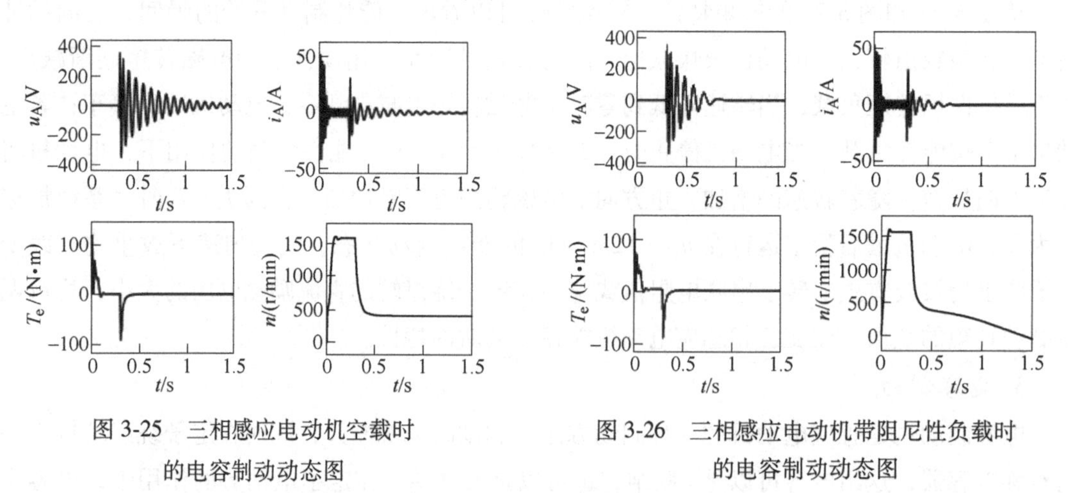

图 3-25　三相感应电动机空载时的电容制动动态图

图 3-26　三相感应电动机带阻尼性负载时的电容制动动态图

在电容制动过程中，负载转矩本身也起制动作用。不同性质的负载转矩在相同的转速下（额定转速除外），其大小是不一样的，在相同的自励电容值下，电动机的停车时间不同。

3.3.3　三相感应电动机故障运行过程仿真分析

1. 瞬间断电重合闸动态仿真分析

供电系统发生暂时性故障是常见现象，如电力系统发生三相短路故障，继电保护装置误动作，以及大容量三相电动机的切换等都有可能使电源电压瞬时骤降至正常电压的 50%或更低，从而引起感应电动机短时跳闸。电力系统的大多数故障可以在不到 1s 的几个周期之内排除，使电源电压恢复正常。

电动机的空载特性数据见表 3-6（其中 E_0、I_m 均为有效值）。仿真用的额定值和参数见表 3-7。定子绕组为Y联结。

表 3-6 仿真用的电动机数据（空载）

参数	E_0/V	I_m/A	E_0/V	I_m/A	E_0/V	I_m/A	E_0/V	I_m/A
额定值	0.0	0.0	124	1.11	211	2.50	261	5.83
	24.3	0.23	134	1.24	222	2.89	270	6.87
	41.4	0.39	145	1.33	231	3.30	279	8.21
	61.8	0.54	160	1.51	236	3.59	282	8.90
	81.6	0.68	173	1.66	244	4.23	286	9.74
	99.6	0.88	193	2.01	250	4.67	293	11.5
	116	1.04	201	2.16	256	5.31	324	20.0

表 3-7 三相感应电动机额定值和参数（6）

参数	额定值	参数	额定值
P_N/kW	2.2	R_s/Ω	3.35
U_N/V	380	R_r/Ω	2.27
f_N/Hz	50	L_{ls}/H	0.002
n_p（极对数）	2	L_{lr}/H	0.002
J/(kg·m²)	0.02064	B_m/(N·m·s/rad)	0.004436
I_N/A	4.81	n_N/(r/min)	1430

仿真计算时，先对电动机空载特性（曲线）进行预处理，采用下面的多项式来拟合，即

$$E_0(I_m) = a_5 I_m^5 + a_4 I_m^4 + a_3 I_m^3 + a_2 I_m^2 + a_1 I_m + a_0$$

而

$$L_m = \frac{E_0(I_m)}{\omega_1 I_m}$$

可得

$$L_m = -0.0029 I_m^4 + 0.0257 I_m^3 - 0.1096 I_m^2 + 0.1829 I_m + 0.2209$$

仿真时采用基于混合磁链的三相感应电动机仿真模型，如图 3-27 所示。

电动机带额定恒转矩负载（$T_{LN}=14.7\text{N}\cdot\text{m}$）在三相对称电网电压（A 相电压初相位为 0°）下合闸起动后达稳定运行时，电源电压瞬时骤降（$t=0.7$s 时，电源电压降至正常电压的 40%）引起电源断电，经过 0.1s 电源断电后重合闸的仿真结果如图 3-28 所示。

从图 3-28 仿真结果可知，感应电动机运行在稳定状态，电源电压瞬时骤降时，电动机将产生反向的冲击转矩，电压骤降时，由于电动机的平均电磁转矩小于负载转矩，转速随之下降。再经过一系列的仿真可以知道，电源电压降落的数值越大，冲击转矩的峰值也越大，与负载的大小和性质无关。电动机在相同的负载下稳定运行时，瞬时电压降落的数值不同，断电后重合闸引起的冲击电流和冲击转矩的数值是不同的（对应于相同的断电、重合闸时刻），或者说，最不利的重合时刻是不同的，因为瞬时电压降落的数值不同，转子电流在定子绕组中感应的电动势大小和频率是不一样的，电动机带不同性质的负载稳定运行时，瞬时电压降落的数值相同，断电后重合闸（在相同的时刻）引起的冲击电流和冲击转矩的数值

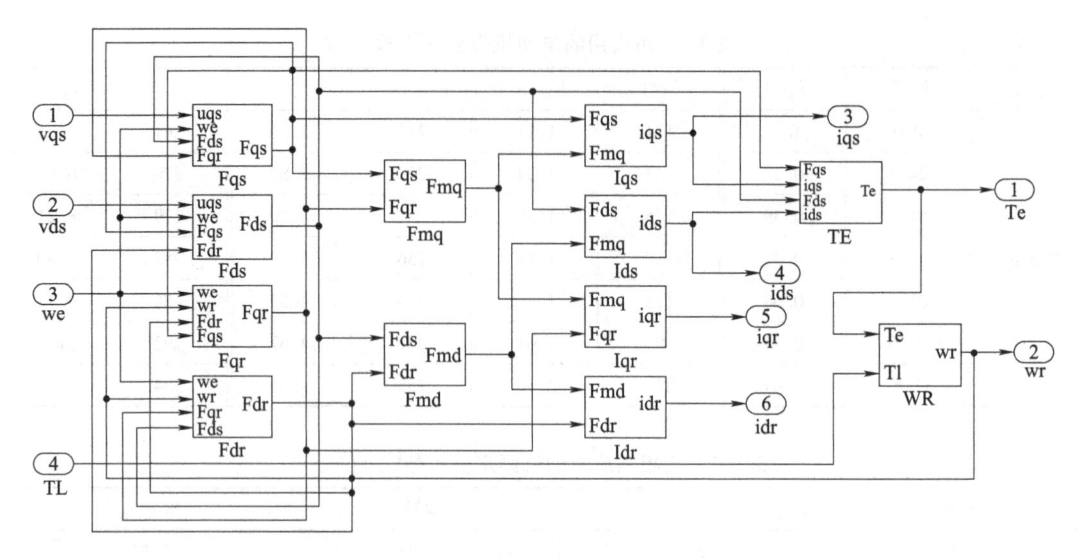

图 3-27　基于混合磁链的三相感应电动机仿真模型

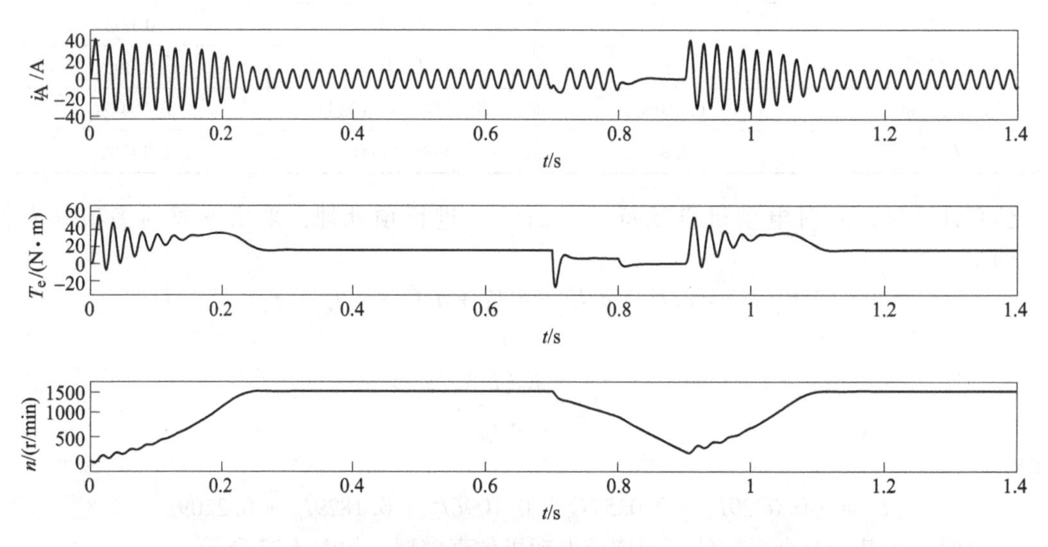

图 3-28　三相感应电动机电源电压骤降、瞬间断电、重合闸动态特性

是不同的，因为断电后转速降落的数值不同，转子电流在定子绕组中感应的电动势的大小和频率是不同的。

电动机在和电源线断开后，定子绕组中的感应电动势会以某个指数速率衰减，频率以和负载大小及性质相关的速率衰减。电动机参数和主磁路的饱和程度对瞬变的衰减也有影响。瞬时电压降落的幅度较大引起电动机电源电压断电、重合闸时的动态变化不会比正常起动时的动态变化严重多少；电动机在额定电压下稳定运行时断电、重合时的动态变化比正常起动时的动态变化要严重一些。

2. 定子绕组匝间短路的仿真分析

仿真用的三相绕线转子感应电动机，定、转子绕组均为Y联结，电动机参数见表 3-8。

电动机带通风机负载 $T_L=T_{LN}(n/n_N)^2$，电动机定子绕组端施加额定对称正弦电压，转子绕组短路，正常起动运行，当电动机达到稳定转速后，在 $t=0.7\text{s}$ 时，定子A相绕组突然发生匝间短路（10匝短路），其仿真结果如图3-29所示。

表3-8　三相感应电动机额定值和参数（7）

参数	额定值	参数	额定值
P_N/kW	1.49	R_s/Ω	4.05
U_N/V	460	R_r/Ω	2.60
f_N/Hz	60	R_m/Ω	0
n_p（极对数）	2	L_{ls}/mH	13.97
n_s（定子每相匝数）	252	L_{lr}/mH	13.97
$J/(\text{kg}\cdot\text{m}^2)$	0.06	L_m/mH	538.68
I_N/A	2.7	n_N/(r/min)	1752

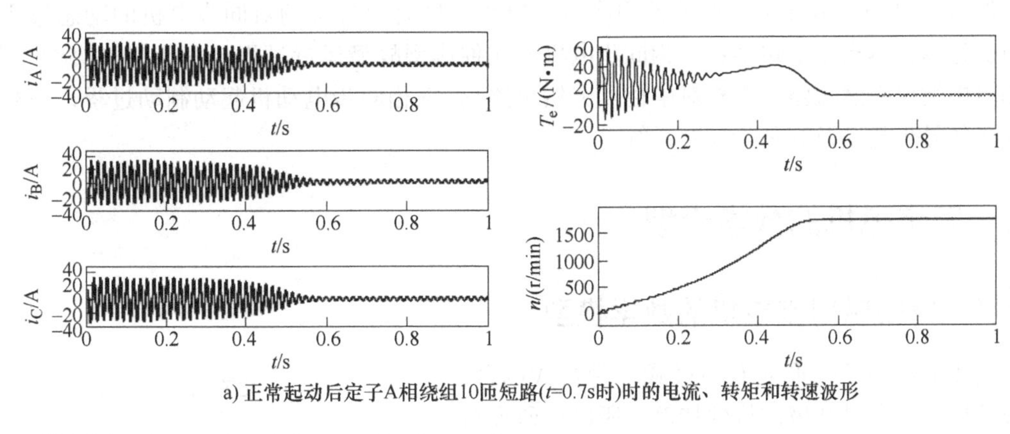

a) 正常起动后定子A相绕组10匝短路(t=0.7s时)时的电流、转矩和转速波形

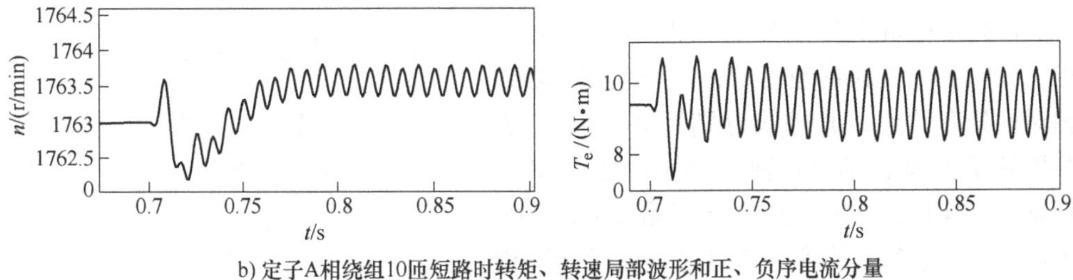

b) 定子A相绕组10匝短路时转矩、转速局部波形和正、负序电流分量

图3-29　三相感应电动机定子绕组匝间短路动态特性

从图3-29可见，电动机发生定子绕组匝间短路故障时，由于定子三相绕组不对称，在三相对称电源的作用下，电动机的气隙磁场为椭圆形磁场，有负序磁场存在，电磁转矩产生两倍电源频率脉动，电动机转子也有一定程度的振动，这种脉动或振动的严重程度视短路匝数的不同而不同，短路匝数多时，转矩的脉动和转子的振动会强烈一些。最严重的匝间短路将造成单相短路。

第 4 章 同步电机

同步电机是交流电机的一种。普通同步电机与异步电机的根本区别是转子侧（特殊结构时也可以是定子侧）装有磁极并通入直流电流励磁，因而具有确定的极性。由于定、转子磁场相对静止及气隙合成磁场恒定是所有旋转电机稳定实现机电能量转换的两个前提条件，因此，同步电机的运行特点是转子的旋转速度必须与定子磁场的旋转速度严格同步，并由此而得名。

本章主要介绍三相同步电机（包括异步起动永磁同步电机和三相永磁电机）的数学模型，然后用 MATLAB/Simulink 软件构造仿真模型。最后通过实例对同步电机的动态过程进行仿真运算，本章主要包括：三相同步电机的几种典型故障运行过程（三相对称突然短路、两相对中性点突然短路、单相对中性点突然短路）；三相同步电动机起动制动过程；三相永磁同步的异步起动及其矢量控制系统。

4.1 同步电机的数学模型

4.1.1 电励磁同步电机的数学模型

同步电机的结构形式有凸极式和隐极式两种，隐极结构可看作是凸极结构的特例，所以把研究对象选为凸极同步电机更具一般性。图 4-1 所示是一台三相凸极同步电机的物理模型，定子上有Y联结的三相对称分布绕组，其轴线分别用 A、B、C 表示；凸极转子上有直轴（d 轴）集中励磁绕组 f，以及直轴和交轴（q 轴）上的分布阻尼绕组 D、Q（阻尼绕组是分布在极靴上的阻尼条通过端环构成的多个短路回路，为简单起见，通常在直轴和交轴各采用一个等效的阻尼回路来代替）。在理想电机的假设条件下，根据基尔霍夫电压定律和电磁感应定律可得定子、转子的电压方程和磁链方程。相坐标系中磁链方程中的电感矩阵是转角 θ 的余弦函数，状态方程为含时变系数的微分方程，要使其变为线性常系数微分方程，可以进行 dq0 变换。通过这种变换，定子的 d、q 绕组与转子 d、q 轴上的绕组变为轴线重合、相对静止，从而消除了定子电感和定、转子之间的互感随转角 θ 的变化而变化的问题。在转速为常值的情况下，使 dq0 坐标系中的数学模型变为常系数微分方程。

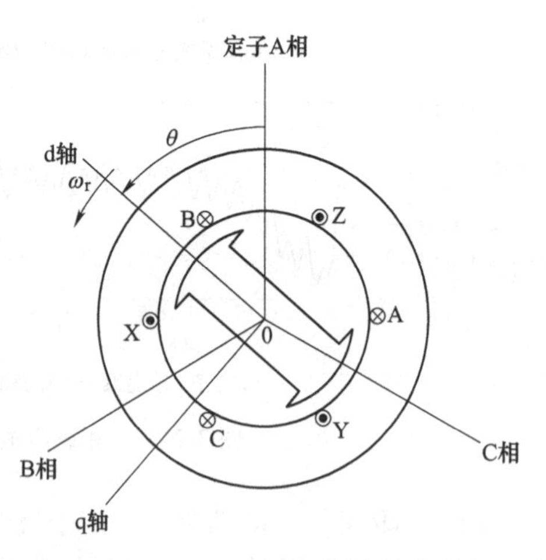

图 4-1 三相凸极同步电机物理模型

（1）磁链方程

应用坐标变换矩阵（其中，θ为转子直轴，即d轴与定子A相轴线的夹角，q轴沿旋转方向超前于d轴90°电角度，坐标轴随转子一起按逆时针方向旋转）对磁链方程进行坐标变换后，可得

$$\boldsymbol{L}=\begin{bmatrix} L_{\mathrm{d}} & 0 & M_{\mathrm{af}} & M_{\mathrm{aD}} & 0 \\ 0 & L_{\mathrm{q}} & 0 & 0 & M_{\mathrm{aQ}} \\ M_{\mathrm{fa}} & 0 & L_{\mathrm{ff}} & M_{\mathrm{fD}} & 0 \\ M_{\mathrm{Da}} & 0 & M_{\mathrm{Df}} & L_{\mathrm{DD}} & 0 \\ 0 & M_{\mathrm{Qa}} & 0 & 0 & L_{\mathrm{QQ}} \end{bmatrix} \tag{4-1}$$

经过dq0变换，磁链方程中的电感矩阵变为常数矩阵，并且使直轴和交轴之间的互感变为零，而定、转子互感为不可逆，通过引入标幺值，并且适当地选择转子基值，可以解决定、转子不可逆的问题。

（2）电压方程

对电压方程式进行dq0坐标变换，将式（4-1）代入，可得

$$\mathrm{d}\begin{bmatrix} -i_{\mathrm{d}} \\ -i_{\mathrm{q}} \\ i_{\mathrm{f}} \\ i_{\mathrm{D}} \\ i_{\mathrm{Q}} \end{bmatrix}=\omega_{\mathrm{b}}\left(L^{-1}\begin{bmatrix} U_{\mathrm{d}} \\ U_{\mathrm{q}} \\ U_{\mathrm{f}} \\ 0 \\ 0 \end{bmatrix}-L^{-1}R\begin{bmatrix} -i_{\mathrm{d}} \\ -i_{\mathrm{q}} \\ i_{\mathrm{f}} \\ i_{\mathrm{D}} \\ i_{\mathrm{Q}} \end{bmatrix}\right) \tag{4-2}$$

式中，d是微分算子，ω_{b}是角速度基值

$$\boldsymbol{R}=\begin{bmatrix} R_{\mathrm{a}} & -\omega_{\mathrm{r}}L_{\mathrm{q}} & 0 & 0 & -\omega_{\mathrm{r}}M_{\mathrm{aQ}} \\ \omega_{\mathrm{r}}L_{\mathrm{d}} & R_{\mathrm{a}} & \omega_{\mathrm{r}}M_{\mathrm{af}} & \omega_{\mathrm{r}}M_{\mathrm{aD}} & 0 \\ 0 & 0 & R_{\mathrm{f}} & 0 & 0 \\ 0 & 0 & 0 & R_{\mathrm{D}} & 0 \\ 0 & 0 & 0 & 0 & R_{\mathrm{Q}} \end{bmatrix} \tag{4-3}$$

电磁转矩和转矩平衡方程为

$$T_{\mathrm{em}}=\psi_{\mathrm{d}}i_{\mathrm{q}}-\psi_{\mathrm{q}}i_{\mathrm{d}}=(L_{\mathrm{d}}i_{\mathrm{d}}+M_{\mathrm{af}}i_{\mathrm{f}}+M_{\mathrm{aD}}i_{\mathrm{D}})i_{\mathrm{q}}-(L_{\mathrm{q}}i_{\mathrm{q}}+M_{\mathrm{aQ}}i_{\mathrm{Q}})i_{\mathrm{d}} \tag{4-4}$$

$$H\frac{\mathrm{d}\omega}{\mathrm{d}t}=T_{\mathrm{em}}-T_{\mathrm{L}} \tag{4-5}$$

在电压方程和转矩平衡方程中，把导数项移至方程的左边，其余各项放在方程的右边，整理后就可以得到以电流、转子角速度为状态变量的实际值同步电动机状态方程。把磁链方程和电压方程中定子电流的负号去掉，并将转矩平衡方程式中的T_1与T_{em}互换位置，再把T_1改成T_{L}就可得定子绕组、转子绕组以及转轴都按电动机惯例写的同步电动机数学模型，即同步电动机数学模型的惯用表达形式。

（3）等效电路

对整理式（4-2），得到直轴上各绕组电压方程为

$$\begin{bmatrix} u_{\mathrm{d}} \\ u_{\mathrm{f}} \\ 0 \end{bmatrix} = p\begin{bmatrix} x_{\mathrm{d}} & x_{\mathrm{ad}} & x_{\mathrm{ad}} \\ x_{\mathrm{ad}} & x_{\mathrm{f}} & x_{\mathrm{ad}} \\ x_{\mathrm{ad}} & x_{\mathrm{ad}} & x_{\mathrm{D}} \end{bmatrix}\begin{bmatrix} i_{\mathrm{d}} \\ i_{\mathrm{f}} \\ i_{\mathrm{D}} \end{bmatrix} + \begin{bmatrix} r_{\mathrm{a}} & 0 & 0 \\ 0 & r_{\mathrm{f}} & 0 \\ 0 & 0 & r_{\mathrm{D}} \end{bmatrix}\begin{bmatrix} i_{\mathrm{d}} \\ i_{\mathrm{f}} \\ i_{\mathrm{D}} \end{bmatrix} + \begin{bmatrix} -\omega\psi_{\mathrm{q}} \\ 0 \\ 0 \end{bmatrix} \tag{4-6}$$

根据式（4-6）可画出相应的直轴等效电路，如图4-2所示，同理画出相应的交轴等效电路如图4-3所示，可写出交轴电压方程为

$$\begin{bmatrix} u_{\mathrm{q}} \\ 0 \end{bmatrix} = p\begin{bmatrix} x_{\mathrm{q}} & x_{\mathrm{aq}} \\ x_{\mathrm{aq}} & x_{\mathrm{Q}} \end{bmatrix}\begin{bmatrix} i_{\mathrm{q}} \\ i_{\mathrm{Q}} \end{bmatrix} + \begin{bmatrix} r_{\mathrm{a}} & 0 \\ 0 & r_{\mathrm{Q}} \end{bmatrix}\begin{bmatrix} i_{\mathrm{q}} \\ i_{\mathrm{Q}} \end{bmatrix} + \begin{bmatrix} \omega\psi_{\mathrm{d}} \\ 0 \end{bmatrix} \tag{4-7}$$

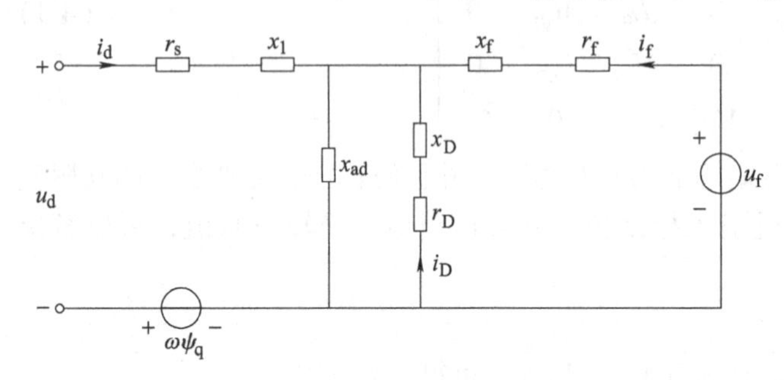

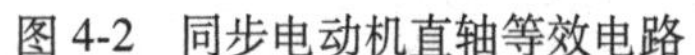
图4-2　同步电动机直轴等效电路

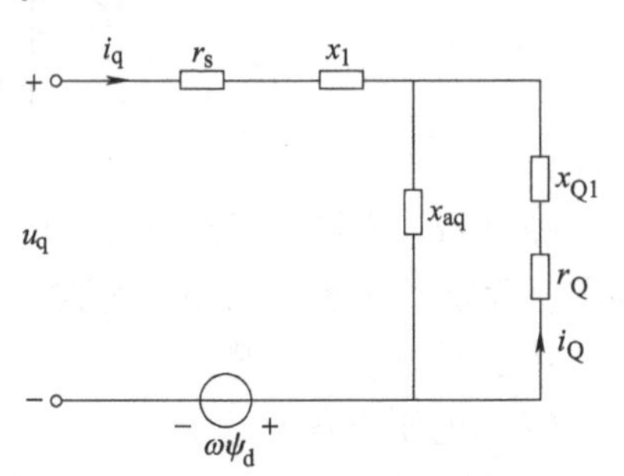

图4-3　同步电动机交轴等效电路

4.1.2　永磁同步电机的数学模型

三相永磁同步电机的定子与普通三相同步电机相同，但转子通常有两种形式：一种是转子上有起动绕组（阻尼绕组）和永磁体，这时的三相永磁同步电机称为异步起动三相永磁同步电机；另一种是转子上无起动绕组，仅有永磁体，如图4-4所示。

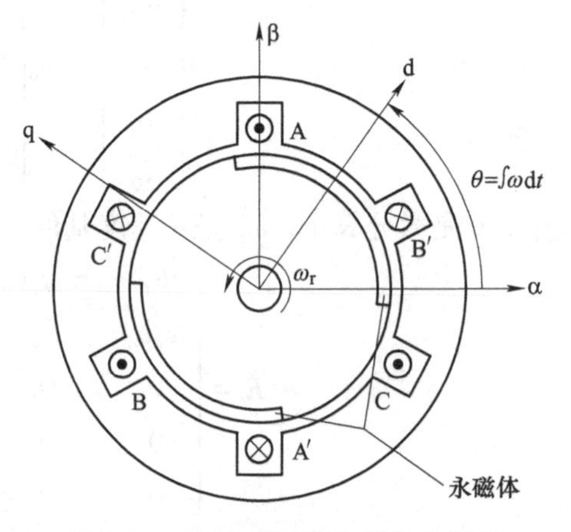

图4-4　三相永磁同步电机物理模型（无起动绕组）

1. 异步起动永磁同步电机数学模型

设转子按逆时针方向选择，取永磁体磁场轴线方向为d轴，q轴沿旋转方向超前于d轴90°电角度，dq坐标系的旋转转速为转子速度。不考虑零轴分量时，按电动机惯例列写电机动态方程，即

（1）电压方程为

$$\begin{cases} u_{\mathrm{sd}} + \psi_{\mathrm{sq}}\omega_{\mathrm{r}} - R_{\mathrm{s}} i_{\mathrm{sd}} = \dfrac{\mathrm{d}\psi_{\mathrm{sd}}}{\mathrm{d}t} \\ u_{\mathrm{sq}} - \psi_{\mathrm{sd}}\omega_{\mathrm{r}} - R_{\mathrm{s}} i_{\mathrm{sq}} = \dfrac{\mathrm{d}\psi_{\mathrm{sq}}}{\mathrm{d}t} \\ -R_{\mathrm{rd}} i_{\mathrm{rd}} = \dfrac{\mathrm{d}\psi_{\mathrm{rd}}}{\mathrm{d}t} \\ -R_{\mathrm{rq}} i_{\mathrm{rq}} = \dfrac{\mathrm{d}\psi_{\mathrm{rq}}}{\mathrm{d}t} \end{cases} \tag{4-8}$$

式中，u_{sd}、u_{sq}分别为定子直轴、交轴电压；R_{s}为定子绕组的相电阻；i_{sd}、i_{sq}分别为定子直

轴、交轴绕组电流；ψ_{sd}、ψ_{sq}分别为定子直轴、交轴绕组的磁链；ω_r 为转子的电角速度；R_{rd}、R_{rq}分别为转子直轴、交轴绕组的电阻；i_{rd}、i_{rq}分别为转子直轴、交轴绕组电流；ψ_{rd}、ψ_{rq}分别为转子直轴、交轴绕组的磁链。

（2）磁链方程为

$$\begin{bmatrix}\psi_{sd}-\psi_0\\ \psi_{sq}\\ \psi_{rd}-\psi_0\\ \psi_{rq}\end{bmatrix}\begin{bmatrix}L_{sd} & 0 & L_{ad} & 0\\ 0 & L_{sq} & 0 & L_{aq}\\ L_{ad} & 0 & L_{rd} & 0\\ 0 & L_{aq} & 0 & L_{rq}\end{bmatrix}^{-1}=\begin{bmatrix}i_{sd}\\ i_{sq}\\ i_{rd}\\ i_{rq}\end{bmatrix} \tag{4-9}$$

式中，ψ_0 为永磁体产生的磁链（$\psi_0=\sqrt{3}E_0/\omega_s$，$E_0$ 为空载电动势，ω_s 为电源角频率）；L_{sd}、L_{sq}分别为定子直轴、交轴同步电感；L_{ad}、L_{aq}分别为直轴、交轴电枢反应电感；L_{rd}、L_{rq}分别为转子直轴、交轴绕组的电感。

（3）电磁转矩方程为

$$T_{em}=1.5p(\psi_{sd}i_{sq}-\psi_{sq}i_{sd}) \tag{4-10}$$

2. 直接起动三相永磁同步电动机的数学模型

去掉转子部分的方程即可得无起动绕组的三相永磁同步电动机的数学模型，即

$$\begin{cases}\dfrac{\mathrm{d}i_d}{\mathrm{d}t}=\dfrac{u_d}{L_d}-\dfrac{R_s}{L_d}i_d+\dfrac{L_q}{L_d}\omega_r i_q\\ \dfrac{\mathrm{d}i_q}{\mathrm{d}t}=\dfrac{u_q}{L_q}-\dfrac{R_s}{L_q}i_q-\dfrac{L_d}{L_q}\omega_r i_d-\dfrac{\omega_r\psi_0}{L_q}\end{cases} \tag{4-11}$$

电磁转矩方程为

$$T_{em}=1.5p[\psi_0 i_q+(L_d-L_q)i_d i_q] \tag{4-12}$$

其动态等效电路如图4-5所示。

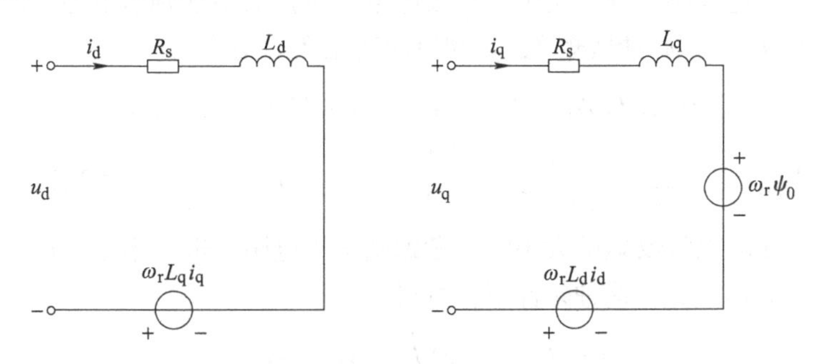

图4-5　三相永磁同步电机dq轴动态等效电路

4.2　同步电机动态过程分析

4.2.1　三相同步电动机动态过程分析

1. 三相同步电动机起动过程动态分析

同步电动机的定子和异步电动机的定子是相同的，其中定子经三相对称绕组再通入三相

交流电流，以定子为中心形成旋转的磁场。磁场的旋转方向取决于电流的相序，转速的大小为同步转速。转子中装有直流励磁绕组，并通入直流电流，形成对转子自身进行相对运动的一个恒定磁场。转子的磁极被外力推动以同步转速与定子旋转磁场同步旋转时，定子磁场与转子磁极相互吸引产生磁拉力，转子磁极与定子旋转磁场可同速同相旋转起来，此时可取消外加推力。

三相同步电动机不能自起动，常用的起动方法有辅助电动机起动、变频起动和异步起动。同步电动机的异步起动方法是，起动前先把励磁绕组经 5~10 倍于励磁绕组电阻值的附加电阻短接，然后将电源电压施加于定子绕组，依靠定子旋转磁场和转子起动绕组中感应电流的相互作用产生的异步电磁转矩起动并加速，待转子转速上升到接近于同步转速时，再将励磁绕组脱离附加电阻并投入励磁电源，使转子建立起主磁场，依靠定、转子磁场相互作用产生的同步电磁转矩，再加上转子凸极效应产生的磁阻转矩，通常即可将转子牵入同步。一般来说，负载越轻，转动惯量越小，加入直流励磁时的转差率越小，转子就越容易被牵入同步。同步电动机异步起动时，励磁绕组不能开路，否则定子旋转磁场可能会在励磁绕组中感应出高电压，使励磁绕组击穿；励磁绕组也不能直接短路，否则励磁绕组中的感应电流与定子磁场相互作用会产生所谓的“单轴转矩”，使合成电磁转矩在 1/2 同步速附近产生明显的下凹，导致重载起动时电动机的转速停滞在 1/2 同步速附近而不能继续上升。

同步电动机的变频起动必须具有变频电源。采用恒压频比变频起动时，在电动机励磁绕组中通以直流电流，同时把变频电源的频率和电压幅值调得很低，使同步电动机投入电源后定子的基波旋转磁场的旋转速度很低，依靠定、转子磁场之间的相互作用产生同步电磁转矩，即可使电动机起动，并在很低的转速下运转。然后逐步提高电源频率，使定子旋转磁场和转子的速度加快，直到正常转速为止。变频起动的同步电动机可以带一定的负载起动，所带负载的大小与励磁电流的大小有关。

由于在异步起动过程中，励磁绕组通过放电电阻短接而不加励磁电源，即无直流励磁电流。此时，$E_m=0$，$I_3=0$，脉动转矩 $T_{em(2s)}$ 和单向转矩 T_{emav} 分别为

$$T_{em(2s)}=j2(\dot{I}_2^*\dot{\psi}_1-\dot{I}_1\dot{\psi}_2^*)e^{j2st}+j2(\dot{I}_1^*\dot{\psi}_2-\dot{I}_2\dot{\psi}_1^*)e^{-j2st} \tag{4-13}$$

$$T_{emav}=-|2\dot{I}_2|^2\frac{2r_s}{(1-2s)}+\frac{1}{2}[|i_{d(nep)}|^2R_{ds}+|i_{q(nep)}|^2R_{qs}] \tag{4-14}$$

为方便起见，在求电流及磁链大小时，考虑到定子电阻一般均很小，可以忽略不计。同时认为三相电压是对称的，在这种条件下，可得

$$\begin{cases}-j\dot{U}=x_s(js)\dot{I}_1+x_D(js)\dot{I}_2^*\\ 0=x_D(js)\dot{I}_1+x_s(js)\dot{I}_2^*\end{cases} \tag{4-15}$$

由此可得

$$\begin{cases}\dot{I}_1=-\dfrac{jx_s(js)\dot{U}}{x_s^2(js)-x_D^2(js)}\\ \dot{I}_2^*=-\dfrac{jx_D(js)\dot{U}}{x_s^2(js)-x_D^2(js)}\end{cases} \tag{4-16}$$

当 $s=0.5$ 时，转子不对称引起的反转磁场相对于定子是静止的，此时在定子绕组电阻

中不感应电势，相应的 I_2 为0，但此时并不能看出 $I_2=0$ 的结果。这是由于推导时忽略了定子电阻，因而在 $s=0.5$ 附近造成了较大误差。

通过式（4-16）可求出相应的磁链及相应的脉动转矩，且同时可得

$$\begin{cases} \dot{I}_1+\dot{I}_2^*=-\mathrm{j}\dfrac{x_s(\mathrm{j}s)-x_D(\mathrm{j}s)}{x_s^2(\mathrm{j}s)-x_D^2(\mathrm{j}s)}\dot{U}=-\dfrac{\mathrm{j}\dot{U}}{x_s(\mathrm{j}s)+x_D(\mathrm{j}s)}=-\dfrac{\mathrm{j}\dot{U}}{x_d(\mathrm{j}s)} \\ \dot{I}_1-\dot{I}_2^*=-\dfrac{\mathrm{j}\dot{U}}{x_s(\mathrm{j}s)-x_D(\mathrm{j}s)}=-\dfrac{\mathrm{j}\dot{U}}{x_q(\mathrm{j}s)} \end{cases} \tag{4-17}$$

i_d，i_q 的交流部分的幅值分别表示为

$$\begin{cases} |i_{d(nep)}|=2|\dot{I}_1+\dot{I}_2^*|=\left|\dfrac{\mathrm{j}2\dot{U}}{x_d(\mathrm{j}s)}\right|=\dfrac{U_m}{\sqrt{X_{ds}^2+R_{ds}^2}} \\ |i_{q(nep)}|=2|\dot{I}_1-\dot{I}_2^*|=\left|\dfrac{\mathrm{j}2\dot{U}}{x_q(\mathrm{j}s)}\right|=\dfrac{U_m}{\sqrt{X_{qs}^2+R_{qs}^2}} \end{cases} \tag{4-18}$$

式中，U_m 为同步电动机的端部电压幅值，$U_m=2|\dot{U}|$。将结果代入式（4-14），得

$$\begin{aligned} T_{emav}=&-|2\dot{I}_2|^2\frac{2r_s}{1-2s}+\frac{U_m^2}{2}\left[\left(\frac{1}{x'_d}-\frac{1}{x_d}\right)\frac{sT'_d}{1+(sT'_d)^2}\right. \\ &\left.+\left(\frac{1}{x''_d}-\frac{1}{x'_d}\right)\frac{sT''_d}{1+(sT''_d)^2}+\left(\frac{1}{x''_q}-\frac{1}{x_q}\right)\frac{sT''_q}{1+(sT''_q)^2}\right] \end{aligned} \tag{4-19}$$

式中，第一项称为单轴转矩，第二项称为异步转矩。

同步电动机异步起动至接近同步速时，一般电路复数功率的表达式为

$$\dot{P}=\dot{U}\dot{I}^*=P+\mathrm{j}Q=\sum I_i^2R_i+\mathrm{j}\sum I_i^2X_i \tag{4-20}$$

式中，P 为通过电路中电压为 $\dot{U}$、电流为 $\dot{I}$ 处的总有功功率，$P=\sum I_i^2R_i$；Q 为通过电路中同一处的总无功功率，$Q=\sum I_i^2X_i$。

则
$$\mathrm{j}2(\dot{I}_3^*\dot{\psi}_3-\dot{I}_3\dot{\psi}_3^*)=\mathrm{j}2\left(\mathrm{j}\frac{r_s}{1-s}c+\mathrm{j}\frac{r_s}{1-s}|\dot{I}_3|^2\right)=-|2\dot{I}_3|^2\frac{r_s}{1-s} \tag{4-21}$$

可得励磁电流产生的单相异步转矩为

$$T_{emav}=-|2\dot{I}_3|^2\frac{r_s}{1-s}=-\frac{[r_s^2+(1-s)^2x_q^2](1-s)r_s}{[r_s^2+(1-s)^2x_dx_q]^2}E_m^2 \tag{4-22}$$

由于定子电阻 r_s 的值一般均较小，所以近似认为 $r_s^2=r_s^3=r_s^4\approx0$，这样式（4-22）可以近似写成

$$T_e\approx-\frac{r_s}{1-s}\left(\frac{E_m}{x_d}\right)^2 \tag{4-23}$$

由于转子不对称同步电动机在异步起动过程中除了存在上述单向转矩外，还存在 $2sf_1$ 频率的脉动转矩，但是一般同步电动机转子的惯性均较大，因此，脉动转矩对起动过程的影响不大。这个脉动转矩的大小与转子的不对称状况有关，当转子电路及磁路均对称时，

$x_d(p) = x_q(p)$，则这个脉动转矩将为零。值得注意的是，同步电动机当 $s=0$ 时即同步速运行时，转子感应电流为零，相应的反转磁场就不存在了。此时，这个脉动转矩仅是由于 d、q 轴磁路不对称引起的，且变成频率为 0 的单向转矩即为熟悉的凸极同步电动机磁阻转矩，其最大值为

$$T_{磁阻} = \frac{U_m^2}{2}\left(\frac{1}{x_q} - \frac{1}{x_d}\right)$$

2. 三相同步电动机制动过程动态分析

同步电动机能耗制动的原理是将运行中的同步电动机定子绕组电源断开，再将定子绕组接于一组外接电阻上，并保持转子绕组励磁电压不变。直流励磁电流的磁场是固定不动的，而转子由于惯性继续在原方向转动，根据右手定则和左手定则不难确定这里的转子电流与固定磁场相互作用产生的转矩方向。事实上，此时转矩的方向恰好与电动机转动的方向相反，因而起到了制动的作用。理论和实验证明，制动转矩的大小与直流电流的大小有关。直流电流的大小一般为电动机额定电流的 50%～100%。这种制动能量消耗小、制动平稳，但需要直流电源。有些机床即采用这种制动方法。由于受制动电动机电流的影响，直流电流的大小受到限制，特别是在工作环境相对恶劣、三相电动机功率又相对较大的情况下，实施能耗制动有一定的困难。要使用能耗制动关键是要选配好直流电源且注意直流电源开关的使用技术，切忌误操作，切忌接线错误。

4.2.2 三相同步发电机的动态过程

若采用发电机惯例，即定子以输入电流作为电流的正方向，并设电网为无穷大电网，此时功角与转子角速度之间的关系如图 4-6 所示，用标幺值表示时，有

$$\begin{cases} \delta = \int_0^t s\mathrm{d}t + \delta_0, \dot{\delta} = 1 - \omega_r \\ \theta = \int_0^t \omega_r \mathrm{d}t + \theta_0 = t - \delta + \delta_0 + \theta_0 \end{cases} \tag{4-24}$$

式中，δ 是功角；s 是转差率；θ 是转子 d 轴与定子 A 相轴线间的夹角；δ_0 和 θ_0 是 $t=0$ 时 δ 和 θ 的初值。

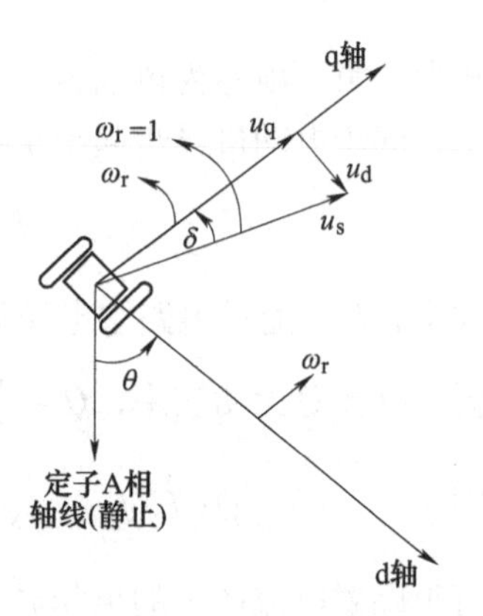

图 4-6 功角和转子角速度之间的关系

1. 输入转矩突变

根据式（4-5），突加负载时，转子角速度 ω_r 从同步角速度逐渐下降，功角 δ 和相应的电磁转矩 T_{em} 逐渐增大，到 $T_{em}=T_L+T_0$ 时，减速转矩 $J\frac{\mathrm{d}\omega_r}{\mathrm{d}t}=0$，转子就不再减速；然而此时 ω_r 已低于同步角速度，故功角 δ 继续增大，电磁转矩也继续增大，使 $T_{em}>T_L+T_0$，于是 $J\frac{\mathrm{d}\omega_r}{\mathrm{d}t}>0$，转子转速开始回升，并逐步回复到同步转速；到角速度 $\omega_r=1$ 时，功角 δ 就达到其最大值 δ_{max}，电磁转矩 T_{em} 也是最大值；由于此时 $T_{em}>T_L+T_0$，故转子将继续加速，使 ω_r 超过同步角速度，此时功角将从 δ_{max} 开始回摆并逐渐减小，T_{em} 也逐步回降，直到重新与负载转矩 T_L+T_0 相平衡。这样，通过几次

或十几次的衰减振荡，即可达到新的稳态运行点，振荡的快慢则取决于转子绕组产生的阻尼转矩和转动惯量的大小。

2. 定子端部三相对称突然短路

由于短路过程中转速设为不变，故转矩方程可不予考虑，于是整个问题简化为电磁瞬态问题，此时只要求解 dq 坐标系中的电压方程，即可解得短路电流。对方程式（4-2）进行拉普拉斯变换可得

$$\begin{cases} U_d = s\Psi_d - \psi_{d0} - \Psi_q - R_a I_d \\ U_q = s\Psi_q - \psi_{q0} + \Psi_d - R_a I_q \end{cases} \tag{4-25}$$

式中，大写的 U_d、U_q、Ψ_d、Ψ_q 和 I_d、I_q 分别为 u_d、u_q、ψ_d、ψ_q 和 i_d、i_q 的拉普拉斯变换；ψ_{d0}、ψ_{q0}则是 $t=0$ 时（发生短路瞬间）定子 d、q 轴磁链的初值。

Ψ_d 和 Ψ_q 分别为

$$\begin{cases} \Psi_d = -X_d(s)I_d + G_f(s)(U_f + \psi_{f0}) + G_D(s)\psi_{D0} \\ \Psi_q = -X_q(s)I_q + G_Q(s)\psi_{Q0} \end{cases} \tag{4-26}$$

式中，$X_d(s)$ 和 $X_q(s)$ 分别为直轴和交轴运算电抗；$G_f(s)$、$G_D(s)$ 和 $G_Q(s)$ 分别为励磁绕组和直轴、交轴阻尼绕组的传递函数；ψ_{f0}、ψ_{D0}、ψ_{Q0}为 $t=0$ 时励磁绕组和直轴、交轴阻尼绕组磁链的初值。

设短路前励磁电流为 I_{f0}，则定、转子各绕组的磁链初值和励磁电压 u_f 为

$$\begin{cases} \psi_{d0} = I_{f0}X_{ad}, \psi_{q0} = 0, \psi_{f0} = I_{f0}X_{ff} \\ \psi_{D0} = I_{f0}X_{Df}, \psi_{Q0} = 0, u_f = R_f I_{f0} \end{cases} \tag{4-27}$$

在 X_{ad}基准中，考虑到

$$\begin{cases} G_f(s)(U_f + \psi_{f0}) + G_D(s)\psi_{D0} = \dfrac{I_{f0}X_{ad}}{s} \\ G_Q(s)\psi_{Q0} = 0 \end{cases} \tag{4-28}$$

将式（4-28）代入式（4-26）可得

$$\begin{cases} \Psi_d = -X_d(s)I_d + \dfrac{I_{f0}X_{ad}}{s} \\ \Psi_q = -X_q(s)I_q \end{cases} \tag{4-29}$$

再考虑到同步发电机定子绕组端部三相突然短路时，有

$$u_A = u_B = u_C = 0$$

$$u_d = u_q = u_0 = 0$$

于是计及初始条件时三相突然短路过程的电压方程为

$$\begin{cases} -[R_a + sX_d(s)]I_d + X_q(s)I_q = 0 \\ X_d(s)I_d + [R_a + sX_q(s)]I_q = \dfrac{I_{f0}X_{ad}}{s} \end{cases} \tag{4-30}$$

当转子的 d、q 轴都装有阻尼绕组时，有

$$\frac{1}{X_d(s)} = \frac{1}{X_d} + \left(\frac{1}{X'_d} - \frac{1}{X_d}\right)\frac{sT'_d}{1+sT'_d} + \left(\frac{1}{X''_d} - \frac{1}{X'_d}\right)\frac{sT''_d}{1+sT''_d} \tag{4-31}$$

式中，T''_d 为直轴超瞬态时间常数。

对于交轴，若忽略转子电阻，则 $X_q(s)\approx X''_q$。于是由式（4-30）可得

$$\begin{cases} I_d = \left(\dfrac{E_{0m}}{s}\right)\left(\dfrac{1}{s^2+2\alpha_a s+1}\right)\dfrac{1}{X_d(s)} \\ \quad = \dfrac{E_{0m}}{s(s^2+2\alpha_a s+1)}\left[\dfrac{1}{X_d}+\left(\dfrac{1}{X'_d}-\dfrac{1}{X_d}\right)\dfrac{sT'_d}{1+sT'_d}+\left(\dfrac{1}{X''_d}-\dfrac{1}{X'_d}\right)\dfrac{sT''_d}{1+sT''_d}\right] \\ I_q \approx \dfrac{E_{0m}}{X''_q(s^2+2\alpha_a s+1)} \end{cases} \tag{4-32}$$

式中，$\alpha_a = R_a\left[\dfrac{1}{X_d(s)}+\dfrac{1}{X_q(s)}\right]$

当 $\alpha_a\ll 1$，$\dfrac{1}{T'_d}\ll 1$，$\dfrac{1}{T''_d}\ll 1$ 时，式（4-32）的逆变换为

$$\begin{cases} i_d \approx \left[\dfrac{E_{0m}}{X_d}(1-e^{-\frac{t}{T_a}}\cos t)+\left(\dfrac{E_{0m}}{X'_d}-\dfrac{E_{0m}}{X_d}\right)(e^{-\frac{t}{T'_d}}-e^{-\frac{t}{T_a}}\cos t)+\right. \\ \quad \left.\left(\dfrac{E_{0m}}{X''_d}-\dfrac{E_{0m}}{X'_d}\right)(e^{-\frac{t}{T''_d}}-e^{-\frac{t}{T_a}}\cos t)\right] \\ \quad = \dfrac{E_{0m}}{X_d}+\left(\dfrac{E_{0m}}{X'_d}-\dfrac{E_{0m}}{X_d}\right)e^{-\frac{t}{T'_d}}+\left(\dfrac{E_{0m}}{X''_d}-\dfrac{E_{0m}}{X'_d}\right)e^{-\frac{t}{T''_d}}-\dfrac{E_{0m}}{X''_d}e^{-\frac{t}{T_a}}\cos t \\ i_q \approx \dfrac{E_{0m}}{X''_q}e^{-\frac{t}{T_a}}\sin t \end{cases} \tag{4-33}$$

定子 A 相电流 i_A 则为

$$\begin{aligned} i_A = &\left[\dfrac{E_{0m}}{X_d}+\left(\dfrac{E_{0m}}{X'_d}-\dfrac{E_{0m}}{X_d}\right)e^{-\frac{t}{T'_d}}+\left(\dfrac{E_{0m}}{X''_d}-\dfrac{E_{0m}}{X'_d}\right)e^{-\frac{t}{T''_d}}\right]\cos(t+\theta_0) \\ &-\dfrac{1}{2}\left(\dfrac{E_{0m}}{X''_d}+\dfrac{E_{0m}}{X'_q}\right)e^{-\frac{t}{T_a}}\cos\theta_0-\dfrac{1}{2}\left(\dfrac{E_{0m}}{X''_d}-\dfrac{E_{0m}}{X''_q}\right)e^{-\frac{t}{T_a}}\cos(2t+\theta_0) \end{aligned} \tag{4-34}$$

再根据励磁绕组和直轴阻尼绕组的电压方程，可解得

$$\begin{aligned} I_f &= \dfrac{(R_D+sX_{DD})(U_f+\psi_{f0}+sX_{ad}I_d)-sX_{fD}(\psi_{D0}+sX_{ad}I_d)}{(R_f+sX_{ff})(R_D+sX_{DD})-(sX_{fD})^2} \\ &= \dfrac{I_{f0}}{s}+\dfrac{X_{ad}}{R_f}\dfrac{s(1+sT_{D\sigma})}{(1+sT'_{d0})(1+sT''_{d0})}I_d \end{aligned} \tag{4-35}$$

式中，$T_{D\sigma}$ 为直轴阻尼绕组的漏磁时间常数，$T_{D\sigma}=\dfrac{X_{D\sigma}}{R_D}$；$T'_{d0}$ 和 T''_{d0} 分别为定子开路时直轴的瞬态和超瞬态时间常数。把式（4-32）的 I_d 代入式（4-35），通常 $T'_d\gg T_{D\sigma}$，$T'_d\gg T''_d$，故

$$I_f \approx \dfrac{I_{f0}}{s}+I_{f0}\dfrac{T_f-T'_f}{T'_d}\left[\dfrac{T'_d}{1+sT'_d}-\left(1-\dfrac{T_{D\sigma}}{T''_d}\right)\dfrac{T''_d}{1+sT''_d}\right]\dfrac{s}{s^2+2\alpha_a s+1} \tag{4-36}$$

当 $\alpha_a\ll 1$，$\dfrac{1}{T'_d}\ll 1$，$\dfrac{1}{T''_d}\ll 1$ 时，认为 $T'_d\approx T'_f$，$T_f\approx T'_{d0}$，而 $T_f\gg T_{D\sigma}$，则式（4-36）最终近似写成

$$i_f \approx I_{f0} + I_{f0}\frac{X_d - X'_d}{X'_d}\left[e^{-\frac{t}{T'_d}} - \left(1 - \frac{T_{D\sigma}}{T''_d}\right)e^{-\frac{t}{T''_d}} - \frac{T_{D\sigma}}{T''_d}e^{-\frac{t}{T_a}}\cos t\right] \tag{4-37}$$

求出了 i_d 和 i_q 之后，要求出电磁转矩，还需求出 ψ_d 和 ψ_q。由式（4-32）可得

$$\begin{cases}\Psi_d = -X_d(s)I_d + \dfrac{I_{f0}X_{ad}}{s} \approx \dfrac{E_{0m}}{s}\left(1 - \dfrac{1}{s^2 + 2\alpha_a s + 1}\right)\\ \Psi_q = -X_q(s)I_q \approx -\dfrac{E_{0m}}{s}\left(\dfrac{1}{s^2 + 2\alpha_a s + 1} + \dfrac{R_a}{s^2 + 2\alpha_a s + 1}\dfrac{1}{X_d(s)}\right)\end{cases} \tag{4-38}$$

当 $\alpha_a \ll 1$ 时，ψ_d 的逆变换为

$$\psi_d \approx E_{0m}e^{-\frac{t}{T_a}}\cos t \tag{4-39}$$

有阻尼绕组时，ψ_q 的逆变换为

$$\psi_q \approx -E_{0m}\left(e^{-\frac{t}{T_a}}\sin t + R_a\frac{F}{X''_d}\right) \tag{4-40}$$

由此可得电磁转矩的第一部分 T_{e1} 为

$$T_{e1} = \psi_d i_q - \psi_q i_d = E_{0m}^2\left[\frac{F}{X''_d}e^{-\frac{t}{T_a}}\sin t + R_a\left(\frac{F}{X''_d}\right)^2\right] + \frac{1}{2}E_{0m}^2\left(\frac{1}{X''_q} - \frac{1}{X''_d}\right)e^{-\frac{2t}{T_a}}\sin 2t \tag{4-41}$$

事实上，转子以同步转速旋转时，定子电流直流分量所产生的静止磁场还会在转子绕组中感应基频交流，并产生转子损耗和相应的单向电磁转矩。由于定子的静止磁场与转子之间的转差率为1，故此电磁转矩 T_{e2} 将近似等于直轴和交轴转子铜耗的平均值，即

$$T_{e2} \approx \frac{1}{2}E_{0m}^2\left[\frac{1}{T''_d}\left(\frac{1}{X''_d} - \frac{1}{X'_d}\right) + \frac{1}{T'_d}\left(\frac{1}{X'_d} - \frac{1}{X_d}\right) + \frac{1}{T''_q}\left(\frac{1}{X''_q} - \frac{1}{X_q}\right)\right]e^{-\frac{2t}{T_a}} \tag{4-42}$$

最后可得在空载情况下三相突然短路时，电磁转矩的完整表达式为

$$\begin{aligned}T_{em} = T_{e1} + T_{e2} \approx E_{0m}^2\Bigg\{&\frac{F}{X''_d}e^{-\frac{t}{T_a}} + R_a\left(\frac{F}{X''_d}\right)^2 + \frac{1}{2}\left[\frac{1}{T''_d}\left(\frac{1}{X''_d} - \frac{1}{X'_d}\right) + \right.\\ &\left.\frac{1}{T'_d}\left(\frac{1}{X'_d} - \frac{1}{X_d}\right) + \frac{1}{T''_q}\left(\frac{1}{X''_q} - \frac{1}{X_q}\right)\right]e^{-\frac{2t}{T_a}} + \frac{1}{2}\left(\frac{1}{X''_q} - \frac{1}{X''_d}\right)\Bigg\}e^{-\frac{2t}{T_a}}\sin 2t\end{aligned} \tag{4-43}$$

从式（4-43），即A相电流瞬时值表达式可见，一般来说，定子突然短路电流由交流基波分量、直流分量和交流二次谐波三部分组成。基波分量又分成幅值为 $\dfrac{E_{0m}}{X_d}$ 的稳态分量，和幅值为 $\left(\dfrac{E_{0m}}{X'_d} - \dfrac{E_{0m}}{X_d}\right)$、以瞬态时间常数 T'_d 衰减的瞬态分量以及幅值为 $\left(\dfrac{E_{0m}}{X''_d} - \dfrac{E_{0m}}{X'_d}\right)$、以瞬态时间常数 T''_d 衰减的瞬态分量三部分。直流分量的幅值为 $\dfrac{1}{2}\left(\dfrac{E_{0m}}{X''_d} + \dfrac{E_{0m}}{X''_q}\right)\cos\theta_0$，它与发生短路时转子的位置 θ_0 有关，$\theta_0 = 0$ 时幅值最大，$\theta_0 = 90°$ 时幅值为0。二次谐波的幅值为 $\dfrac{1}{2}\left(\dfrac{E_{0m}}{X''_d} - \dfrac{E_{0m}}{X''_q}\right)$，它取决于瞬态凸极效应。直流分量和二次谐波均以电枢时间常数 T_a 衰减。

通过与励磁电流的瞬态表达式（4-37）一同分析突然短路时，励磁电流中有四个分量：第一个分量是外加励磁电压所产生的稳态直流分量 I_{f0}；第二个分量是幅值为 $I_{f0}\dfrac{X_d - X'_d}{X'_d}$、以瞬

态时间常数 T'_d 衰减的直流瞬态分量；第三个分量是幅值为 $I_{f0}\dfrac{X_d-X'_d}{X'_d}\left(1-\dfrac{T_{D\sigma}}{T''_d}\right)$、以超瞬态时间常数 T''_d 衰减的直流超瞬态分量。这三个分量分别与定子电流中的稳态、瞬态和超瞬态交流分量相对应。第四个分量是幅值为 $I_{f0}\left(\dfrac{X_d-X'_d}{X'_d}\right)\left(\dfrac{T_{D\sigma}}{T''_d}\right)$、以时间常数 T_a 衰减的交流分量，此分量与定子电流中的直流和二次谐波相对应。

从式（4-43）中可以看出，突然短路后存在着基频转矩和倍频转矩分量，基频转矩分量的最大起始值与 x''_d 成反比，衰减时间常数决定于转子绕组的 T''_d、T'_d 和定子绕组的 T_a，而倍频转矩分量数值则较小，它的最大初始值与 x''_d 及 x''_q 的数值差异有关，当 $x''_d=x''_q$ 时，其值为零，倍频转矩分量的衰减仅决定于定子绕组时间常数的 $\dfrac{1}{2}$，即 $\dfrac{T_a}{2}$，交变转矩分量将逐渐衰减至零。

3. 定子两相对中性点突然短路

同步发电机定子绕组端部发生两相对中性点突然短路时，定子绕组的端电压约束条件为

$$u_A = u_B = 0$$

$$u_C = -\sin\left(\omega_1 t - \delta_0 + \frac{2\pi}{3}\right)$$

初始条件为

$$\begin{cases}\theta = \theta_0, \psi_B = \psi_{B0}, \psi_C = \psi_{C0}\\ \psi_f = I_{f0}X_{ff}, \psi_D = I_{f0}X_{fD}\end{cases}$$

不计定、转子电阻时，$X_d(p)=X''_d$，$X_q(p)=X''_q$，定子电流的 β 分量 i_β 将为

$$\begin{aligned} i_\beta &= \frac{2E_{0m}(\sin\theta - \sin\theta_0)}{X''_d + X''_q - (X''_d - X''_q)\cos 2\theta} \\ &= \frac{2E_{0m}}{X''_d+\sqrt{X''_dX''_q}}[\sin\theta - b\sin 3\theta + b^2\sin 5\theta - \cdots] - \frac{2E_{0m}\sin\theta_0}{\sqrt{X''_dX''_q}}[0.5 - b\cos 2\theta + b^2\cos 4\theta - \cdots] \end{aligned} \tag{4-44}$$

再把励磁电流分成由励磁电压产生的强加分量 I_{f0} 和瞬态感应分量 Δi_f 两部分，则从不计转子电阻闭合励磁绕组和阻尼绕组的磁链应当守恒这点出发，有 $\Psi_{f0}=I_{f0}X_{ff}$，$\Psi_{D0}=I_{f0}X_{fD}$，由此可解出

$$\begin{aligned} i_f &= I_{f0} + \Delta i_f = I_{f0} + \frac{X_{af}X_{DD} - X_{aD}X_{fD}}{X_{ff}X_{DD} - X_{fD}^2} i_\beta \sin\theta \\ &= I_{f0} + K_f \frac{E_{0m}}{X''_d + X_-}\left[1 + \frac{1+b}{b}\sum_{n=1}^{\infty}(-b)^n\cos 2n\theta\right] - \\ &\quad K_f\frac{2E_{0m}\sin\theta_0}{X''_d + X_-}\left[\sin\theta + \sum_{n=1}^{\infty}(-b)^n\sin(2n+1)\theta\right] \end{aligned} \tag{4-45}$$

$$\begin{aligned} i_D &= \frac{X_{aD}X_{ff} - X_{af}X_{fD}}{X_{ff}X_{DD} - X_{fD}^2} i_\beta\sin\theta = K_D\frac{E_{0m}}{X''_d + X_-}\left[1 + \frac{1+b}{b}\sum_{n=1}^{\infty}(-b)^n\cos 2n\theta\right] - \\ &\quad K_D\frac{2E_{0m}\sin\theta_0}{X''_d + X_-}\left[\sin\theta + \sum_{n=1}^{\infty}(-b)^n\sin(2n+1)\theta\right] \end{aligned} \tag{4-46}$$

式中

$$K_{\mathrm{f}}=\frac{X_{\mathrm{af}}X_{\mathrm{DD}}-X_{\mathrm{aD}}X_{\mathrm{fD}}}{X_{\mathrm{ff}}X_{\mathrm{DD}}-X_{\mathrm{fD}}^{2}},K_{\mathrm{D}}=\frac{X_{\mathrm{aD}}X_{\mathrm{ff}}-X_{\mathrm{af}}X_{\mathrm{fD}}}{X_{\mathrm{ff}}X_{\mathrm{DD}}-X_{\mathrm{fD}}^{2}} \tag{4-47}$$

计入定、转子电阻时，电流将会衰减。仿照无阻尼绕组的情况，把 i_{β} 和对应的 i_{f} 与 i_{D} 分成奇次谐波和直流、偶次谐波，并分别乘以修正因数 $F(t)$ 和 $G(t)$，对 i_{f} 和 i_{D} 还要引入 $I_{\mathrm{f}}(t)$ 和 $I_{\mathrm{D}}(t)$ 使

$$\begin{aligned}i_{\beta}=&\frac{2E_{0\mathrm{m}}}{X''_{\mathrm{d}}+X_{-}}F(t)\left[\sin\theta+\sum_{n=1}^{\infty}(-b)^{n}\sin(2n+1)\theta\right]-\\&\frac{2E_{0\mathrm{m}}\sin\theta_{0}}{X_{-}}G(t)\left[0.5+\sum_{n=1}^{\infty}(-b)^{n}\cos2n\theta\right]\end{aligned} \tag{4-48}$$

$$\begin{aligned}i_{\mathrm{f}}=&I_{\mathrm{f0}}+I_{\mathrm{f}}(t)+K_{\mathrm{f}}\frac{E_{0\mathrm{m}}}{X''_{\mathrm{d}}+X_{-}}F(t)\left[1+\frac{1+b}{b}\sum_{n=1}^{\infty}(-b)^{n}\cos2n\theta\right]-\\&K_{\mathrm{f}}\frac{2E_{0\mathrm{m}}\sin\theta_{0}}{X''_{\mathrm{d}}+X_{-}}G(t)\left[\sin\theta+\sum_{n=1}^{\infty}(-b)^{n}\sin(2n+1)\theta\right]\end{aligned} \tag{4-49}$$

$$\begin{aligned}i_{\mathrm{D}}=&I_{\mathrm{D}}(t)+K_{\mathrm{D}}\frac{E_{0\mathrm{m}}}{X''_{\mathrm{d}}+X_{-}}F(t)\left[1+\frac{1+b}{b}\sum_{n=1}^{\infty}(-b)^{n}\cos2n\theta\right]-\\&K_{\mathrm{D}}\frac{2E_{0\mathrm{m}}\sin\theta_{0}}{X''_{\mathrm{d}}+X_{-}}G(t)\left[\sin\theta+\sum_{n=1}^{\infty}(-b)^{n}\sin(2n+1)\theta\right]\end{aligned} \tag{4-50}$$

然后将 i_{β}、i_{f} 和 i_{D} 代入计及电阻时的和的 u_{β}、u_{f} 和 u_{D} 方程，使等式两端直流项的系数、基波 $\sin\theta$ 和 $\cos\theta$ 项的系数一一相等，最后可得关于 $G(t)$、$F(t)$、$I_{\mathrm{f}}(t)$ 和 $I_{\mathrm{D}}(t)$ 的四个微分方程。把 $G(t)$、$F(t)$ 和 $I_{\mathrm{f}}(t)$ 代入式（4-37）和式（4-38），最后可得到考虑衰减时的励磁电流 i_{f} 为

$$\begin{aligned}i_{\mathrm{f}}=&I_{\mathrm{f0}}-I_{\mathrm{f0}}\frac{K_{\mathrm{f}}X_{\mathrm{af}}}{X_{\mathrm{d}}+X_{-}}\left[1-\frac{T'_{\mathrm{d2}}\mathrm{e}^{-\frac{t}{T'_{\mathrm{d2}}}}-T''_{\mathrm{d2}}\mathrm{e}^{-\frac{t}{T''_{\mathrm{d2}}}}}{T'_{\mathrm{d2}}-T''_{\mathrm{d2}}}+\frac{T_{\mathrm{D}}-T'_{\mathrm{fD}}}{T'_{\mathrm{d2}}-T''_{\mathrm{d2}}}\left(\mathrm{e}^{-\frac{t}{T'_{\mathrm{d2}}}}-\mathrm{e}^{-\frac{t}{T''_{\mathrm{d2}}}}\right)\right]+\\&I_{\mathrm{f0}}X_{\mathrm{af}}K_{\mathrm{f}}\left[\frac{1}{X_{\mathrm{d}}+X_{-}}+\left(\frac{1}{X'_{\mathrm{d}}+X_{-}}-\frac{1}{X_{\mathrm{d}}+X_{-}}\right)\mathrm{e}^{-\frac{t}{T'_{\mathrm{d2}}}}+\left(\frac{1}{X''_{\mathrm{d}}+X_{-}}-\frac{1}{X'_{\mathrm{d}}+X_{-}}\right)\mathrm{e}^{-\frac{t}{T''_{\mathrm{d2}}}}\right]\\&-2I_{\mathrm{f0}}X_{\mathrm{af}}K_{\mathrm{f}}\frac{X_{-}}{X''_{\mathrm{d}}+X_{-}}\left[\frac{1}{X_{\mathrm{d}}+X_{-}}+\left(\frac{1}{X'_{\mathrm{d}}+X_{-}}-\frac{1}{X_{\mathrm{d}}+X_{-}}\right)\mathrm{e}^{-\frac{t}{T'_{\mathrm{d2}}}}+\right.\\&\left.\left(\frac{1}{X''_{\mathrm{d}}+X_{-}}-\frac{1}{X'_{\mathrm{d}}+X_{-}}\right)\mathrm{e}^{-\frac{t}{T''_{\mathrm{d2}}}}\right]\left[\sum_{n=1}^{\infty}(-b)^{n-1}\cos2n\theta\right]-\\&2I_{\mathrm{f0}}\frac{X_{\mathrm{af}}K_{\mathrm{f}}\sin\theta_{0}}{X''_{\mathrm{d}}+X_{-}}\mathrm{e}^{-\frac{t}{T_{\mathrm{a}}}}\left[\sin\theta+\sum_{n=1}^{\infty}(-b)^{n}\sin(2n+1)\theta\right]\end{aligned} \tag{4-51}$$

短路电流 i_{B} 为

$$i_B = -i_C = \frac{\sqrt{3}}{2} i_\beta = \sqrt{3} E_{0m} \left[\frac{1}{X_d + X_-} + \left(\frac{1}{X'_d + X_-} - \frac{1}{X_d + X_-} \right) e^{-\frac{t}{T'_{d2}}} + \left(\frac{1}{X''_d + X_-} - \frac{1}{X'_d + X_-} \right) e^{-\frac{t}{T''_{d2}}} \right] \left[\sin\theta + \sum_{n=1}^{\infty} (-b)^n \sin(2n+1)\theta \right] - \frac{\sqrt{3} E_{0m} \sin\theta_0}{X_-} e^{-\frac{t}{T_a}} \left[0.5 + \sum_{n=1}^{\infty} (-b)^n \cos 2n\theta \right] \tag{4-52}$$

交变电磁转矩 T_e 为

$$\begin{aligned} T_e &= \psi_d i_q - \psi_q i_d = (E_{0m} F - X''_d i_d) i_q + X''_q i_q i_d \\ &= i_q [E_{0m} F + (X''_q - X''_d) i_d] \end{aligned} \tag{4-53}$$

由式（4-44）可知

$$\begin{cases} i_d = i_\beta \sin\theta = \dfrac{2E_{0m}(F\sin\theta - G\sin\theta_0)\sin\theta}{X''_d + X''_q - (X''_d - X''_q)\cos 2\theta} \\ i_q = i_\beta \cos\theta = \dfrac{2E_{0m}(F\sin\theta - G\sin\theta_0)\cos\theta}{X''_d + X''_q - (X''_d - X''_q)\cos 2\theta} \end{cases} \tag{4-54}$$

将式（4-53）代入式（4-54）中，可得

$$T_e = \frac{2E_{0m}^2}{X''_d + X_-} \left\{ -FG\sin\theta_0 (\cos\theta - 3b\cos 3\theta + 5b^2 \cos 5\theta - \cdots) + \left[F^2 \frac{X_-}{X''_d + X_-} + G^2 b \frac{X_- + X''_d}{X_-} \sin^2\theta_0 \right] (\sin 2\theta - 2b\sin 4\theta + 3b\sin 6\theta - \cdots) \right\} \tag{4-55}$$

以上推导时，仅考虑定、转子电阻对电流和磁链的衰减所起的作用，因此式（4-52）仅表示短路转矩的交变分量。与三相突然短路时相类似，线间短路时定、转子的铜耗将形成电磁转矩的单向分量。为简单计算，仅考虑定子电流的基波和直流分量的作用，而忽略高次谐波的作用。

式（4-51）中，第一个分量是外加励磁电压所产生的稳态直流分量 I_{f0}，第二组分量为直流分量和一系列偶次谐波；第三组分量为与 θ_0 有关的直流分量和一系列奇次谐波。式（4-52）表示 i_B 中有两组分量：第一组为基波和 3 次、5 次、7 次等奇次谐波，第二组则为与 θ_0 有关的直流分量和一系列偶次谐波。若 $\theta_0=0$，即短路发生在转子 d 轴与定子 A 相绕组轴线重合时，B、C 两相合成磁链的初值 $\psi_{B0}-\psi_{C0}=0$，此时第二组分量将为 0。

由于突然短路的最初瞬间，定子电流不能跃变，所以定子电流中除交流分量外，还有一个与 $\sin\theta_0$ 有关的直流自由分量，此电流将使定子绕组产生一个在空间静止不动的磁动势和磁场。由于转子为正向同步旋转，故这个静止磁场将在励磁绕组中感应一个基频的交流电动势和电流。由于励磁绕组为单相绕组，故此基频交流将产生一个脉振磁动势，将此脉振磁动势分解成两个幅值相同、转向相反的磁动势，并计及转子本身的转速，则反向磁动势在空间为静止不动，正向磁动势在空间将以两倍同步转速正向旋转，并在定子的短路绕组内感应两倍基频的电动势和电流。定子电流中除直流自由分量外，还将出现一系列偶次谐波；励磁绕组中则将出现一系列奇次谐波。

式（4-55）中的奇次谐波与 G 和 $\sin\theta_0$ 成正比，如果 $\theta_0=0$，或定子边由直流所产生的静

止磁场已经衰减完毕，则此项将等于0；式（4-55）中的偶次谐波由两相组成，一项与$\sin^2\theta_0$和G^2b成正比，此项仅在$X''_d \neq X''_q$时才有，且衰减得较快，它是一项由超瞬态凸极效应所形成的磁阻转矩，另一项则与F^2成正比，即使$t\to\infty$时，它仍有一个稳态项。当短路发生在$\theta_0=\frac{\pi}{2}$时（此时B、C两相合成磁链的初值为最大值），基波转矩的最大值可达$\frac{2E_{0m}^2}{X''_d+X_-}$，此值与三相突然短路时的基波转矩$\frac{2E_{0m}^2}{X''_d}$相近。对于汽轮发电机，若$X''_d \approx X_-=\frac{1}{10}$，两者可达基值转矩的10倍，而二次谐波转矩则为基波转矩的$\frac{X_-}{X''_d+X_-}=\frac{1}{2}$，即为基值转矩的2倍。对于凸极同步发电机，由于$X''_d$相对较大，故基波和二次谐波转矩的幅值将比汽轮发电机小。

线间短路时，定子电流不对称。仅考虑基波时，可利用对称分量法把定子上的不对称电流分解为正序和负序分量。由于负序分量将产生反向旋转磁场，它将在转子绕组内感应2倍基频的电流，所以定子电流的基波不但要产生定子铜耗，还会产生转子铜耗。由对称分量法可知，线间短路时，正序和负序电流的幅值为

$$I_{+m}=-I_{-m}\approx\frac{E_{0m}}{X_++X_-}=\frac{E_{0m}}{X''_d+X_-} \tag{4-56}$$

考虑衰减时，式（4-56）可改写成

$$I_{+m}=-I_{-m}\approx\frac{E_{0m}F}{X''_d+X_-} \tag{4-57}$$

于是正、负序等效电路中的总铜耗和负序电流所产生的转子铜耗，以及与之相应的平均电磁转矩$T_{e(av1)}$为

$$\begin{aligned} T_{e(av1)} &= I_{+m}^2R_a+I_{-m}^2R_-+I_{-m}^2(R_--R_a) \\ &= I_{-m}^2 2R_-=\left(\frac{E_{0m}F}{X''_d+X_-}\right)^2 2R_- \end{aligned} \tag{4-58}$$

式中，R_-为定子的负序电阻。

再考虑定子电流中直流分量的作用。定子电流的直流分量将在转子绕组中产生基频感应电流，与三相短路时相类似，由此产生的电磁转矩$T_{e(av2)}$为

$$T_{e(av2)}=\frac{1}{2}(I_{dm}^2R_d+I_{qm}^2R_q) \tag{4-59}$$

式中，I_{dm}、I_{qm}为i_d、i_q中基波分量的幅值，它与定子直流分量大体上相对应，从定子端点看来，转子d、q轴的有效电阻，其基波幅值分别为

$$\begin{cases} I_{dm}=-\dfrac{2E_{0m}G}{X''_d+X_-}\sin\theta_0 \\ I_{qm}=-\dfrac{2E_{0m}GX''_d}{X_-(X''_d+X_-)}\sin\theta_0=-\dfrac{2E_{0m}G}{X''_q+X_-}\sin\theta_0 \end{cases} \tag{4-60}$$

于是

$$T_{e(av2)}=\frac{1}{2}\left[\left(\frac{2E_{0m}G}{X''_d+X_-}\right)^2R_d+\left(\frac{2E_{0m}G}{X''_q+X_-}\right)^2R_q\right]\sin^2\theta_0 \tag{4-61}$$

总电磁转矩 T_{em}为上面三项转矩之和，若忽略超瞬态凸极效应（即认为 $x''_d=x''_q$，$R_d=R_q$），则转矩中将仅有基波、二次谐波和单向分量，此时电磁转矩将近似为

$$\begin{aligned}T_{em}\approx{}&\frac{E_{0m}^2}{X''_d}[-FG\sin\theta_0\cos(t+\theta_0)+0.5F^2\sin2(t+\theta_0)]+\\&\frac{E_{0m}^2F^2}{2X''^2_d}R_-+\frac{E_{0m}^2G^2}{X''^2_d}R_d\sin^2\theta_0\end{aligned} \tag{4-62}$$

4. 定子单相对中性点突然短路

同步发电机定子绕组端部发生两相对中性点突然短路时，定子绕组的端电压约束条件为

$$\begin{cases}u_A=0\\u_B=-\sin\left(\omega_1t-\delta_0-\dfrac{2\pi}{3}\right)\\u_C=-\sin\left(\omega_1t-\delta_0+\dfrac{2\pi}{3}\right)\end{cases}$$

（1）不计电阻时

若定子电阻 $R_a=0$，则短路后定子 A 相绕组的磁链应当守恒，即 $\psi_A=\psi_{A0}\cos\theta_0$；若转子绕组的电阻 $R_f=0$，$R_D=0$，$R_Q=0$，则运算电抗 $X_d(p)=X''_d$，$X_p(p)=X''_p$。于是定子电流的 α 分量 i_α 为

$$\begin{aligned}i_\alpha&=\frac{2E_{0m}(\cos\theta-\cos\theta_0)}{X''_d+X''_q+(X''_d-X''_q)\cos2\theta+X_0}\\&=\frac{2E_{0m}}{X''_d+X_-+X_0}\left[\cos\theta+\sum_{n=1}^{\infty}b_0^n\cos(2n+1)\theta\right]-\frac{2E_{0m}\cos\theta_0}{X_-+0.5X_0}\left(0.5+\sum_{n=1}^{\infty}b_0^n\cos2n\theta\right)\end{aligned} \tag{4-63}$$

此外，若转子绕组的电阻为 0，则励磁绕组和直轴阻尼绕组的磁链亦应守恒，故有

$$\begin{cases}-X_{af}\cos\theta i_\alpha+X_{ff}i_f+X_{fD}i_D=I_{f0}X_{ff}\\-X_{Da}\cos\theta i_\alpha+X_{Df}i_f+X_{DD}i_D=I_{f0}X_{fD}\end{cases} \tag{4-64}$$

求解式（4-64），可得

$$\begin{aligned}i_f&=I_{f0}+\frac{X_{DD}X_{af}-X_{fD}X_{aD}}{X_{ff}X_{DD}-X_{fD}^2}i_\alpha\cos\theta\\&=I_{f0}+K_f\frac{2E_{0m}(\cos\theta-\cos\theta_0)\cos\theta}{X''_d+X''_q+(X''_d-X''_q)\cos2\theta+X_0}\\&=I_{f0}+I_{f0}\frac{K_fX_{af}}{X''_d+X_-+X_0}\left(1+\frac{1+b_0}{b_0}\sum_{n=1}^{\infty}b_0^n\cos2n\theta\right)-\\&\quad I_{f0}\frac{K_fX_{af}\cos\theta_0}{X_-+0.5X_0}(1+b_0)\left[\cos\theta+\sum_{n=1}^{\infty}b_0^n\cos(2n+1)\theta\right]\end{aligned}$$

$$i_{\mathrm{D}}=\frac{X_{\mathrm{ff}}X_{\mathrm{aD}}-X_{\mathrm{Df}}X_{\mathrm{af}}}{X_{\mathrm{ff}}X_{\mathrm{DD}}-X_{\mathrm{fD}}^{2}}i_{\alpha}\cos\theta$$

$$=K_{\mathrm{D}}\frac{2E_{0\mathrm{m}}(\cos\theta-\cos\theta_{0})\cos\theta}{X''_{\mathrm{d}}+X''_{\mathrm{q}}+(X''_{\mathrm{d}}-X''_{\mathrm{q}})\cos2\theta+X_{0}}$$

$$=I_{\mathrm{f0}}+I_{\mathrm{f0}}\frac{K_{\mathrm{D}}X_{\mathrm{af}}}{X''_{\mathrm{d}}+X_{-}+X_{0}}\left(1+\frac{1+b_{0}}{b_{0}}\sum_{n=1}^{\infty}b_{0}^{n}\cos2n\theta\right)-$$

$$I_{\mathrm{f0}}\frac{K_{\mathrm{D}}X_{\mathrm{af}}\cos\theta_{0}}{X_{-}+0.5X_{0}}(1+b_{0})\left[\cos\theta+\sum_{n=1}^{\infty}b_{0}^{n}\cos(2n+1)\theta\right]$$

式中

$$K_{\mathrm{f}}=\frac{X_{\mathrm{af}}X_{\mathrm{DD}}-X_{\mathrm{aD}}X_{\mathrm{fD}}}{X_{\mathrm{ff}}X_{\mathrm{DD}}-X_{\mathrm{fD}}^{2}},K_{\mathrm{D}}=\frac{X_{\mathrm{aD}}X_{\mathrm{ff}}-X_{\mathrm{af}}X_{\mathrm{Df}}}{X_{\mathrm{ff}}X_{\mathrm{DD}}-X_{\mathrm{fD}}^{2}} \tag{4-65}$$

（2）电阻的影响

考虑电阻对衰减的影响时，可将定子电流的各个分量分别乘以修正因数 $F(t)$ 和 $G(t)$，即

$$i_{\alpha}=\frac{2E_{0\mathrm{m}}}{X''_{\mathrm{d}}+X_{-}+X_{0}}F(t)\left[\cos\theta+\sum_{n=1}^{\infty}b_{0}^{n}\cos(2n+1)\theta\right]-\frac{2E_{0\mathrm{m}}\cos\theta_{0}}{X_{-}+0.5X_{0}}G(t)\left(0.5+\sum_{n=1}^{\infty}b_{0}^{n}\cos2n\theta\right) \tag{4-66}$$

对励磁电流和直轴阻尼绕组电流，除对有关分量分别乘以修正因数 $F(t)$ 和 $G(t)$ 外，还应分别加上 $I_{\mathrm{f}}(t)$ 和 $I_{\mathrm{D}}(t)$，然后把 i_{α}、i_{f} 和 i_{D} 代入考虑定子电阻时定子A相的电压方程，以及考虑转子电阻时励磁绕组和直轴阻尼绕组的电压方程，并使各个方程两端的直流项和基波 $\cos\theta$ 和 $\sin\theta$ 项的系数对应相等，即可得到关于 $F(t)$、$G(t)$、$I_{\mathrm{f}}(t)$ 和 $I_{\mathrm{D}}(t)$ 的4个方程。再将 $F(t)$、$G(t)$ 和 $I_{\mathrm{f}}(t)$ 回代，可得定子短路电流和励磁电流的最终表达式，其中短路电流为

$$\begin{aligned}i_{\mathrm{A}}=3E_{0\mathrm{m}}&\left[\frac{1}{X_{\mathrm{d}}+X_{-}+X_{0}}+\left(\frac{1}{X'_{\mathrm{d}}+X_{-}+X_{0}}-\frac{1}{X_{\mathrm{d}}+X_{-}+X_{0}}\right)\mathrm{e}^{-\frac{t}{T'_{\mathrm{d1}}}}+\right.\\&\left.\left(\frac{1}{X''_{\mathrm{d}}+X_{-}+X_{0}}-\frac{1}{X'_{\mathrm{d}}+X_{-}+X_{0}}\right)\mathrm{e}^{-\frac{t}{T''_{\mathrm{d1}}}}\right]\left[\cos\theta+\sum_{n=1}^{\infty}b_{0}^{n}\cos(2n+1)\theta\right]-\\&\frac{3E_{0\mathrm{m}}\cos\theta_{0}}{X_{-}+0.5X_{0}}\mathrm{e}^{-\frac{t}{T_{\mathrm{a1}}}}\left(0.5+\sum_{n=1}^{\infty}b_{0}^{n}\cos2n\theta\right)\end{aligned} \tag{4-67}$$

$$\begin{aligned}i_{\mathrm{f}}=I_{\mathrm{f0}}&+I_{\mathrm{f0}}\frac{X_{\mathrm{d}}-X'_{\mathrm{d}}}{X_{\mathrm{d}}+X_{-}+X_{0}}\left(\mathrm{e}^{-\frac{t}{T'_{\mathrm{d1}}}}-1\right)+I_{\mathrm{f0}}(X_{\mathrm{d}}-X'_{\mathrm{d}})\\&\left[\left(\frac{1}{X'_{\mathrm{d}}+X_{-}+X_{0}}-\frac{1}{X_{\mathrm{d}}+X_{-}+X_{0}}\right)\mathrm{e}^{-\frac{t}{T'_{\mathrm{d1}}}}+\frac{1}{X_{\mathrm{d}}+X_{-}+X_{0}}\right]\\&\left[1+\frac{1+b_{0}}{b_{0}}\sum_{n=1}^{\infty}b_{0}^{n}\cos2n\theta\right]-I_{\mathrm{f0}}\frac{(X_{\mathrm{d}}-X'_{\mathrm{d}})\cos\theta_{0}}{X_{-}+0.5X_{0}}(1+b_{0})\mathrm{e}^{-\frac{t}{T_{\mathrm{a1}}}}\\&\left[\cos\theta+\sum_{n=1}^{\infty}b_{0}^{n}\cos(2n+1)\theta\right]\end{aligned} \tag{4-68}$$

（3）交变转矩

由于 $\psi_d \approx \psi_{d0}F(t) - X''_d i_d = E_{0m}F(t) - X''_d i_d$，$\psi_q \approx -X''_q i_q$，所以电磁转矩中交变分量 T_e 为

$$\begin{aligned} T_e &= \psi_d i_q - \psi_q i_d = (E_{0m}F - X''_d i_d) i_q + X''_q i_q i_d \\ &= i_q [E_{0m}F + (X''_q - X''_d) i_d] \end{aligned} \tag{4-69}$$

考虑到

$$\begin{cases} i_d = i_\alpha \cos\theta = \dfrac{2E_{0m}(F\cos\theta - G\cos\theta_0)\cos\theta}{X''_d + X''_q + (X''_d - X''_q)\cos 2\theta + X_0} \\ i_q = -i_\alpha \sin\theta = \dfrac{2E_{0m}(F\cos\theta - G\cos\theta_0)\sin\theta}{X''_d + X''_q + (X''_d - X''_q)\cos 2\theta + X_0} \end{cases} \tag{4-70}$$

于是

$$\begin{aligned} T_e = \frac{2E_{0m}^2}{X''_d + X_- + X_0} \Big\{ & FG\cos\theta_0(\sin\theta + 3b_0\sin 3\theta + 5b_0^2\sin 5\theta + \cdots) + \\ & \left[F^2 \frac{X_- + 0.5X_0}{X''_d + X_- + X_0} - G^2 \frac{X''_d - X_-}{X_- + 0.5X_0}\cos^2\theta_0 \right] \\ & (\sin 2\theta + 2b_0\sin 4\theta + 3b_0\sin 6\theta + \cdots) \Big\} \end{aligned} \tag{4-71}$$

（4）单向转矩

定子电流基波的正、负、零序分量将产生定子铜耗，负序分量还会产生转子铜耗，与其对应的单向转矩为

$$\begin{aligned} T_{e(av1)} &= I_{+m}^2 R_a + I_{-m}^2 R_- + I_{0m}^2 R_0 + I_{-m}^2 (R_- - R_a) \\ &= I_{+m}^2 (2R_- + R_0) = \left(\frac{E_{0m}F}{X''_d + X_- + X_0} \right)^2 (2R_- + R_0) \end{aligned} \tag{4-72}$$

式中，I_{+m}、I_{-m}和I_{0m}分别为基波正、负、零序电流幅值，且有

$$I_{+m} = -I_{-m} = I_{0m} = \frac{E_{0m}F}{X''_d + X_- + X_0} \tag{4-73}$$

R_a、R_-和 R_0 分别为正、负、零序电阻。与定子电流高次谐波铜耗相对应的电磁转矩忽略不计。单向转矩的第二部分 $T_{e(av2)}$，是与定子电流高次谐波铜耗相对应的电磁转矩，即

$$T_{e(av2)} = \frac{1}{2}(I_{dm}^2 R_d + I_{qm}^2 R_q) \tag{4-74}$$

式中，I_{dm}、I_{qm}分别为定子电流 d、q 轴分量中基波的幅值，它大体上与定子电流中的直流分量相对应，即存在

$$\begin{cases} I_{dm} = -\dfrac{2E_{0m}G}{X''_d + X_- + X_0}\cos\theta_0 \\ I_{qm} = \dfrac{2E_{0m}G}{X''_q + X_- + X_0}\cos\theta_0 \end{cases} \tag{4-75}$$

于是

$$T_{e(av2)} = \frac{1}{2}\left[\left(\frac{2E_{0m}G}{X''_d + X_- + X_0} \right)^2 R_d + \left(\frac{2E_{0m}G}{X''_q + X_- + X_0} \right)^2 R_q \right] \cos^2\theta_0 \tag{4-76}$$

(5) 总电磁转矩

总电磁转矩为式（4-71）、式（4-72）、式（4-74）和式（4-76）四部分之和，即

$$
\begin{aligned}
T_{\mathrm{e}} = & \frac{2E_{0\mathrm{m}}^{2}}{X''_{\mathrm{d}}+X_{-}+X_{0}}\{[FG\cos\theta_{0}(\sin\theta+3b_{0}\sin3\theta+5b_{0}^{2}\sin5\theta+\cdots)]- \\
& \left(F^{2}\frac{X_{-}+0.5X_{0}}{X''_{\mathrm{d}}+X_{-}+X_{0}}-G^{2}\frac{X''_{\mathrm{d}}-X_{-}}{X_{-}+0.5X_{0}}\cos^{2}\theta_{0}\right)(\sin2\theta+2b_{0}\sin4\theta+ \\
& 3b_{0}^{2}\sin6\theta+\cdots)\}+\left(\frac{E_{0\mathrm{m}}F}{X''_{\mathrm{d}}+X_{-}+X_{0}}\right)^{2}(2R_{-}+R_{0})+ \\
& 2E_{0\mathrm{m}}^{2}G^{2}\cos^{2}\theta_{0}\left[\frac{R_{\mathrm{d}}}{(X''_{\mathrm{d}}+X_{-}+X_{0})^{2}}+\frac{R_{\mathrm{q}}}{(X''_{\mathrm{q}}+X_{-}+X_{0})^{2}}\right]
\end{aligned}
\tag{4-77}
$$

根据式（4-67）可知，定子电流第一个分量为直流瞬态分量和以 $3E_{0\mathrm{m}}$ $\left(\frac{1}{X'_{\mathrm{d}}+X_{-}+X_{0}}-\frac{1}{X_{\mathrm{d}}+X_{-}+X_{0}}\right)$为幅值、$T'_{\mathrm{d1}}$衰减的瞬态分量以及$\left(\frac{1}{X''_{\mathrm{d}}+X_{-}+X_{0}}-\frac{1}{X'_{\mathrm{d}}+X_{-}+X_{0}}\right)$为幅值、$T''_{\mathrm{d1}}$衰减的一系列奇次谐波，第二个分量为与 θ_0 有关的以 T_{a1} 衰减的一系列偶次谐波。

从式（4-68）可以看出，励磁电流四个分量组成：第一个分量为外加励磁电压所产生的稳态直流分量；第二个分量为以 T'_{d1} 衰减的瞬态直流分量；第三个分量为以 T'_{d1} 衰减和常数值的偶次谐波瞬态分量；第四个分量为以 T_{a1} 衰减的奇次谐波。

式（4-77）中的奇次谐波与 FG 和 $\cos\theta_0$ 成正比，如果 $\theta_0=90°$ 此项将等于 0。式（4-77）中的偶次谐波由两相组成，一项与$\cos^2\theta_0$ 和 G^2 成正比，它是一项由超瞬态凸极效应所形成的磁阻转矩；另一项则与 F^2 成正比，即使 $t\rightarrow\infty$ 时，它仍有一个稳态项。

4.2.3 三相永磁同步电动机动态过程

1. 异步起动三相永磁同步电动机的起动

异步起动永磁同步电动机以其优异的性能而备受人们关注。但异步起动永磁电动机在起动方面的诸多问题也成为制约其发展的因素。分析可知其整个起动过程是个异步起动过程，电动机中部分参数受到电压、电流等电量的影响，变化很大，这些参数又对电动机起动性能有很大影响。另外，在永磁电动机的起动过程中，永磁体磁场对电动机起动性能的影响很大，因此较异步电动机和电励磁同步电动机的异步起动过程更为复杂。永磁同步电动机的异步起动过程可以分为两个阶段：第一为异步起动阶段，第二为牵入同步阶段。在异步起动阶段，电动机从投入电网起动开始，在异步转矩、永磁发电制动转矩和由转子磁路不对称引起的磁阻转矩以及单轴转矩等的共同作用下，从静止逐渐加速，其间会在永磁体脉振转矩的作用下，出现转速振荡。因此这个过程中转速是振荡上升的。在起动过程中，只有异步转矩为驱动性质的转矩，是电动机得以加速的动力来源，而其他几种转矩基本上均为制动性质。当转速加速接近同步转速后，永磁同步电动机在永磁脉振转矩的作用下，转速达到甚至超过同步转速，出现转速超调现象。然后经过一段时间的转速振荡，最后在同步转矩的作用下被牵入同步。

异步起动三相永磁同步电动机的定子有三相对称分布绕组，转子上有笼型绕组和永磁体。在异步起动三相永磁同步电动机的定子绕组端施加三相对称电压，绕组中便有三相对称电流流通，三相对称电流产生旋转磁场，定子旋转磁场切割转子绕组产生多相对称电流，转

子电流产生转子旋转磁场，相对静止的定、转子基波旋转磁场相互作用产生异步电磁转矩，使转子加速，当转子加速到接近同步转速时，转子永磁磁场与定子旋转磁场的转速非常接近，两者相互作用，产生电磁转矩将转子牵入到同步运行状态。

2. 矢量控制

永磁同步电动机以其体积小、原理简单、效率高等优点被广泛应用。目前主流控制策略包括磁场定向矢量控制和直接转矩控制。直接转矩控制原理简单，系统动态性能好，但转矩脉冲大、控制精度低，低速性能不佳。如今，对于永磁同步电动机，运用较为广泛的控制方法是矢量控制。矢量控制策略可获得最大线性转矩，也可利用电动机的过载能力，提高电动机起、制动速度，保证电动机制动性能。矢量控制是一个双闭环控制系统，包括转速外环控制和电流内环控制。常用转速环控制有比例谐振控制、PI 速度控制和滑模速度控制等。速度控制利用基频处的谐振得到基频处的增益，实现无静差控制，但对于非基频处的谐波无法消除。PI 速度控制结构简单，但抗干扰能力差，稳态精度低。

三相永磁同步电动机矢量控制系统包括位置、转速、电流 3 个闭环，其中转速环、电流环均采用 PI 控制调节器。整个矢量控制系统包括定子电流检测、转子位置与速度检测、速度调节器、电流调节器、克拉克（Clarke）变换、派克变换与反变换、电压空间矢量 SVPWM 调节等环节，其系统框图如图 4-7 所示。系统采用旋转编码器作为位置检测，旋转编码器具有性能稳定、测量精度高、使用寿命长等特性，可以大大提高电动机控制系统的稳定性。另外系统采用 $i_d=0$ 控制方式，电磁转矩 T_e 与转子磁链和定子电流 q 轴分量成正比，参数之间可相互解耦，因此只要在运行过程中保持 $i_d=0$，电磁转矩就只受定子电流 q 轴分量的控制，从而使永磁同步电动机在采用矢量控制时获得与直流电动机相同的控制性能。

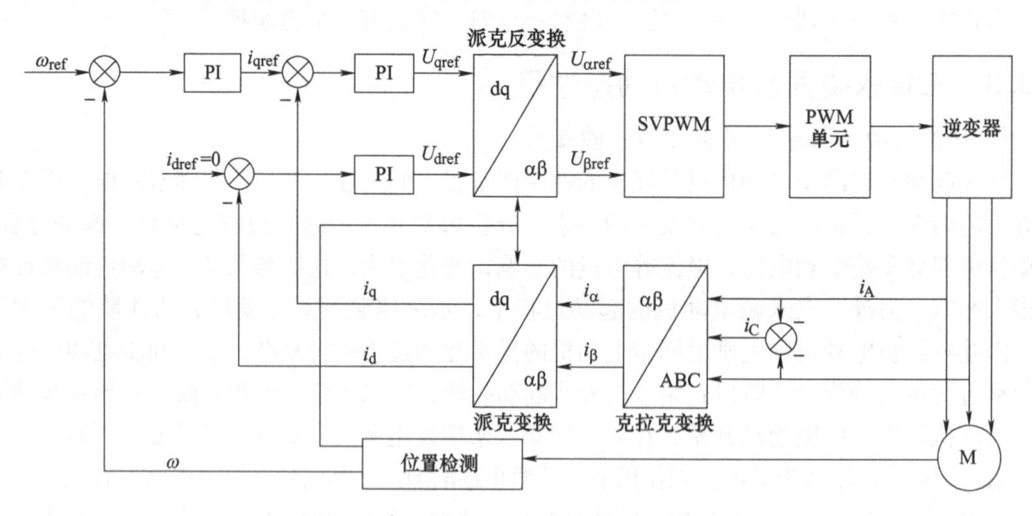

图 4-7　永磁同步电动机矢量控制系统框图

3. 异步起动三相永磁同步电动机的制动

矢量控制系统有两种制动方式，分别是双环制动与单环制动，双环制动即转速环与电流环同时发挥作用，而单环制动是将转速环（外环）切除后，电流环单独进行的制动，因此在仿真建模中要设计转速环的切除环节。其中电流环作为内环，在转速环发挥作用的过程中，它能使电流输出跟随其给定值的变化，即转速环调节器的输出值。其中反电动势是一个变化非常慢的扰动量，因此在电流的调节过程中，将反电动势的影响忽略不计。

4.3 同步电机的仿真与分析

4.3.1 电励磁三相同步电动机仿真分析

根据式（4-1）~式（4-5），利用S-Function函数模块建立的三相同步电动机Simulink标幺值仿真模型如图4-8a所示。子模块abc－dq（pu）和dq－abc（pu）分别为直角坐标系与

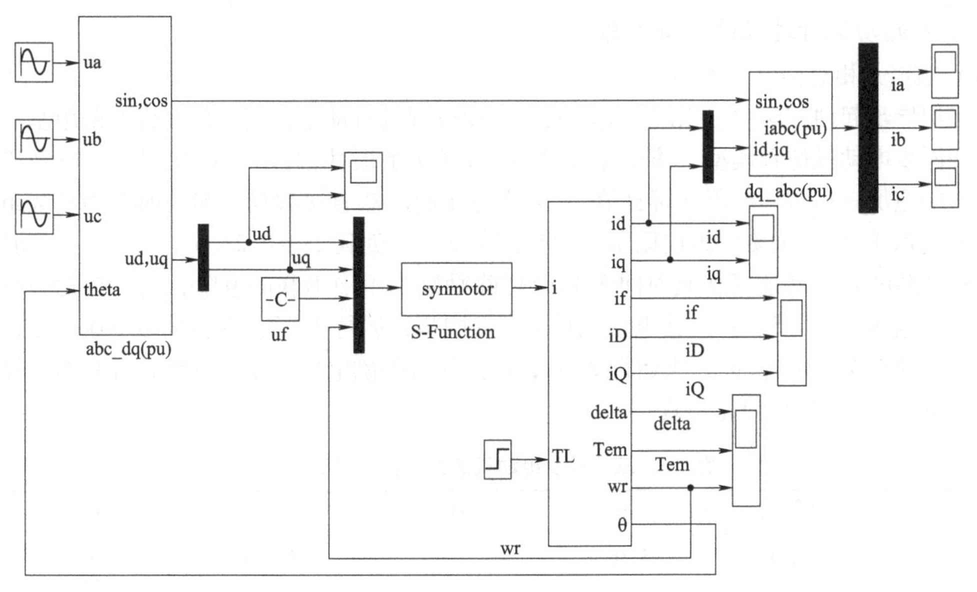

a) 三相同步电动机仿真模型

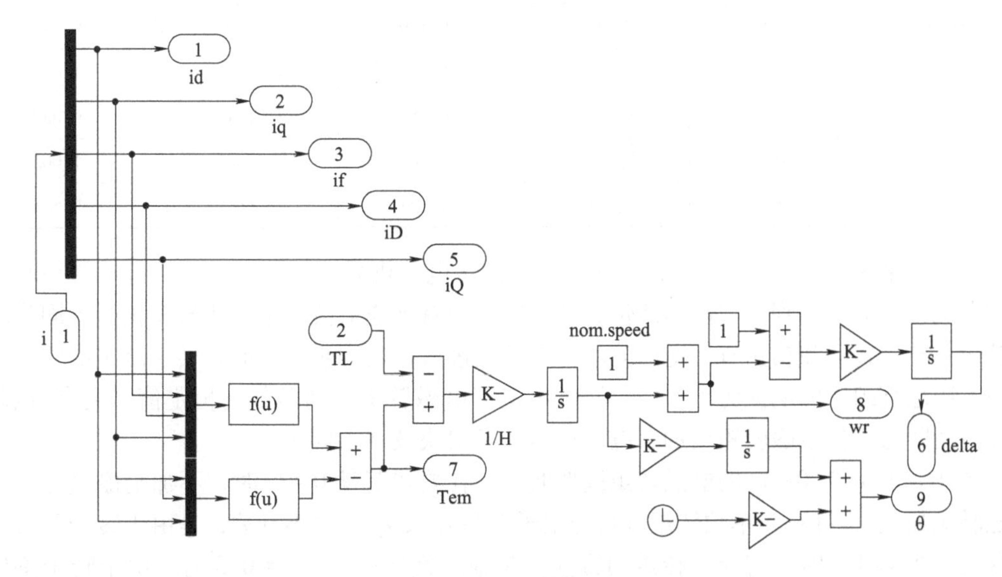

b) 子系统模型

图4-8　S函数的三相同步电动机仿真模型

旋转坐标系相互转换模块。S 函数的 m 文件命名为 synmotor，应用程序来计算定、转子电流。转矩输入可以设置为常数值，也可以设置成某一时刻激励。根据式（4-4）和式（4-5）建立的子系统如图 4-8b 所示，可分别得出电磁转矩和转速参数。

同步电动机在起动时，励磁绕组会最先通过电阻短路，之后会将定子绕组与三相交流电源相接，转子起动绕组中定子旋转磁场会形成电流及感应电动势，与此同时转子起动绕组与定子旋转磁场形成相互作用而产生异步电磁转矩，当同步电动机起动时，转速上升并达到同步转速的95%左右时，励磁绕组被接到直流电源上，转子会建立起励磁磁场，这样转子磁场与定子旋转磁场的转速非常接近，这两个磁场相互吸引，便将转子牵入同步。

1. 异步起动运行过程的动态仿真

（1）额定三相对称电压起动

这里用异步起动方法对三相同步电动机的起动过程进行动态仿真，仿真模型采用基相坐标的三相同步电动机仿真模型，仿真参数见表 4-1（H 是惯性常数）。在三相同步电动机的定子绕组端施加三相对称电压（标幺值），采用异步起动法直接起动。起动前在励磁绕组中串联电阻（取 10 倍的励磁绕组电阻值），转子转轴上接负载 $T_L=0.2$p. u. 。电动机起动后，当转速达到 90%额定转速（仿真时间 2s）时切除励磁绕组中串联的电阻，同时在励磁绕组端施加励磁电压（0. 095p. u. ）使电动机转子牵入同步，运行 2s 后，保持励磁电压不变，将负载突然增加至 $T_L=0.7$p. u. ，再运行 2s 后，还是保持励磁电压不变，将负载再突然增加至 $T_L=1.5$p. u. ，运行 2s 后停止仿真。

表 4-1　三相同步电动机的额定值和参数

参数	额定值	参数	额定值	参数	额定值
P_N/MW	1. 1111	R_s/p. u.	0. 01	L_f/p. u.	1. 178
U_N/kV	3	R_f/p. u.	0. 00211	L_D/p. u.	1. 135
f/Hz	50	R_D/p. u.	0. 129	R_Q/p. u.	0. 646
H/s	2. 723	R_Q/p. u.	0. 0995	L_d/p. u.	1. 089
$2p$	6	L_1/p. u.	0. 084	L_q/p. u.	0. 632
ω_b	100π	L_{md}/p. u.	1. 005	M_{md}/p. u.	1. 005
U_f/p. u.	0. 0031996	L_{mq}/p. u.	0. 548	M_{mq}/p. u.	0. 548

从仿真结果（图 4-9）可知，本例中三相同步电动机采用异步起动时，起动转矩和定子起动电流并不大，不到额定值的两倍，转子绕组中有感应电流，电动机转子被牵入同步时电磁转矩、转子转速和功角有一定的波动。电动机进入稳定同步运行时，转子绕组的感应电流消失，阻尼绕组中的电流为零，定、转子电流、电磁转矩、功角都为恒定值。突增负载时，转速有所降低，但电磁转矩增加，电动机转子又很快被牵入同步。

图 4-10 所示为 0~4s 的电磁转矩波形曲线。在异步起动 0~2s 时，不加励磁电源，此时电磁转矩如式（4-19），单轴转矩分量与定子电阻 r_s 及 I_2 的大小有关，是由于转子不对称而引起的，当 $s>0.5$ 时，与异步转矩同方向，是拖动性质的；当 $s=0.5$ 时，由于转子感应电流产生的反转磁场分量与定子相对静止，而定子绕组中相应的电流 I_2 为 0；当 $s<0.5$ 时，该转矩分量为负的，与异步转矩反方向即为制动性质转矩。

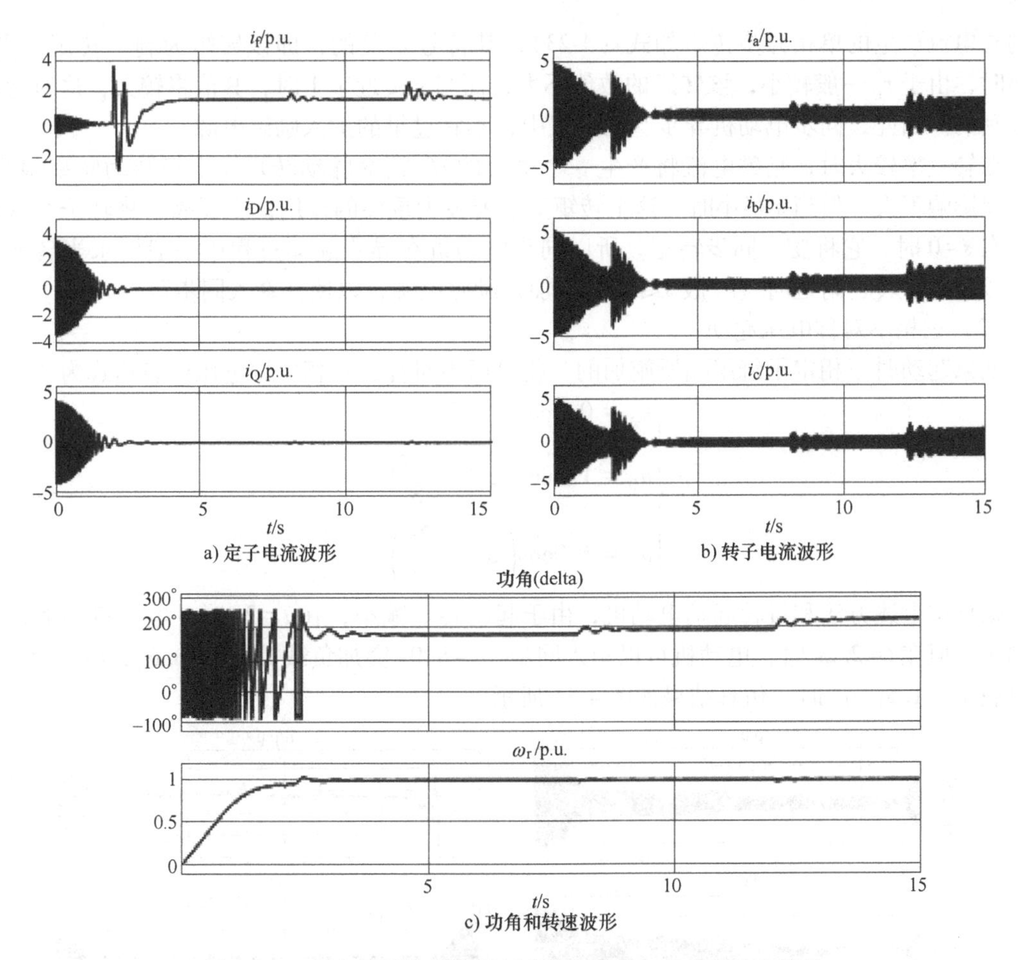

a) 定子电流波形

b) 转子电流波形

c) 功角和转速波形

图 4-9　三相凸极同步电动机起动过程和突加负载的动态特性

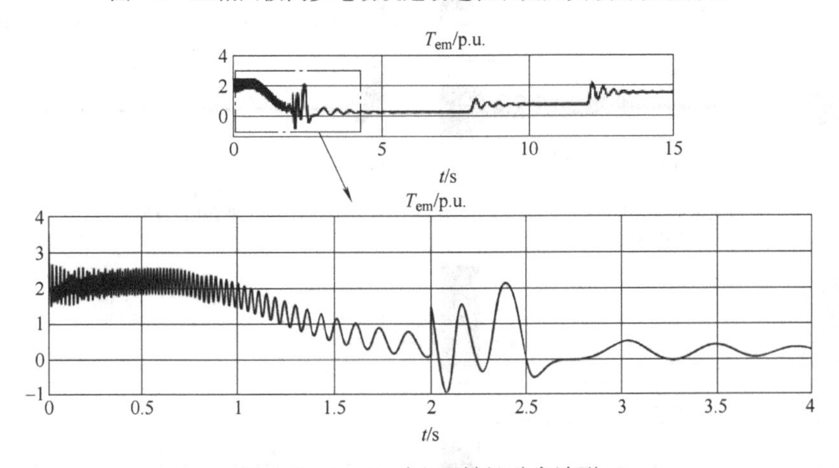

图 4-10　0~4s 时电磁转矩动态波形

在 2~4s 时，同步电动机异步起动至接近同步转速时，励磁回路加入励磁电源，从而使其牵入同步。如不考虑过渡过程，在加入直流励磁电流后，除了前面讨论的单向转矩及 $2sf_1$ 频率的脉动转矩外，还将出现由励磁电流产生的单向异步转矩以及 sf_1 频率的脉动转矩，其中励磁电流产生的单相异步转矩如式（4-23），其符号是负的，即该转矩为制动转矩，当 s 很小时，由于 r_s 一般较小，该转矩的数值不大，而当 s 接近于 1 时，其值将较大，这对起动是不利的。因此，同步电动机异步起动过程中，不宜过早的加入励磁电源。

在转差率较大时，励磁电流将产生一个很大的 sf_1 频率脉动转矩，由于脉动频率很高，对转速影响不大。但当 s 很小时，这个转矩又起着极为重要的作用，主要靠它将转子牵入同步，在 $s=0$ 时，它将变为同步转矩。所以同步电动机在异步起动过程中一般要求当转速上升至接近同步转速附近时（一般 $s\leqslant 0.05$）加入励磁电源，以使其牵入同步运行。

（2）三相不对称电压起动

如果起动时三相定子绕组端所施加的三相电压不对称，三相电源电压的表达式为

$$\begin{cases} u_A = 0.9\cos\omega_1 t \\ u_B = 1.0\cos\left(\omega_1 t - \dfrac{2\pi}{3}\right) \\ u_C = 1.0\cos\left(\omega_1 t + \dfrac{2\pi}{3}\right) \end{cases} \tag{4-78}$$

则仍按上述方法和过程起动电动机，由于起动转矩减小，在 $t=2\text{s}$ 时，电动机不能被牵入同步，但在 $t=2.2\text{s}$ 时，电动机可以牵入同步。$t=8.0\text{s}$ 突加负载 $T_L=0.7\text{p.u.}$，$t=12.0\text{s}$ 突加负载 $T_L=1.5\text{p.u.}$ 时，仿真结果如图 4-11 所示。

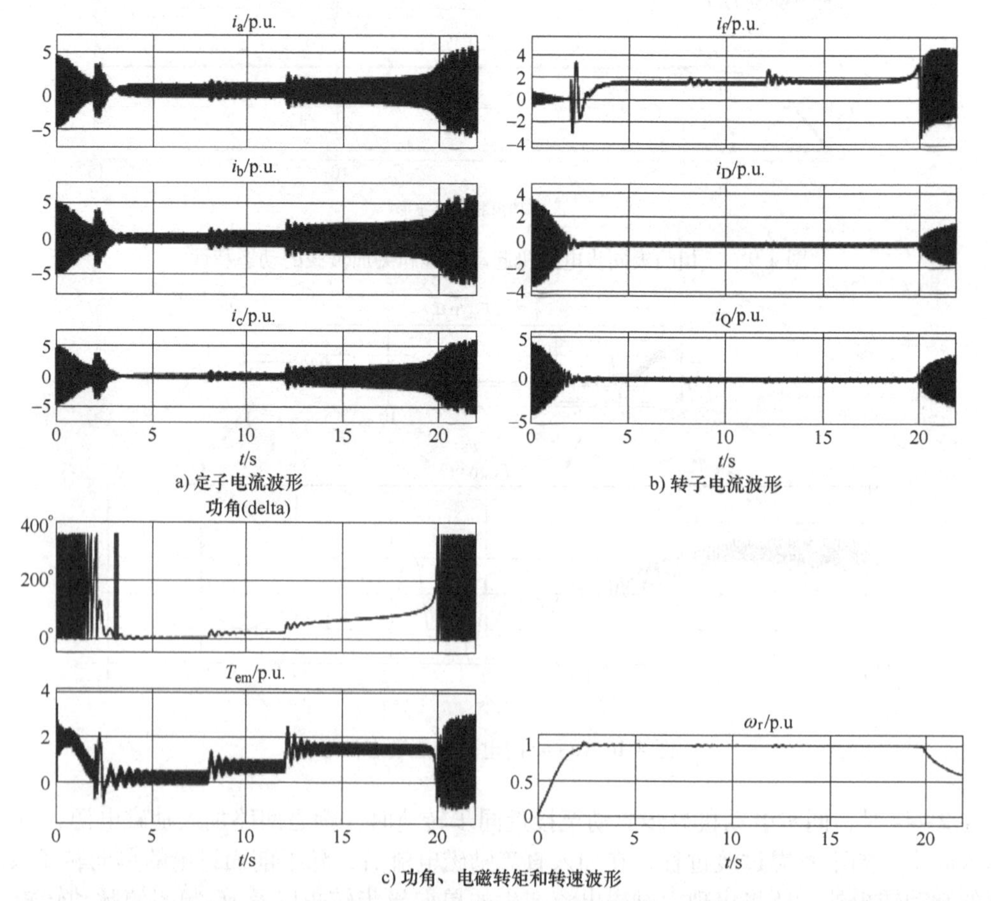

图 4-11　三相凸极同步电动机在不对称电压下（幅值不相等）起动和突加负载的动态特性

从图 4-11 可知，本例中三相同步电动机在不对称电压下（A 相电压幅值减小 10%）异步起动时，定子三相电流不平衡，B 相电流最大，电磁转矩减小，电动机转子仍可以牵入同步，但起动时间延长，电动机带负载的能力减小，电动机拖动恒转矩负载 $T_L=0.7\text{p.u.}$ 时完成起动，转速、转矩稳定，但在 $T_L=1.5\text{p.u.}$ 时将失去同步。

电源电压的幅值相等，但相位彼此不是相差 120°，例如三相电源电压的表达式为

$$\begin{cases} u_A = 1.0\cos(\omega_1 t) \\ u_B = 1.0\cos\left(\omega_1 t - \dfrac{5\pi}{9}\right) \\ u_C = 1.0\cos\left(\omega_1 t + \dfrac{2\pi}{3}\right) \end{cases} \tag{4-79}$$

在与上述相同的仿真步骤下的仿真结果如图 4-12 所示。

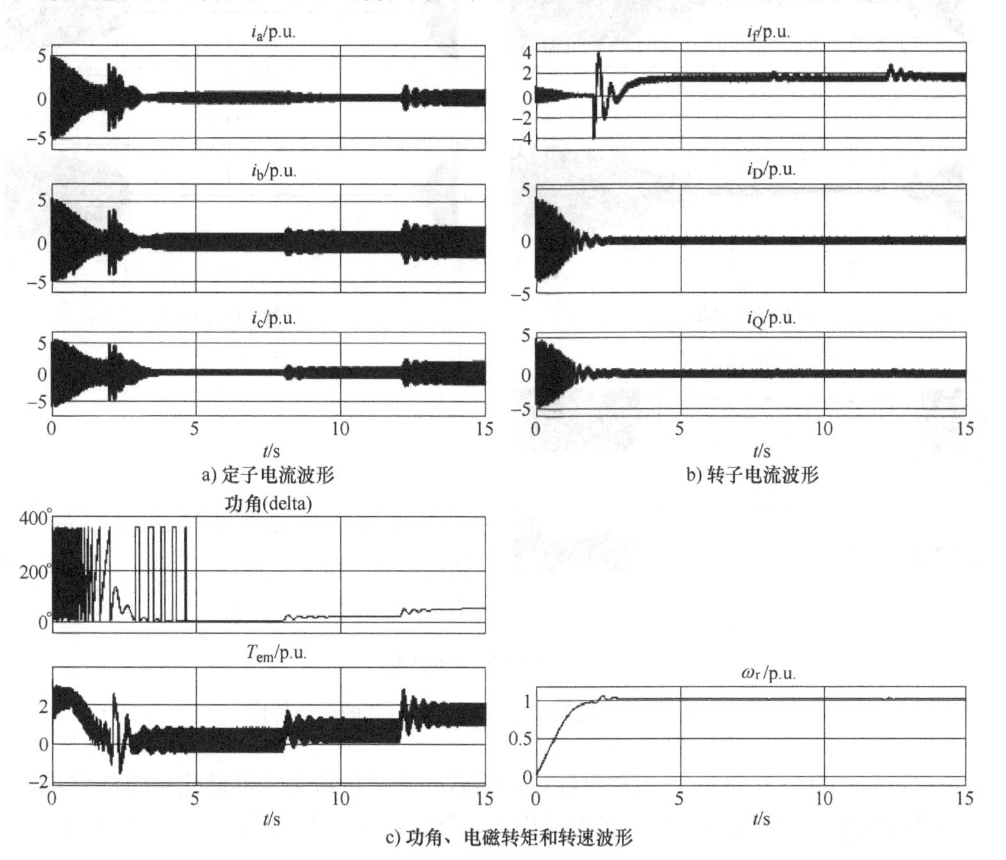

a) 定子电流波形
b) 转子电流波形
c) 功角、电磁转矩和转速波形

图 4-12　三相凸极同步电动机在不对称电压下（相位不对称）的起动和突加负载的动态特性

本例中，三相同步电动机在不对称电压下（三相电压相位不对称）异步起动时，定子三相电流不平衡，电磁转矩减小，电动机转子仍可以牵入同步，但起动时间延长。与上述电压幅值不相等的情况相比，在起动过程中，定子电流较大。同步稳定运行时，即使在轻载情况下，定子绕组中总有一相（B 相）电流很大，超过额定值，而转子绕组中有较大的两倍电源频率的感应电流，电磁转矩也有较大的两倍电源频率的脉振分量。电动机拖动恒转矩负载 $T_L=1.5\text{p.u.}$ 时不会失去同步。

(3) 突加负载

在三相对称电源下起动，在 8s、10s 时分别给电动机增加负载，仿真实验电动机的过载情况，还能得出过载情况下电流及转矩、转速变化情况，如图 4-13 所示。

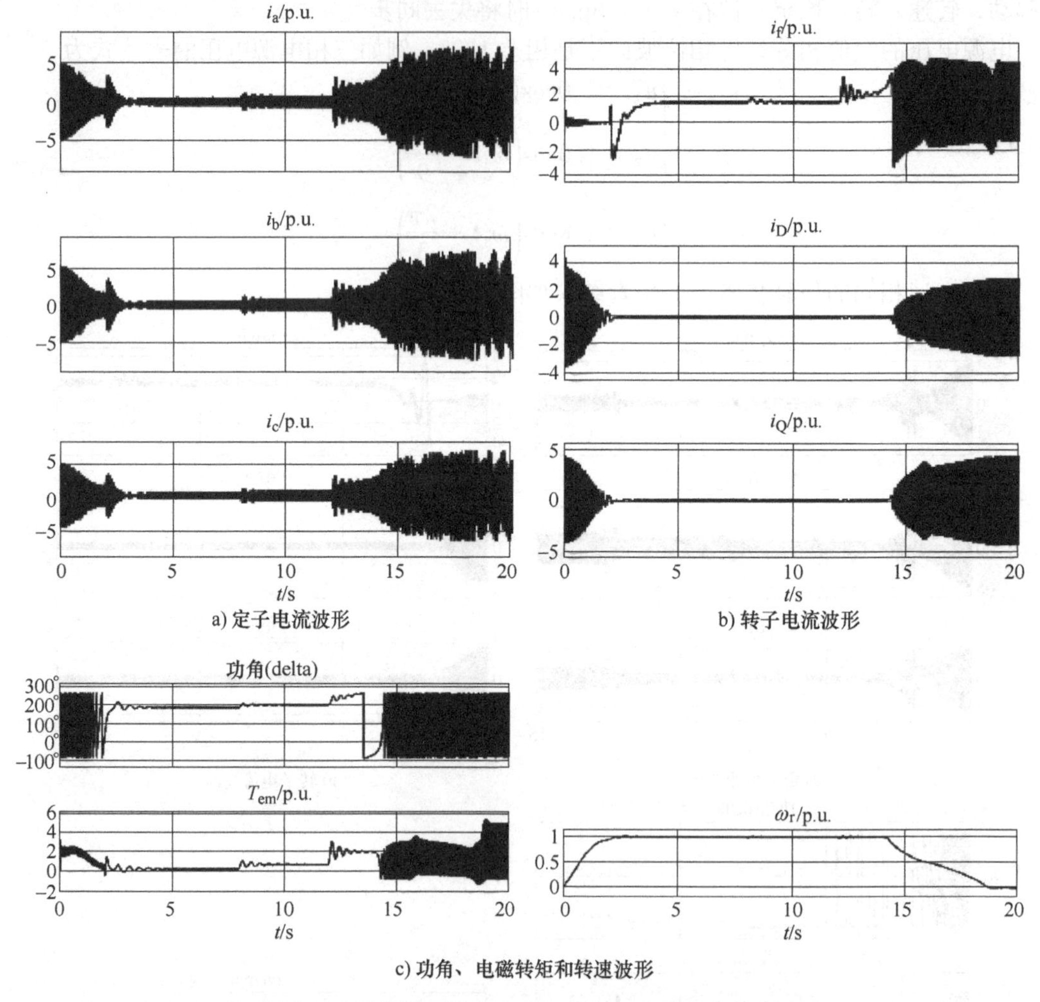

图 4-13 三相凸极同步电动机突加负载的动态特性

最终的负载转矩为 1.5p.u.，电动机经过振荡后处于平稳状态，可见此时的负载转矩在电动机可承受的最大负载转矩范围内，当电动机的最终负载转矩为 2p.u. 时，从仿真结果可知，电动机由于负载过大，使得 $T_e<T_L+T_0$，则 $T_e-T_L<2Hp\dfrac{\omega_r}{\omega_b}$，最终电动机转速下降至 0，电枢电流也随之增大，可见由于负载转矩过大，电动机无法拖动旋转，电动机很快会因过热而烧毁。

2. 变频起动运行过程的动态仿真

变频调速很容易实现电动机的正、反转。只需要改变变频器内部逆变器件的开关顺序，即可实现输出换相，也不存在因换相不当而烧毁电动机的问题。变频调速系统起动大都是从低速开始，频率较低。加、减速时间可以任意设定，故加、减速时间比较平缓，起动电流较小，可以进行较高频率的起停。变频调速系统制动时，变频器可以利用自己的制动回路，将机械负载的能量消耗在制动电阻上，也可回馈给供电电网，但回馈给电网需增加专用附件，投资较大。除此之外，变频器还具有直流制动功能，需要制动时，变频器给电动机加上一个直流电压进行制动，不必另加制动控制电路。

电动机的仿真模型采用三相同步电动机仿真模型，仿真参数见表4-1，仿真模型如图4-14a所示，惯性常数仍为2.72H。图4-14b所示为变频电源逆变器（经输出滤波器）输出的A、B、C三相电压和经坐标变换后加在等效的定子绕组上的d、q轴电压。仿真时，求解器选用ode23t，变步长，最大步长为1e-4，相对误差为1e-6。先把励磁绕组接上直流励磁电源，所施加的励磁电压为U_f=0.0031996p.u.，并在仿真过程中保持不变。待励磁磁场稳定后再进行变频起动（转速开环恒压频比控制）。在变频-变幅正弦波发生器的仿真模型中，两个二维Lookup Table模块的设置分别为Vector of input values：[0 10 15 20 25 30]，Table data：[0 0.59 0.59 0.59 0.52 0.52] 和Vector of input values：[0 1]，Table data：[0.05 1]。电动机带有恒转矩负载T_L=0.3p.u. 起动至同步转速并运行一段时间，在t=15s时突加恒转矩负载T_L=0.9p.u.，惯性常数增为3H。运行5s后进行变频调速，直至仿真结束，这一过程的仿真结果如图4-15所示。

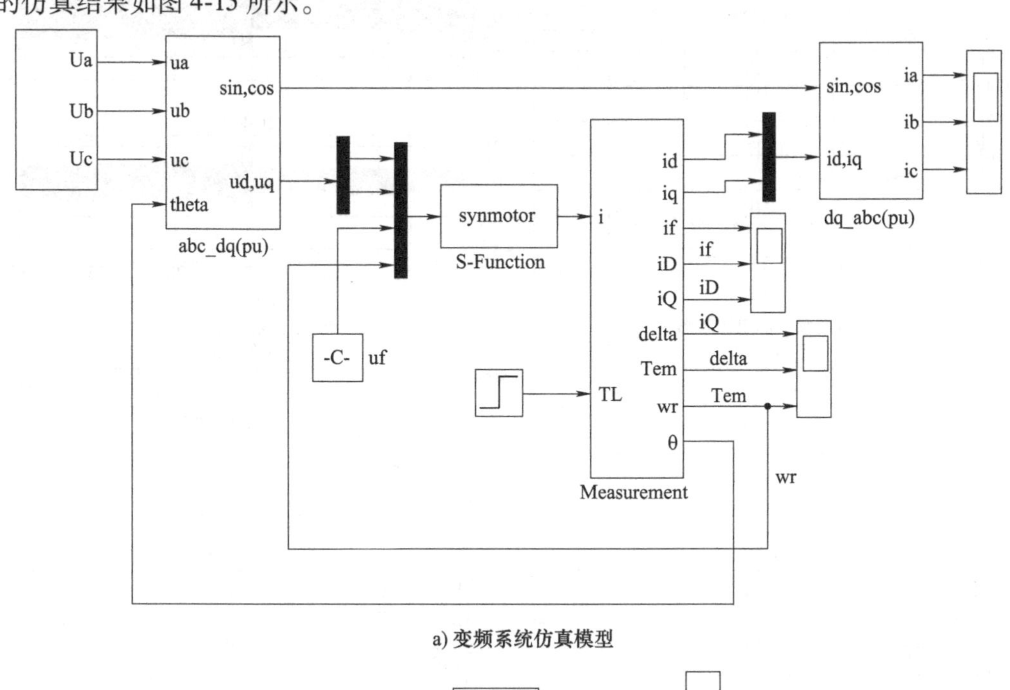

a) 变频系统仿真模型

b) 变频电源仿真模型

图4-14　变频起动同步电动机仿真模型

从图 4-15 所示的仿真结果可知，输出电压带有一定的谐波，所以电磁转矩也含有一定的脉振成分（尤其是在频率较高的时候）。这种变频起动属于软起动，定子电流基本上没有冲击电流，也基本上没有冲击转矩，转速平滑上升至同步转速。突加负载时，转速略有下降，但很快又恢复至同步转速。变频调速时，转速变化平稳，电动机最后可以平稳地运行在同步转速上。

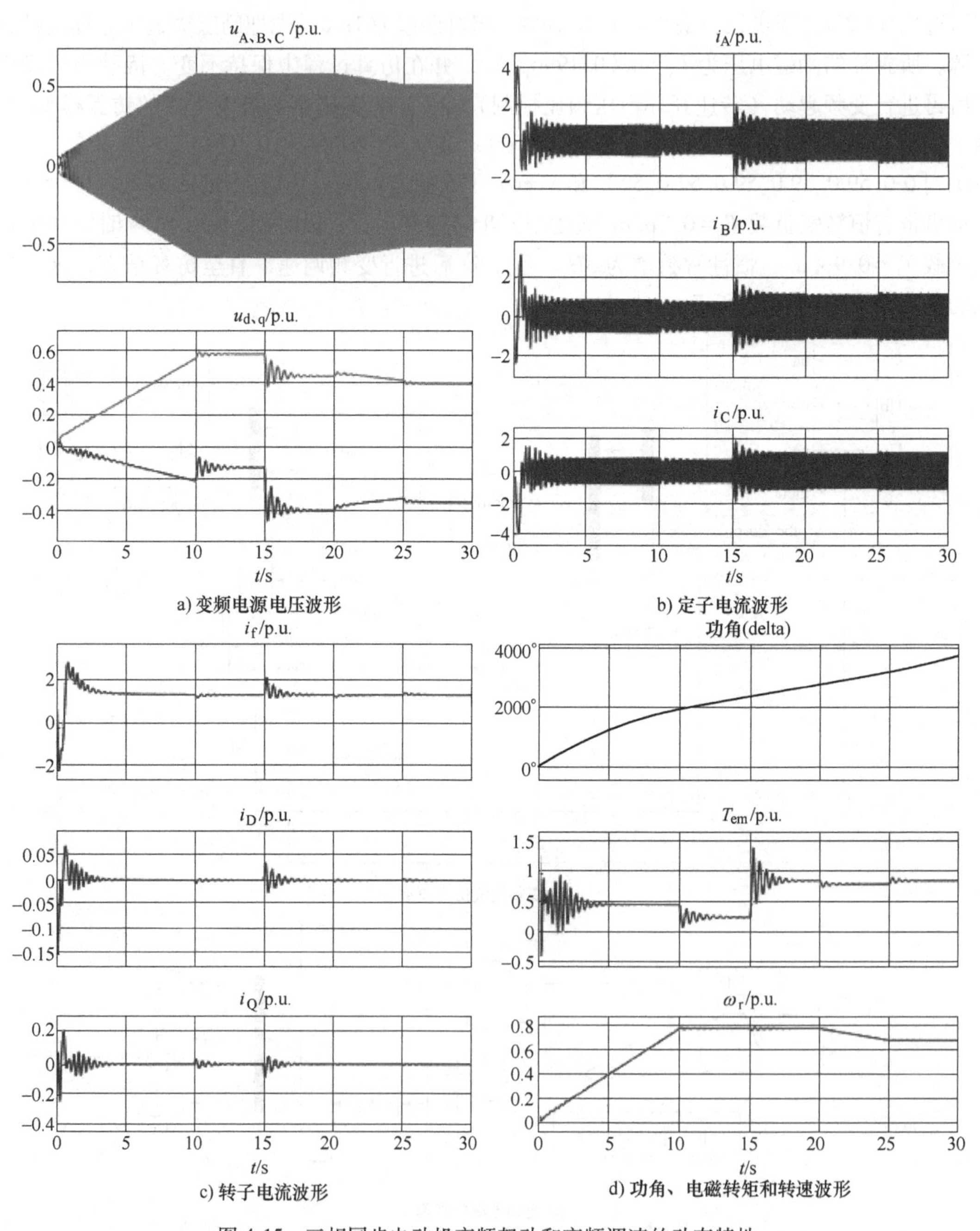

图 4-15　三相同步电动机变频起动和变频调速的动态特性

3. 三相同步电动机制动过程分析仿真

仿真模型采用基于相坐标系的三相同步电动机仿真模型，仿真参数见表4-1。电动机定子施加三相对称额定电压，且空载异步起动（$t=1s$ 时切除励磁绕组中的串联电阻，同时施加直流励磁电压），达到同步稳定运行时（$t=8s$）实行能耗制动，即保持励磁电压不变，断开输入端的电源，同时在三相定子绕组中串联相等电阻值的限流电阻（本例中，限流电阻值为 $0.01R_s$），定子绕组形成闭合回路。

转子主磁场切割定子绕组，在定子绕组中产生感应电流，定、转子电流相互作用产生制动性质的电磁转矩，实现制动。能耗制动的仿真结果如图4-16所示。限流电阻的大小与制动时转子电流的大小及电磁转矩的大小有关。电动机在5s时达到同步稳定状态，8s实行能耗制动，此时电流为流过定子绕组和限流电阻的电流。电磁转矩振荡幅值为之前的10倍。转速经过2s的直线减少，最终降为0，即电动机的停止。

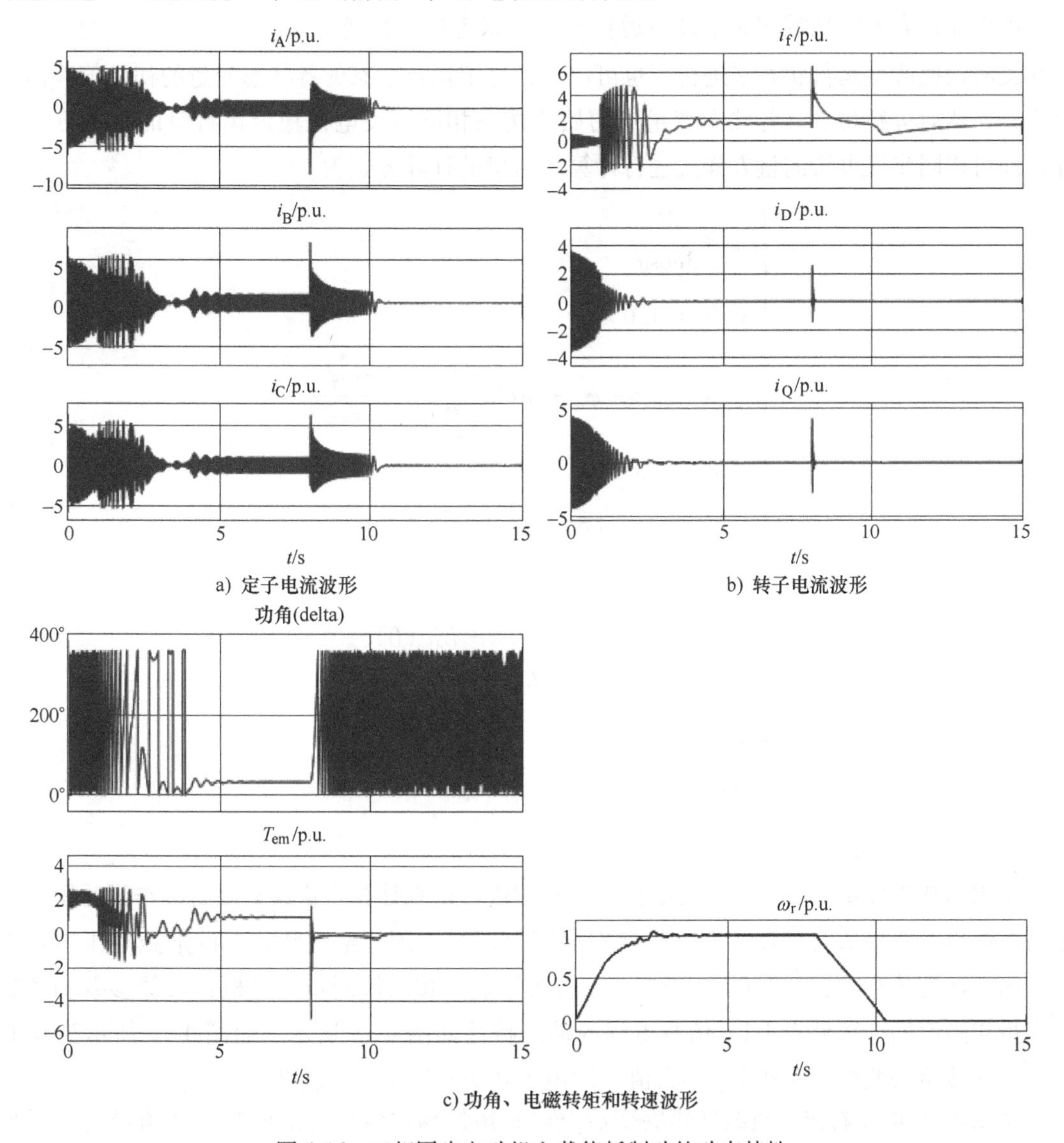

图4-16 三相同步电动机空载能耗制动的动态特性

4.3.2 三相同步发电机故障过程仿真分析

同步发电机的数学模型参考同步电动机的数学模型，在输入输出上设置相反即可。电动机中，输入为三相电流，输出为电磁转矩等参数，而发电机中，则是输入为负载转矩，输出为三相电压等参数，图 4-17 所示为封装后的同步发电机仿真模型。

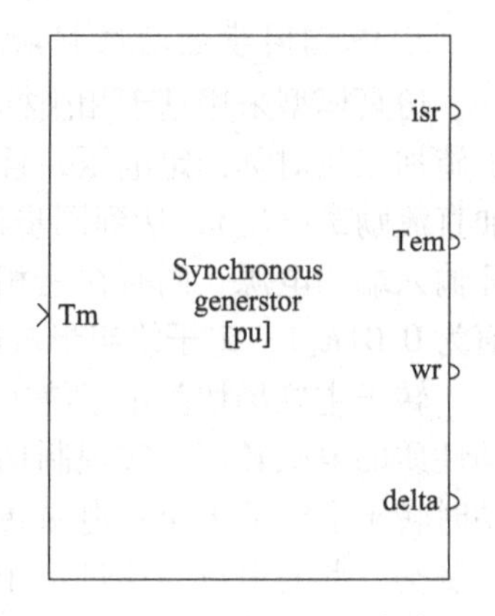

图 4-17 同步发电机仿真模型

设同步发电机的所有动态过程都是在 $t_0=0$ 时刻发生的。在这之前，发电机接在额定电压和额定频率的电网上稳定运行。对于动态过程发生前发电机运行于某一稳定状态的仿真计算，可以让仿真模型从零初始条件下运行至稳定状态后，再通过开关的切换改变运行状态来进行，也可以先把稳定运行状态的各状态变量的初始值算出并设定好，然后进行仿真。各状态变量的初始值按三相同步发电机稳定运行时的基本方程计算，即可按同步发电机向量方程式进行计算。这里的计算方式为

$$\begin{cases} i_{m0}=\dfrac{2P_0}{3\cos\varphi_0} \\ \omega_r(0)=1.0 \\ \delta(0)=\delta_0=-\varphi_0+\arctan\dfrac{L_q i_{m0}+\sin\varphi_0}{R_s i_{m0}+\cos\varphi_0} \\ i_d(0)=i_{m0}\sin(\delta_0+\varphi_0) \\ i_q(0)=i_{m0}\cos(\delta_0+\varphi_0) \\ i_0(0)=0 \\ i_f(0)=\dfrac{\cos\delta_0+R_s i_q(0)+L_d i_d(0)}{L_{md}} \\ i_D(0)=0 \\ i_Q(0)=0 \end{cases} \tag{4-80}$$

1. 输入转矩突变

应用 dq0 坐标系的三相同步发电机仿真模型进行仿真计算，将其封装后可作为通用的三相凸极同步发电机仿真模型。发电机接在电网上运行于理想空载状态，设励磁电压恒定不变，输入转矩从 0 突变到 1.0（标幺值）。仿真用的三相凸极同步发电机标幺值参数和各状态变量初始值的计算见表 4-1。仿真得到的动态特性如图 4-18 所示，而图 4-19 所示为 0.1s 时，负载转矩突变到 1.5 和 2（标幺值）时电磁转矩和转子角速度波形。

从图 4-18 可以看出，负载转矩突变后电磁转矩振荡幅值增大的同时，功角经过一系列的衰减振荡，逐步缓慢地上升，转速经过一系列振荡后，在 3s 左右达到稳定，回到同步转

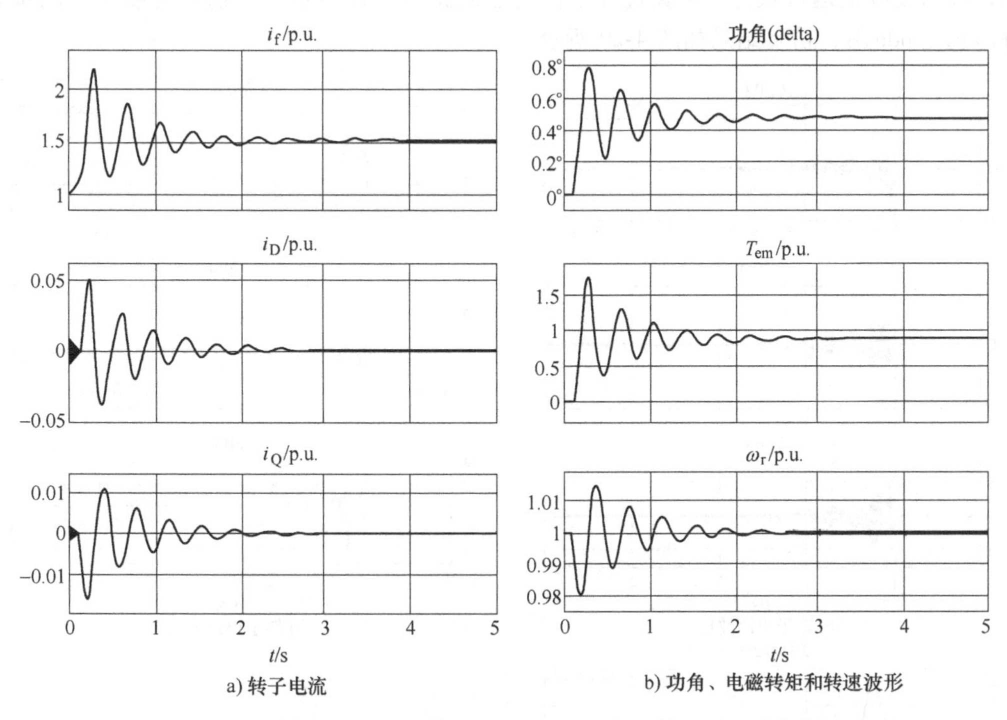

a) 转子电流　　b) 功角、电磁转矩和转速波形

图 4-18　同步发电机输入转矩突变为 0.8（标幺值）时的动态特性

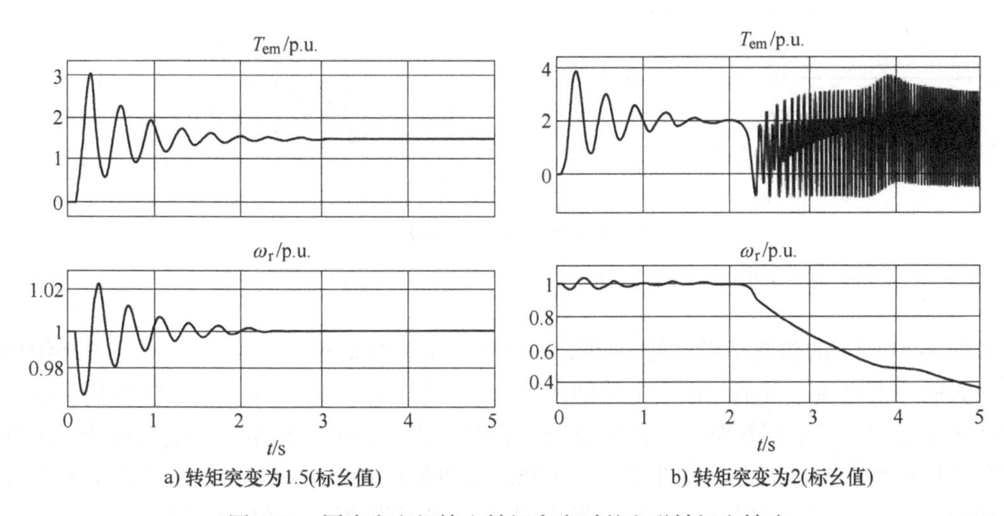

a) 转矩突变为1.5(标幺值)　　b) 转矩突变为2(标幺值)

图 4-19　同步发电机输入转矩突变时的电磁转矩和转速

速。对比图 4-18 中电磁转矩与图 4-19 两种转矩情况可以看出，负载突加转矩在 0.8 和 1.5 时，发电机可以承受，经过震荡最终稳定；而负载突加转矩达到 2（标幺值）时，电磁转矩波动无法控制，转速也在呈指数下降，致使发电机失步。

2. 定子端部三相对称突然短路

应用 dq0 坐标系的三相同步发电机仿真模型进行仿真计算。仿真用的发电机参数与上文相同。设发电机运行于额定状态，$t=1$s 时，定子端部发生三相突然短路，0.2s 后故障自行切除，并恢复额定运行状态。仿真过程中，励磁回路电压保持恒定。仿真时取变时间步长，求解器选用 odel5s，仿真结果如图 4-20 所示。

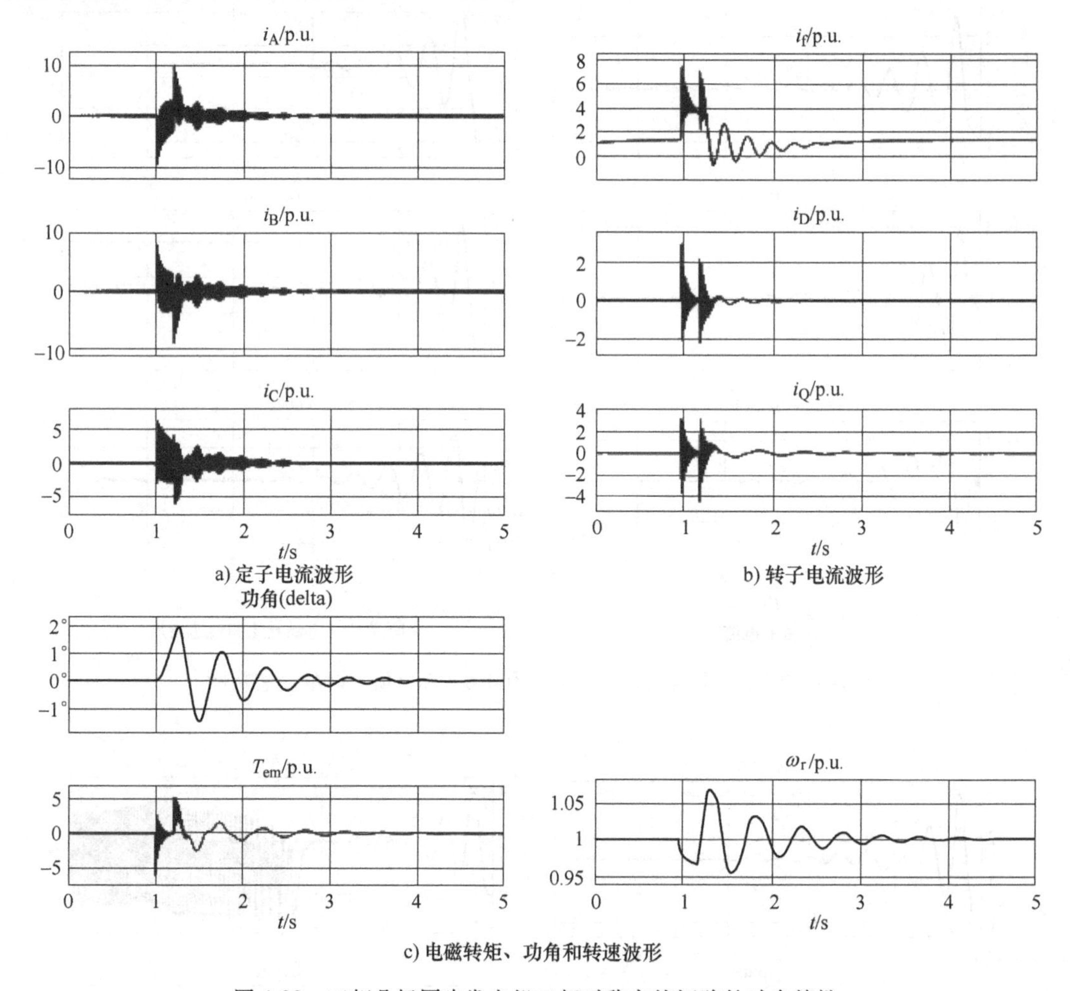

图 4-20　三相凸极同步发电机三相对称突然短路的动态特性

从图 4-20 所示的仿真结果可知，同步发电机发生三相对称突然短路时，定子绕组中出现了强大的冲击电流，其值达额定电流的 10 余倍，这个冲击电流将使定子绕组端部受到强大的冲击电磁力，可能损坏绕组，冲击电磁力将产生强大的电磁转矩，发电机可能发生强烈振动和出现很高的机械应力，另外定、转子绕组还可能出现过电压现象。从故障时刻到发电机自动切除故障这一时间段，可以看出发电机在三相短路故障时的瞬态反应，在 1.2s 之后发电机经过一系列衰减的振荡，各项参数逐渐稳定。

3. 定子两相对中性点突然短路

应用 dq0 坐标系的三相同步发电机仿真模型进行仿真计算。仿真用的发电机参数与上文相同。设发电机运行于额定状态，$t=1$s 时，定子两相对电网中性点突然短路，0.2s 后故障自行切除，并恢复额定运行状态。仿真过程中，励磁回路电压保持恒定。仿真时取变时间步长，求解器选用 odel5s，仿真结果如图 4-21 所示。

从图 4-21 所示的仿真结果可知，同步发电机发生两相对电网中性点突然短路时，定子

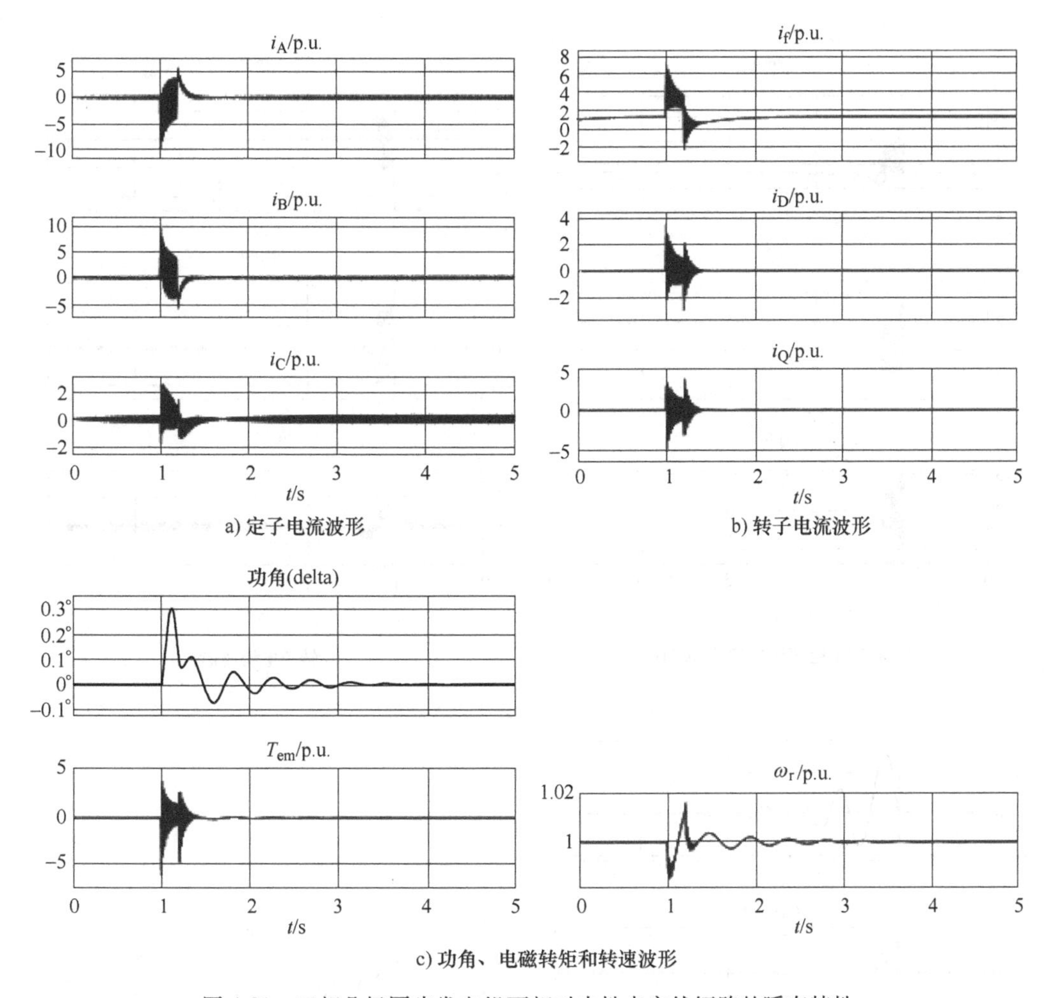

图 4-21　三相凸极同步发电机两相对中性点突然短路的瞬态特性

绕组中也出现了较强大的冲击电流，发生短路瞬间，A 相绕组的正向冲击电流的幅值为 4. 510p. u.，B 相绕组的反向冲击电流的幅值为-4. 987p. u.，C 相绕组的正向冲击电流的幅值为 2. 534p. u.。与三相突然短路相比，A、B、C 三相电流的数值均较小。

4. 定子单相对电网中性点突然短路

应用 dq0 坐标系的三相同步发电机仿真模型进行仿真计算。仿真用的发电机参数与上文相同。设发电机运行于额定状态，t=1. 00s 时，定子单相（A 相端点）对电网中性点突然短路，0. 2s 后故障自行切除并恢复额定运行状态。仿真过程中，励磁回路电压保持恒定。仿真时，取变时间步长，求解器选用 odel5s，仿真结果如图 4-22 所示。

从图 4-22 所示的仿真结果可知，同步发电机发生单相对电网中性点短路时，定子绕组中出现了较强大的冲击电流，短路相（A 相）的反向冲击电流幅值约为-10. 49p. u.，B、C 两相电流的数值均较小。

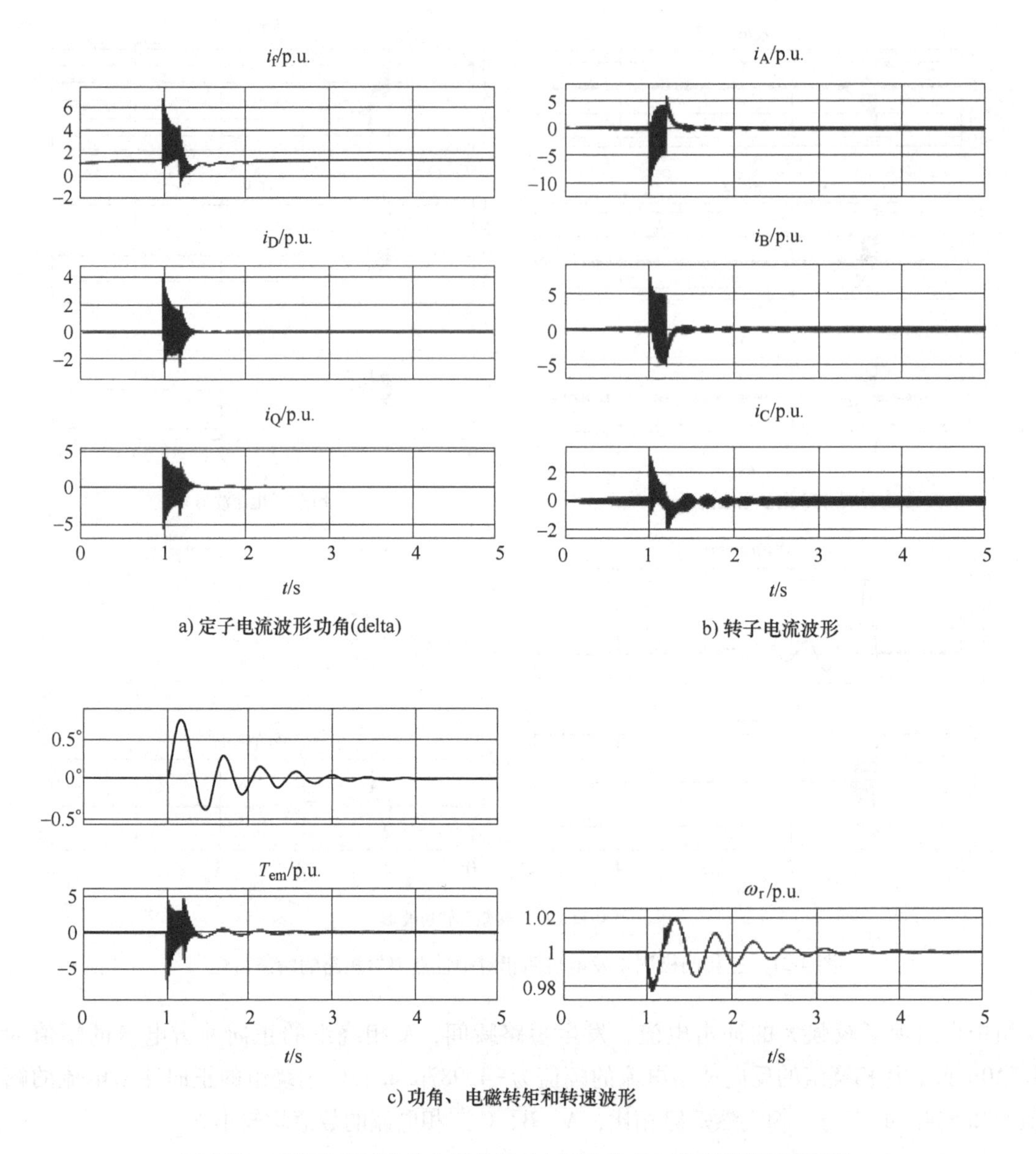

a) 定子电流波形功角(delta)　b) 转子电流波形

c) 功角、电磁转矩和转速波形

图 4-22　三相凸极同步发电机单相对电网中性点突然短路的瞬态特性

4.3.3　三相永磁同步电动机仿真分析

根据式（4-8）~式（4-10）以及转子运动方程式，用 MATLAB/Simulink 建立的仿真模型如图 4-23a 所示。转子电压子系统内部表示如图 4-23b 所示；定子电压子系统内部表示如图 4-23c 所示；磁通子系统的内部表示如图 4-23d 所示，在其中的增益模块中，令 k = inv（[Lsd 0 Lad 0；0Lsq 0 Laq；Lad 0 Lrd 0；0 Laq 0 Lrq]）；转矩子系统的内部表示如图 4-23e 所示；坐标变换子系统的内部表示分别如图 4-23f、g 所示。

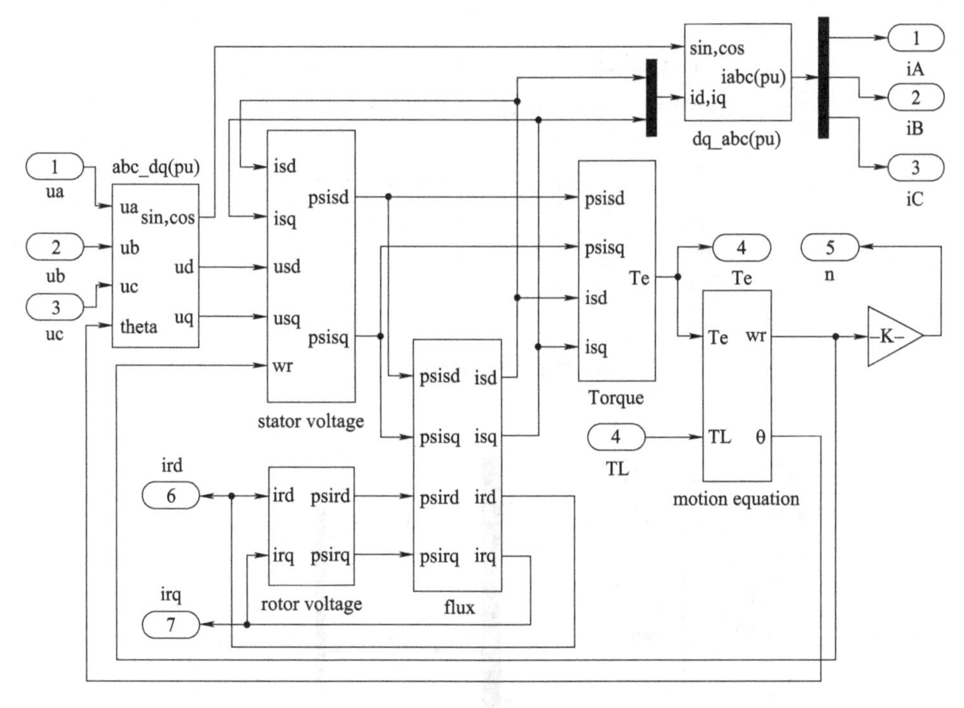

a) 基于转子dq坐标系的三相永磁同步电机仿真模型

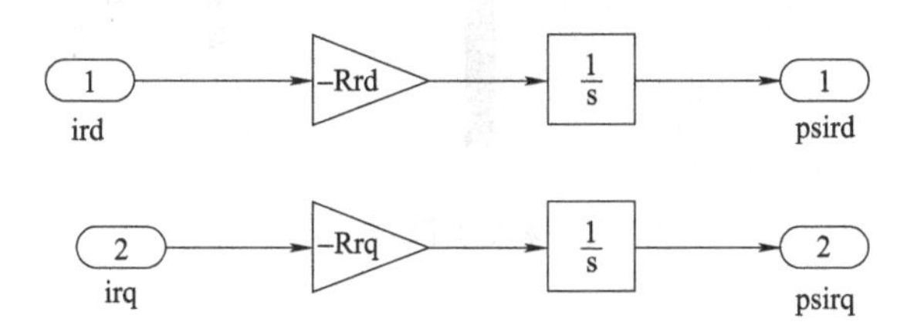

b) 转子电压子系统内部形式

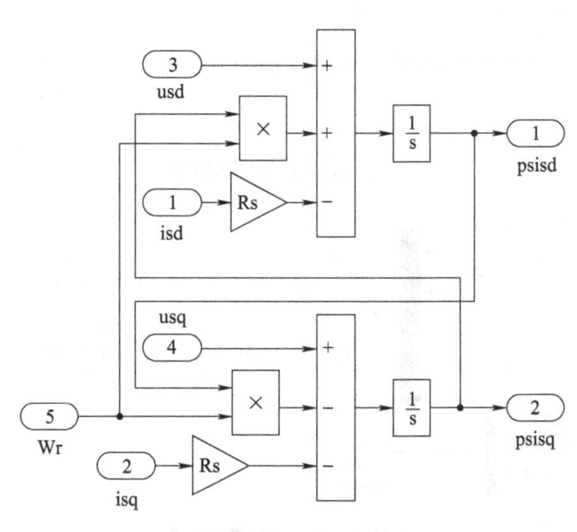

c) 定子电压子系统内部形式

图 4-23　异步起动三相永磁同步电机仿真模型

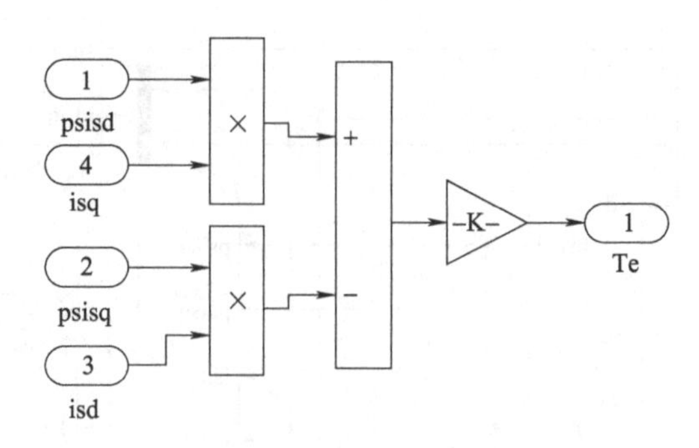

d) 磁通子系统内部形式

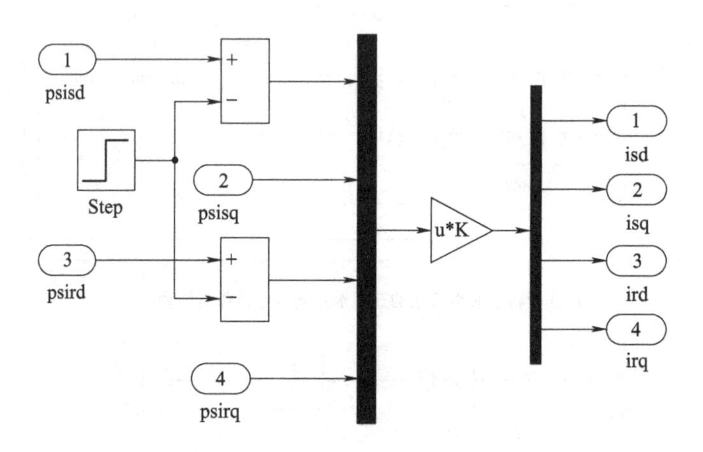

e) 转矩子系统内部形式

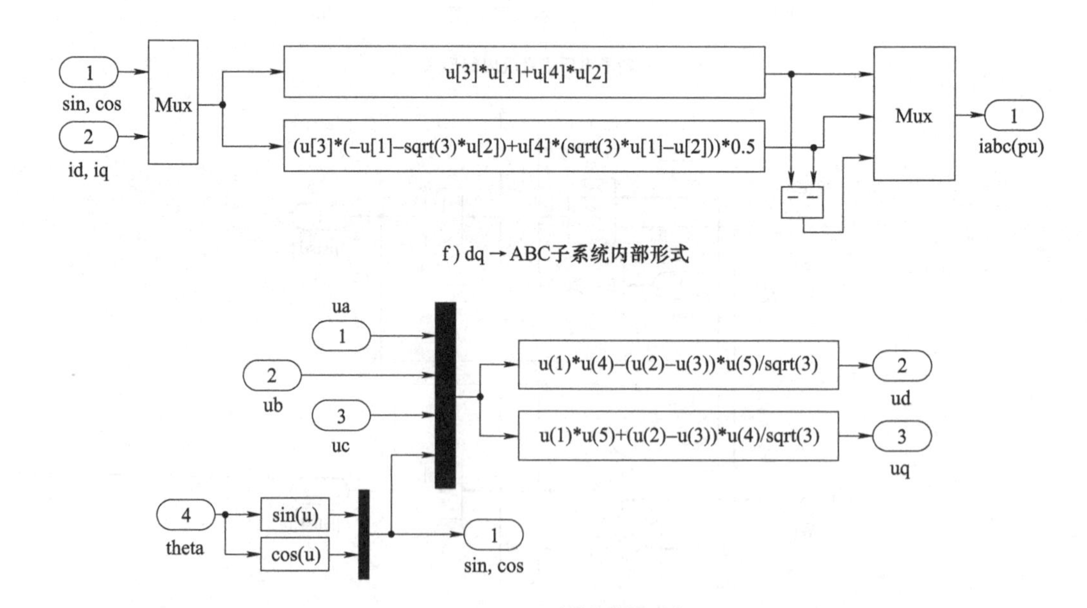

f) dq→ABC子系统内部形式

g) ABC→dq子系统内部形式

图 4-23 异步起动三相永磁同步电机仿真模型（续）

1. 异步起动三相永磁同步电动机的起动过程

仿真用的三相永磁同步电动机的额定值和参数见表4-2，仿真模型采用三相永磁同步电动机仿真模型，设定子绕组为Y联结。

表4-2 异步起动三相永磁同步电动机的额定值和参数

参数	额定值	参数	额定值	参数	额定值
P_N/kW	5.5	B_m/p.u.	0.01	L_{ad}/H	0.2321
U_N/V	380	R_{rd}/Ω	4.15	L_{aq}/H	0.4339
f/Hz	50	R_{rq}/Ω	3.15	L_{rd}/H	0.2525
J/(kg·m^2)	0.0204	L_{sd}/H	0.2432	L_{rq}/H	0.4532
$2p$	4	L_{sq}/H	0.4552	ψ/Wb	0.51

起动时，在电动机定子上施加三相额定对称理想正弦电压，电动机转轴上带恒转矩负载 $T_L=2\text{N}\cdot\text{m}$，仿真结果如图4-24所示。从仿真结果可知，起动过程中，转子等效绕组中有感应电流，在同步运行状态下，转子电流为零。从而可知，异步起动永磁同步电动机依靠转子绕组中产生的感应电流与定子电流相互作用产生的异步电磁转矩实现起动，在转速接近同步转速时，转子永磁磁场与定子旋转磁场相互作用产生的电磁转矩，可以把转子牵入同步。电动机运行在稳定同步状态时，转子绕组不再起作用，转子永磁磁场与定子旋转磁场相互作用产生的同步电磁转矩与负载转矩相平衡，经过仿真还可以知道，如果负载过大或转动惯量太大，则转子不能被牵入同步或不能稳定运行在同步转速上（电磁转矩脉振，转速波动）。

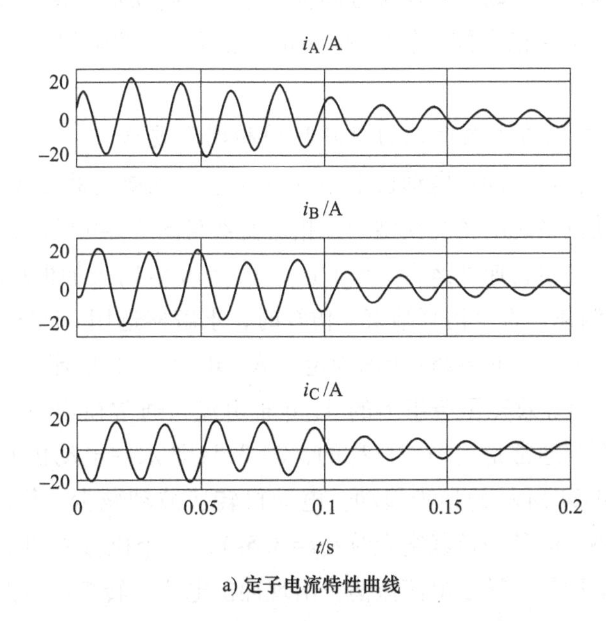

a) 定子电流特性曲线

图4-24 三相永磁同步电动机起动过程瞬态特性

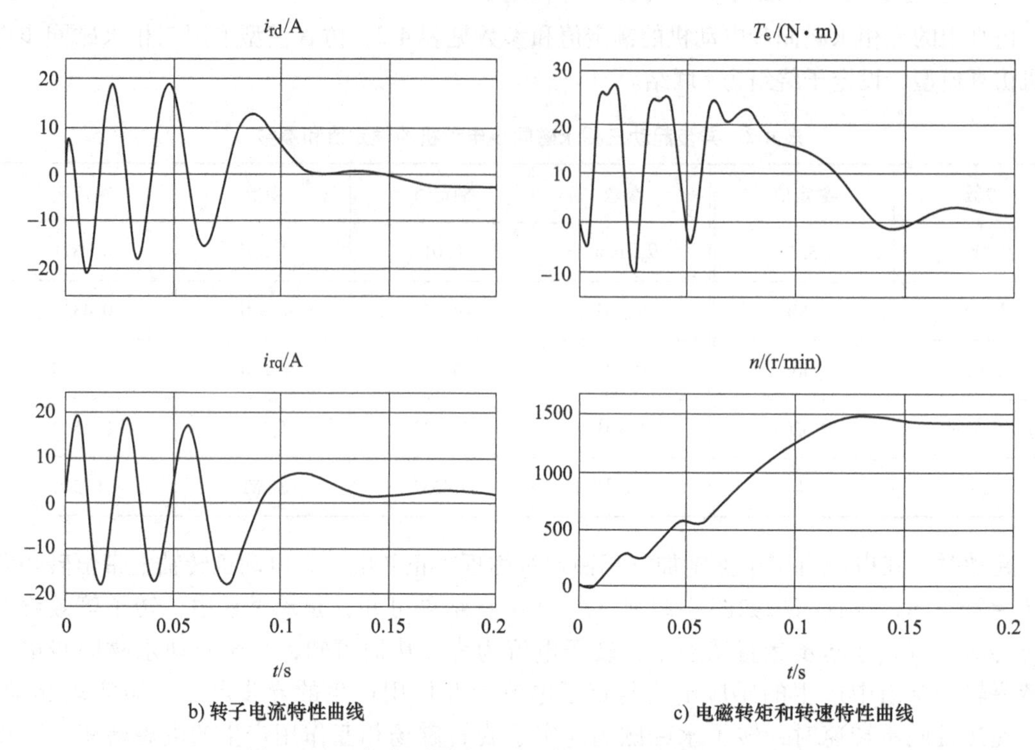

b) 转子电流特性曲线　　c) 电磁转矩和转速特性曲线

图 4-24　三相永磁同步电动机起动过程瞬态特性（续）

单从转速看，整个起动过程中，电动机在异步转矩的作用下转速逐渐增加，整个过程转速上升的平均曲线与异步电动机的起动过程相近；转速上升阶段，电动机受到永磁体脉振转矩作用，转速出现振荡；当电动机转速接近同步转速时，电动机在牵入转矩的作用下达到甚至超过同步转速，然后又在稳态同步转矩和起动时笼型转子的阻尼转矩作用下稳定在同步转速。

2. 异步起动三相永磁同步电动机的变频起动和调速过程

这里，异步起动三相永磁同步电动机采用变频（电压源逆变器变频，SVPWM）供电起动，变频器—同步电动机系统的仿真模型中三相逆变器与图 4-14b 所示相同。

电动机空载起动至同步转速并运行一段时间，在 $t=3.5$s 时突加恒转矩负载 $T_L=2$N·m，运行 0.5s 后进行变频调速，直至仿真结束。仿真时，求解器选用 ode23tb，变步长，最大步长为 1e-4，相对误差为 le-6。图 4-25a 所示为定子 A、B、C 三相电流、电磁转矩和转速的仿真波形，图 4-25b 所示为等效转子绕组上的 d、q 轴电流。通常在均匀负载的电动机中，每个电气周期对应的相电流通常是均匀、对称的，0~3.5s 是永磁电动机变频起动过程，从转速波形看，相比于图 4-24 所示的异步起动，电动机转速波动减少，稳定趋势呈直线状态，体现出变频起动的优势。但是当负载突变时（$t=3.5$s），一个机械周期中对应的相电流幅值和周期出现了明显的不均匀，转子电流振荡，出现冲击电流，转矩经过振荡后趋于稳定。在 0.5s 后进行变频调速情况下，定子、转子电流稳定。

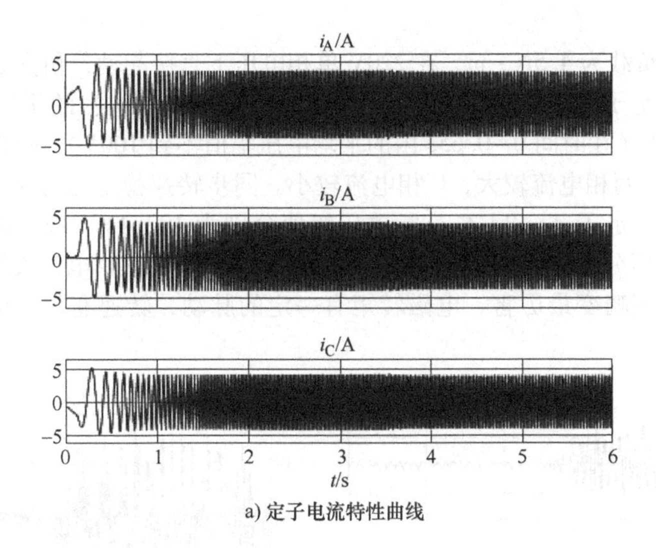

a) 定子电流特性曲线

b) 转子电流特性曲线

c) 电磁转矩和转速特性曲线

图 4-25　三相永磁同步电动机变频起动和调速过程动态特性

3. 单相电源供电的异步起动三相永磁同步电动机动态过程

（1）定子绕组Y联结

设定子绕组Y联结，定子绕组 A、B 端接单相正弦电源，A、C 端接移相电容。仿真模型采用三相永磁同步电动机仿真模型，仿真参数见表 4-3，移相电容的数值为 25μF。

表 4-3　单相电源供电的异步起动三相永磁同步电动机的额定值和参数

参数	额定值	参数	额定值	参数	额定值
P_N/kW	5.5	R_s/Ω	7.06	L_{ad}/H	0.2321
U_N/V	380	R_{rq}/Ω	4.15	L_{aq}/H	0.4339
f/Hz	50	R_{rq}/Ω	3.15	L_{rd}/H	0.2424
J/(kg · m^2)	0.015	L_{sd}/H	0.2432	L_{rq}/H	0.4532
$2p$	4	L_{sq}/H	0.4552	ψ/Wb	0.51
C_1/μF	25	C_2/μF	35	B_m/p. u.	0.001

电动机带恒转矩负载为4.5N·m，在220V单相电压下直接起动，仿真结果如图4-26所示。在起动过程中，定子A、B两相电压较大（在时间0~0.65s内的平均电压幅值约为150V），C相电压较低（在时间0~0.65s内的平均电压幅值不到100V），电流的变化与电压变化相似，定子A、B两相电流较大，C相电流较小。同步转速稳定运行时，定子三相电压和三相电流都不对称，定子A、B、C三相电压幅值分别为197.4V、196.4V、206V，定子A、B、C三相电流幅值分别为1.502A、4.485A、3.870A，定子三相电流波形都有一定程度的畸变，其中C相电流畸变最厉害，电磁转矩有一定的脉动，转速有微小的波动，转子电流不为零。

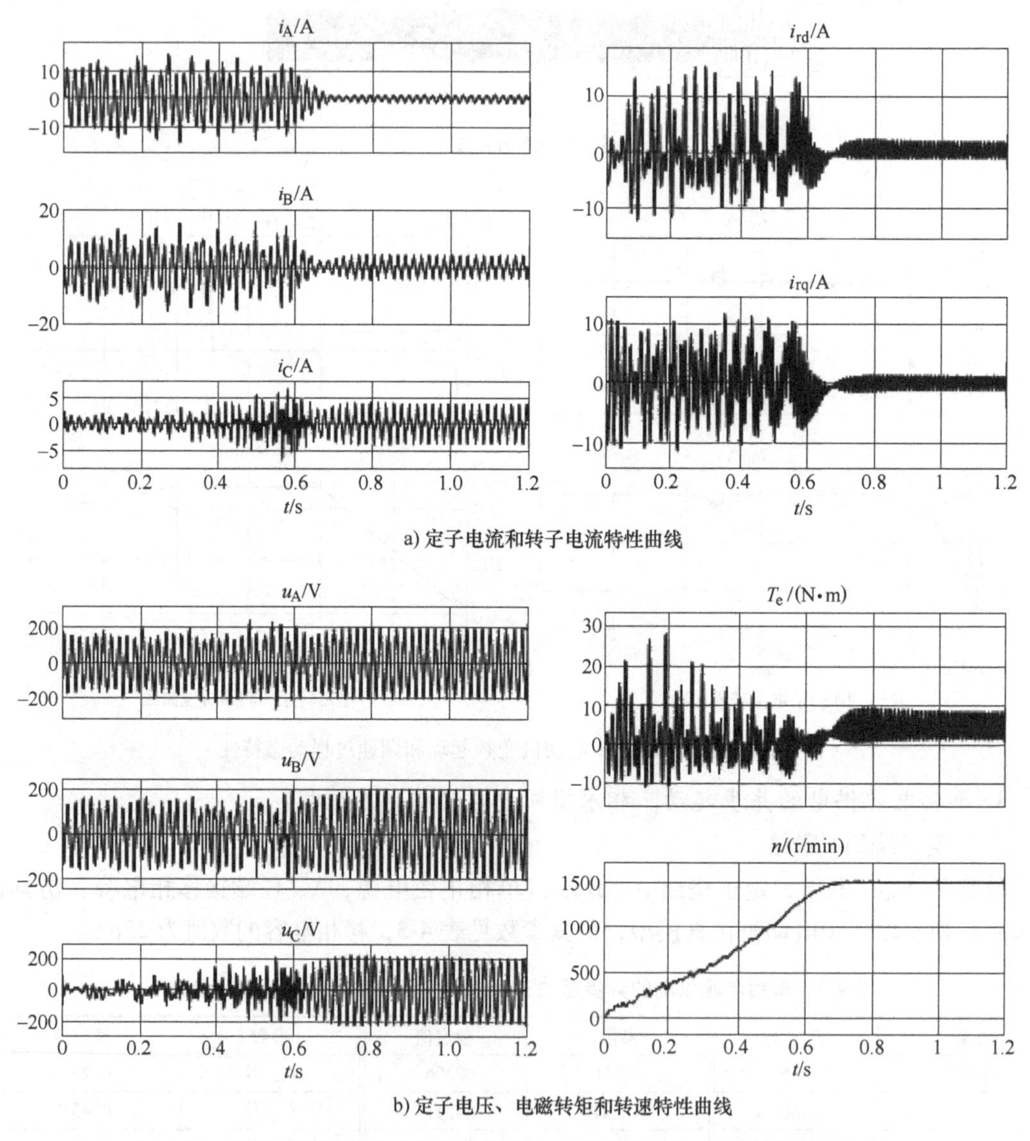

图4-26 单相电源供电的三相永磁同步电动机动态特性（定子绕组Y联结）

（2）定子绕组△联结

设定子绕组为△联结，定子绕组A、B端接单相正弦电源，A、C端接移相电容。仿真模型采用三相永磁同步电动机仿真模型，仿真参数与移相电容的数值为35μF。为便于比较，电动机仍带恒转矩负载4.5N·m，在20V单相电压下直接起动，仿真结果如图4-27所示。

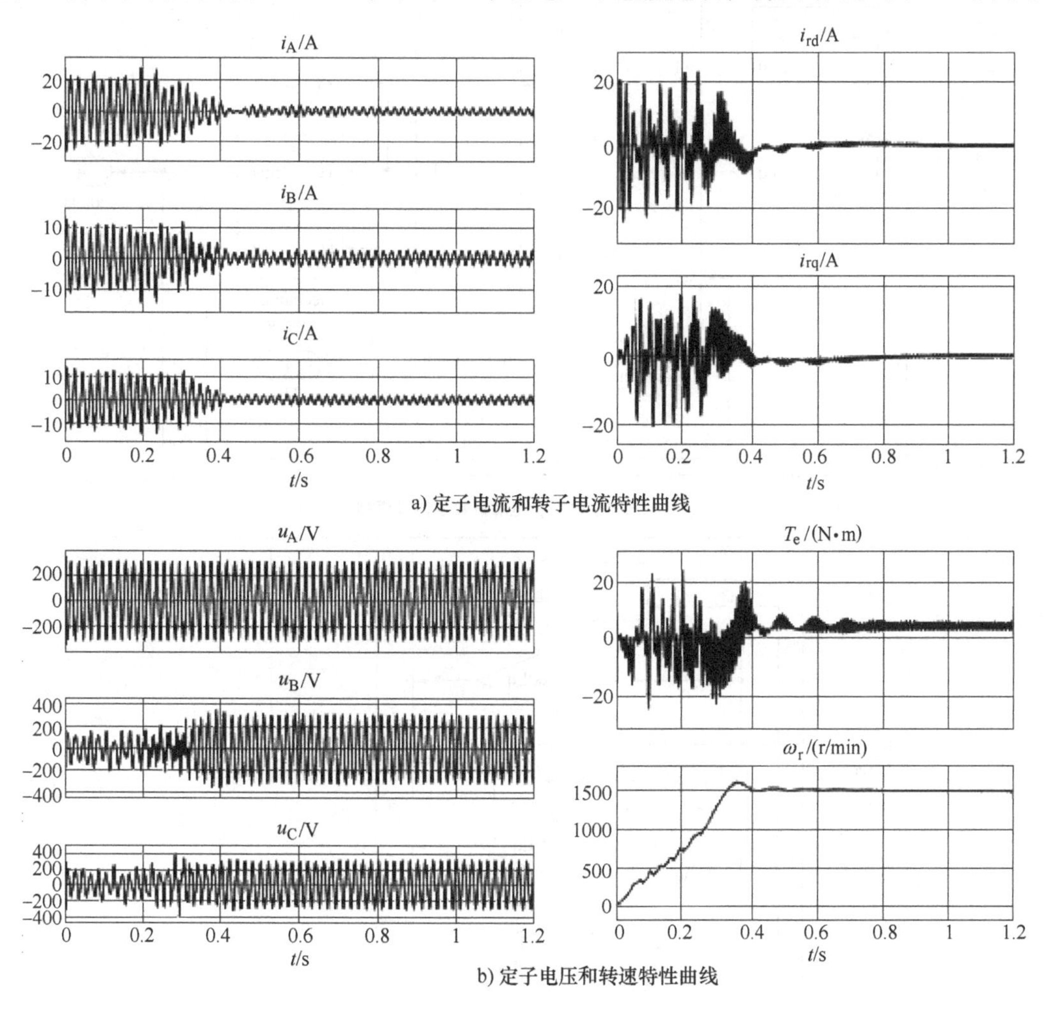

图4-27 单相电源供电的三相永磁同步电动机动态特性（定子绕组△联结）

起动过程中，定子A相电压幅值为310V，B、C两相电压较小，在时间0~0.4s内的电压幅值不相等，定子A相电流较大，B、C两相电流较小。同步转速稳定运行时，定子三相电压和三相电流都不对称，定子A、B、C三相电压幅值分别为310V、322.2V、313.4V，电流幅值分别为2.631A、2.510A、2.054A。与定子绕组Y联结相比，起动时电磁转矩较大，转子加速较快，起动时间较短。电动机稳定运行时，定子三相电压和三相电流的不对称程度大为减小，波形接近正弦形，电磁转矩脉动程度和转速波动程度大为减小，转子电流接近于零；定、转子电流大大减小，电动机带负载的能力较强。仿真结果表明，异步起动三相永磁同步电动机单相电源供电时，定子绕组采取△联结较为合适，优于Y联结。

4. 基于数学模型与Sim Power Systems的永磁同步电动机对比分析

根据式（4-11）~式（4-12）以及转子运动方程式，用MATLAB/Simulink建立的仿真模型如图4-28所示。其中，电压方程子系统按式（4-11）构造。

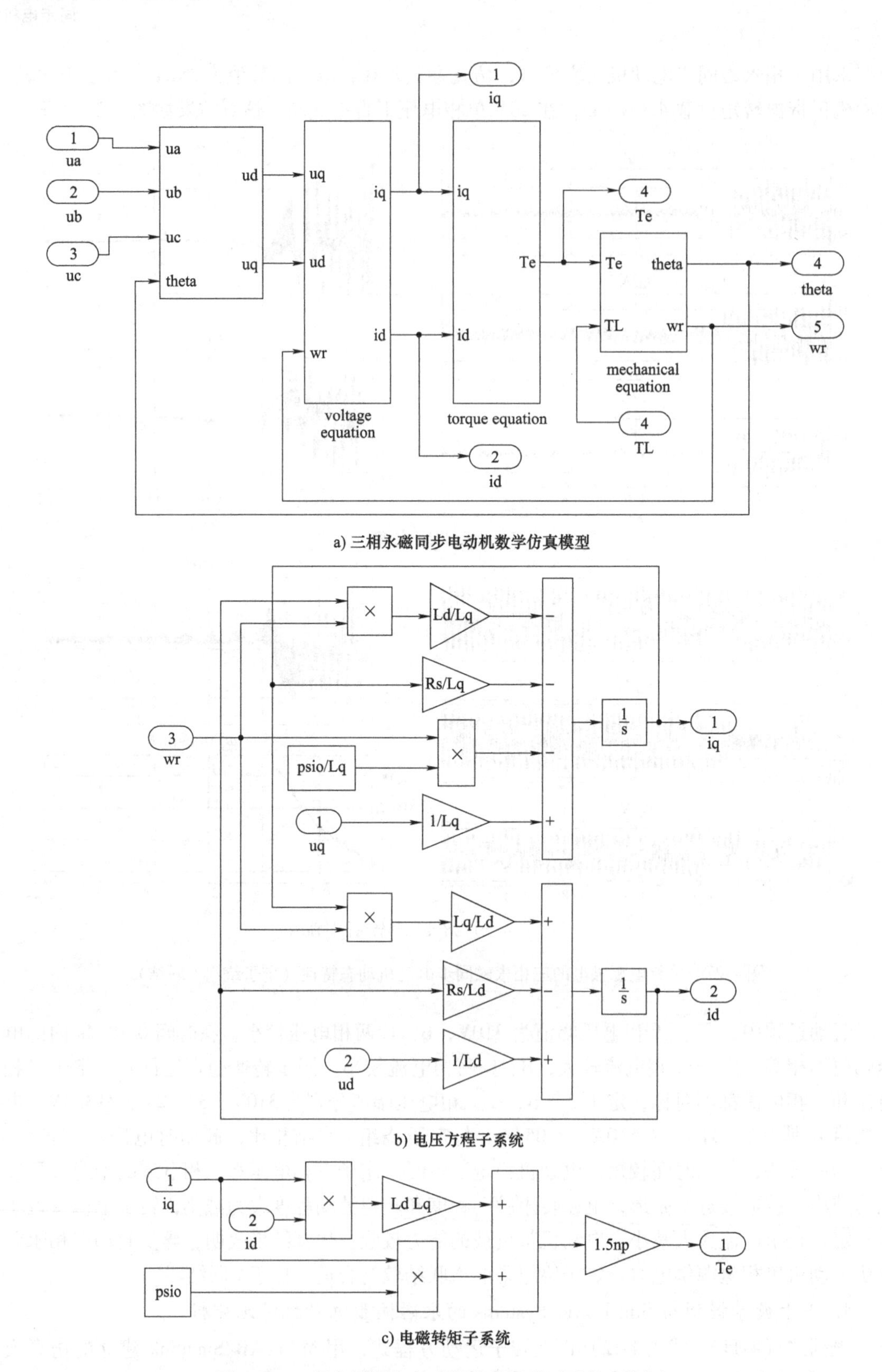

a) 三相永磁同步电动机数学仿真模型

b) 电压方程子系统

c) 电磁转矩子系统

图 4-28　三相永磁同步电动机仿真模型（无起动绕组）

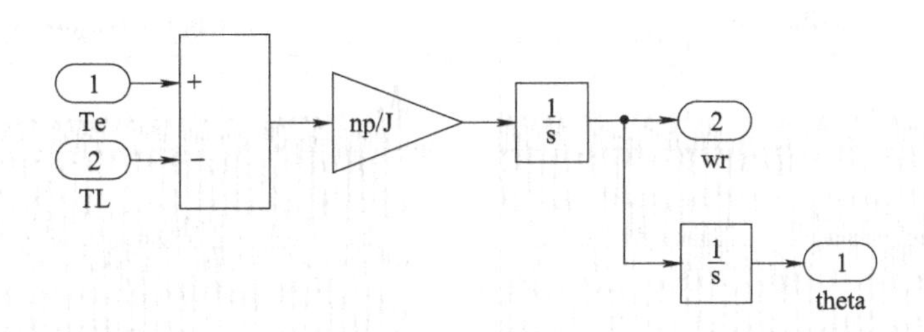

d) 机械运动方程子系统

图 4-28　三相永磁同步电动机仿真模型（无起动绕组）（续）

三相永磁同步电动机仿真模型各部分结构图的搭建是以状态方程为基础，输入三相对称交流电压，输出转矩、转速等特性参数。再为 Sim Power Systems 中已有的永磁电动机模型设置同样的输入输出参数，比较两电动机特性，已有电动机参数设置见表 4-4，应用同种结构搭建仿真模型系统，如图 4-29 所示。

表 4-4　三相永磁同步电动机的额定值和参数

参数	额定值	参数	额定值	参数	额定值
ψ/Wb	0. 175	R_s/Ω	2. 875	L_q/H	8.5×10^{-3}
J/(kg · m²)	0.8×10^{-3}	L_d/H	0.8×10^{-3}	2p	4

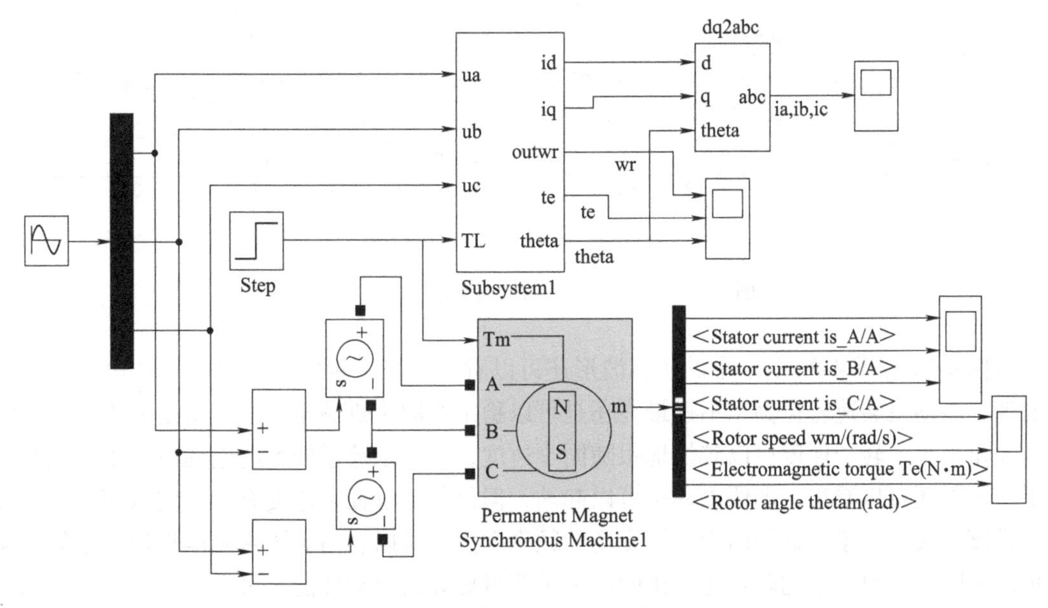

图 4-29　永磁同步电动机对比模型

（1）永磁同步电动机起动过程对比分析

图 4-30 中，左侧波形为永磁同步电动机的数学模型形成的，右侧波形为 Sim Power Systems 的模型形成的，从图中可以看出两边的定子电流、转速、电磁转矩和功角波形完全一致，这说明建立的仿真模型是正确有效的。

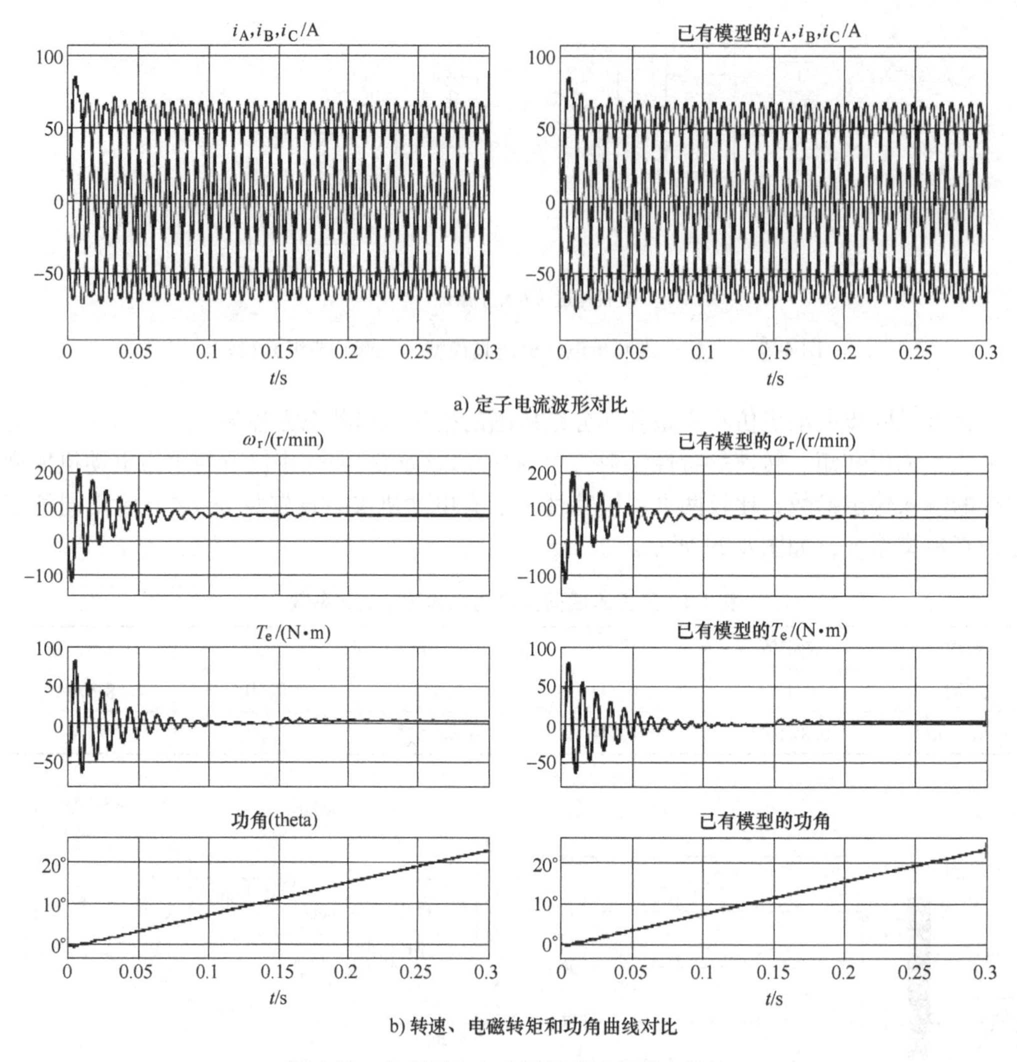

图 4-30　永磁同步电动机起动过程瞬态特性

从图 4-24 和图 4-30 所示中的仿真波形还可以看出，当工频电网供电时，在电动机起动的前期，电动机转速有振荡，不过最终还是可以稳定在同步机械角速度。这是因为电动机的转动惯量很小，转子速度可以较快地跟随同步速度，如果是惯量较大的电动机就不能顺利起动了。另外还可以看出，即便电动机可以起动，但是起动过程中速度有很大的振荡，存在着一定程度的失步现象，这是因为定子磁场的频率太高，所以它与转子永磁体作用产生的加速转矩时正时负，但是平均转矩还是正的。为了获得更好的起动性能，可在转子上加入阻尼绕组，形成异步起动同步电动机。

（2）永磁同步电动机制动过程

在永磁同步电动机控制系统的运行过程中，电动机将频繁处于起动、稳定电动、制动的交替运行状态，电动机制动性能将直接影响永磁同步电动机控制系统的动态响应及系统的定位精度，提高电动机制动性能对完善整个电动机控制系统具有重要意义。

电动机达到稳定运行时（$t=0.2\text{s}$）实现能耗制动，即保持励磁电压不变，断开定子绕组端的电源，仿真结果如图 4-31 所示。制动运行时，相电流与反电动势反相，电动机电流从电动势高端流出，低端流进，电动机发出能量，将机械能转化成电能反送到电源，其在 0.02s 完成的整个制动环节电流转矩波动很小，相比于起动可以忽略不计，整个制动过程包括以下两个阶段：

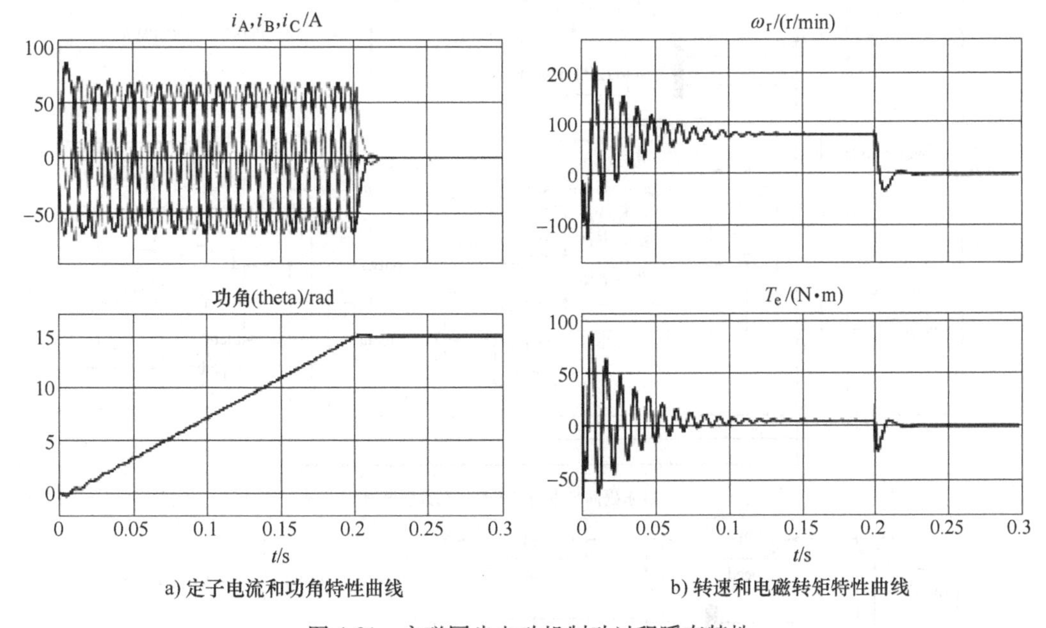

图 4-31　永磁同步电动机制动过程瞬态特性

1）在制动的电流调整阶段，电流迅速达到最大值、转矩负向迅速增大，该过程持续时间较短。

2）在稳定制动阶段，三相电流幅值基本不变，频率线性下降，电动机恒加速度减速运行，该阶段持续时间较长，在电流和速度调节器共同作用下，电流、转速、转矩处于微调阶段，直到转速停止。

（3）永磁电动机矢量控制对比分析

在 MATLAB/Simulink 环境下搭建仿真模型，如图 4-32 所示，其中仿真用电动机参数同表 4-4 一致。仿真条件设置为：直流侧电压 $U_{dc}=311\text{V}$，PWM 开关频率 $f_{pwm}=10\text{kHz}$，采样周期 $T_s=10\mu\text{s}$，采用变步长 ode23tb 算法，相对误差（Relative Tolerance）0.0001，仿真时间 0.4s。由于电流环带宽与电动机的时间常数相关，即时间常数 $\tau=\min\{L_d/R,\ L_q/R\}$，带宽 $\alpha=2\pi/\tau$，根据电动机的参数可以计算得到 $\alpha=1100\text{rad/s}$，从而根据

$$\begin{cases} K_{pd}=\alpha L_d \\ K_{id}=\alpha R \\ K_{pq}=\alpha L_q \\ K_{iq}=\alpha R \end{cases}$$

可以计算出电流环 PI 调节器的参数。另外，选取转速环的带宽为 $\beta=50\text{rad/s}$，将电动机的参数代入式（4-81）和式（4-82），得

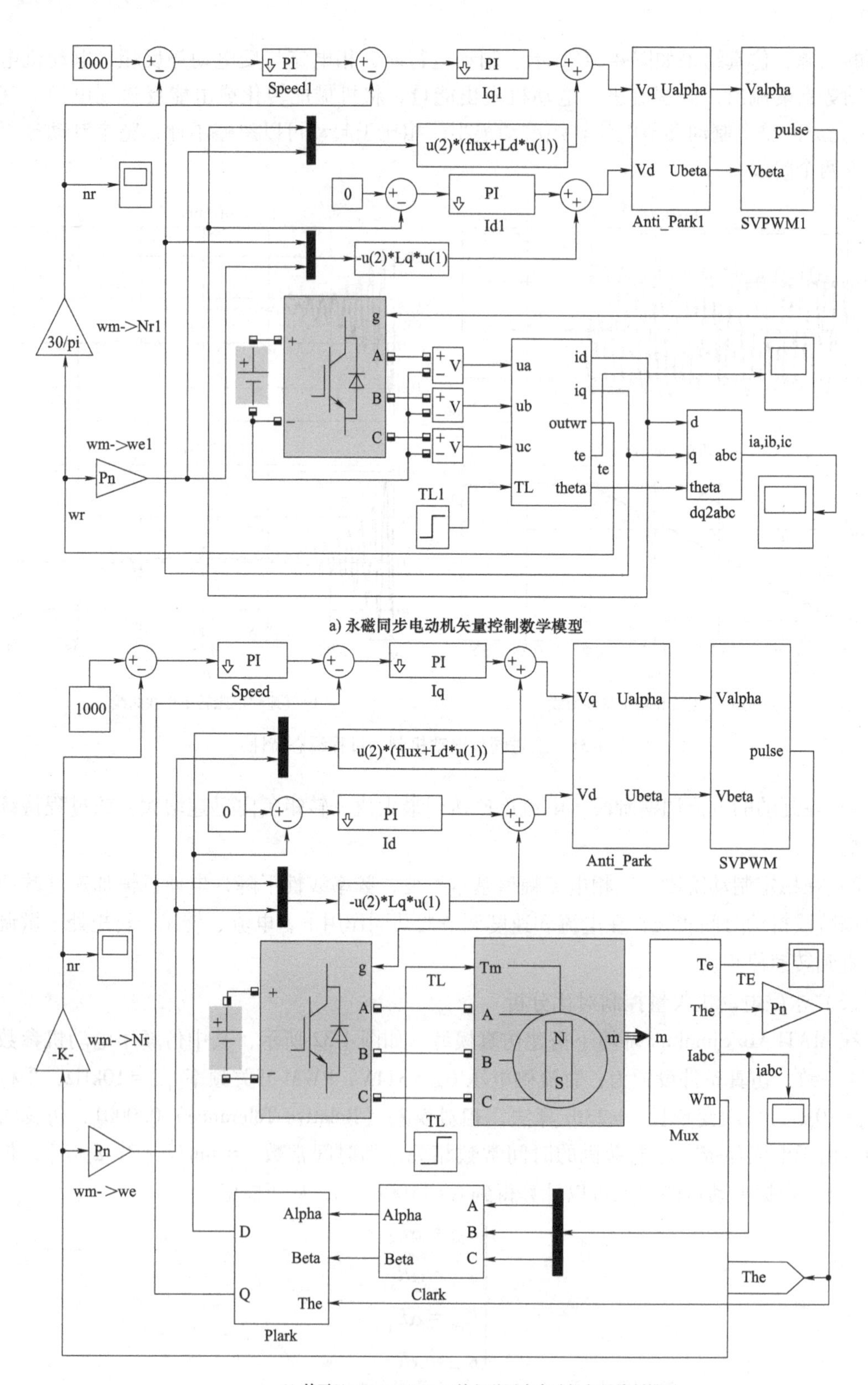

图 4-32　永磁同步电动机矢量控制仿真模型

$$B_a = \frac{\beta J - B}{1.5 p_n \psi_f} \tag{4-81}$$

$$\begin{cases} K_{p\omega} = \dfrac{\beta J}{1.5 p_n \psi_f} \\ K_{i\omega} = \beta K_{p\omega} \end{cases} \tag{4-82}$$

可以计算得到转速环 PI 调节器的参数为 $B_a = 0.013$，$K_{p\omega} = 0.14$，$K_{i\omega} = 7$。值得说明的是，经过计算得出的 PI 调节器的参数有时不是最优的，在仿真过程中可以对参数进行调试，以获得最优的控制效果。

为了验证所设计的 PI 调节器参数的正确性，仿真条件设置为：参考转速 $N_{ref} = 1000\text{r/min}$，初始时刻负载转矩 $T_L = 5\text{N}\cdot\text{m}$，在 $t = 0.15\text{s}$ 时负载转矩 $T_L = 10\text{N}\cdot\text{m}$，仿真结果如图 4-33 所示。

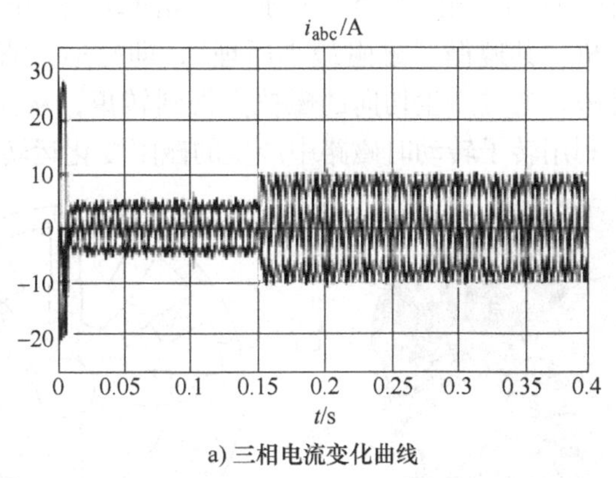

a) 三相电流变化曲线

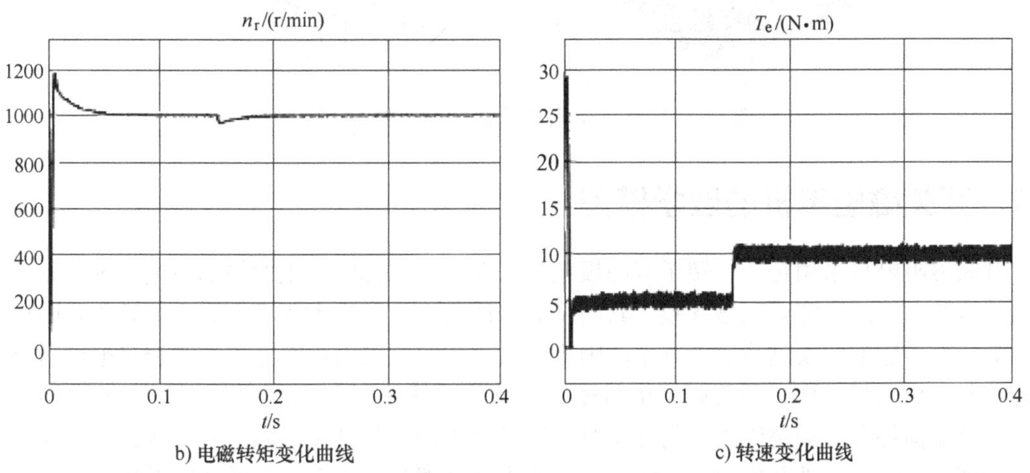

b) 电磁转矩变化曲线　　c) 转速变化曲线

图 4-33　基于 PI 调节器的三相永磁电动机的矢量控制系统的仿真结果

从以上仿真结果可以看出，当电动机从零速上升到参考转速 1000r/min 时，虽然开始时电动机转速有一些超调量，但仍然具有较快的动态响应速度，并且在 $t = 0.15\text{s}$ 时突加负载转矩 $T_L = 10\text{N}\cdot\text{m}$，电动机也能快速恢复到给定参考转速值，从而说明所设计的 PI 调节器的参数具有较好的动态性能和抗扰动能力，能够满足实际电动机控制性能的需要。

第 5 章

开关磁阻电机

开关磁阻电机具有独特的双凸极结构，即采用凸极定子与凸极转子，凸极结构都是由硅钢片叠压而成，且定子与转子极数不同。SRM 结构简单坚固，其转子上没有任何线圈绕组或永磁材料，只有定子凸极上缠绕线圈，构成集中绕组，且距离$\frac{\pi}{p}$（p 为极对数）角度的 $2p$ 个集中绕组串联起来，即为一相。图 5-1 所示为三相 12/8 极开关磁阻电机的结构组成示意图。作为变磁阻电动机，其遵循“磁阻最小原理”，即磁通一直由磁导最大的磁路闭合。通电后磁场产生扭转趋势，通过产生切向的磁拉力得到转矩，从而使得开关磁阻电机转动，所以说开关磁阻电机是利用转子转动时磁路中产生的磁阻变化运转的。

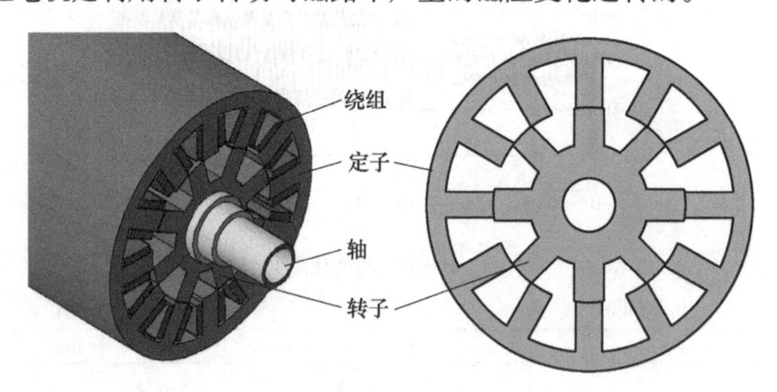

图 5-1　三相 12/8 极开关磁阻电机结构示意图

5.1　开关磁阻电机的数学模型

开关磁阻电机采用定子、转子双凸极结构，在运行过程中产生的局部磁饱和现象、边缘磁通效应和涡流、磁滞等问题导致了其高度非线性化，也在很大程度上影响了开关磁阻电机的性能，对搭建数学模型造成了一定的困难。由于开关磁阻电机在理论上符合机电能量转换原理，与传统电机一样，开关磁阻电机也可以化简为由电端口与机械端口组成的二端口结构。不考虑损耗和各相绕组之间的互感时，以最常用的三相开关磁阻电机为例，其能量转换过程如图 5-2 所示。图中 T_L 为负载转矩，J 代表转动惯量，D 表示黏性摩擦系数。

1. 电路方程

开关磁阻电机的各相绕组结构相同，则各相电压平衡方程相同，由电路基本定理及图 5-2 可得，以第 i 相为例，可表示为

$$U_i = R_i i_i + \frac{d\psi_i}{dt} \tag{5-1}$$

式中，U_i 为第 i 相绕组电压；R_i 为第 i 相绕组电阻；i_i 为第 i 相绕组电流；ψ_i 为第 i 相绕组

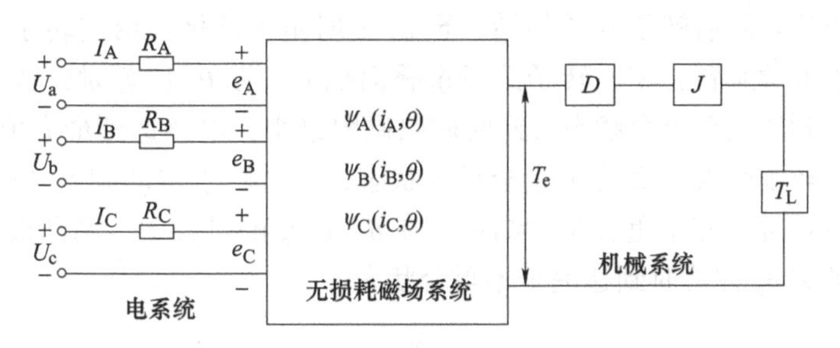

图 5-2　三相开关磁阻电机机电能量转换图

磁链。

相绕组磁链 ψ_i 的大小取决于相电流 i_i 与转子位置角 θ，当 i_i 和 θ 变化时，电感 L_i（i_i，θ）也会随之改变，则磁链可表示为

$$\psi_i = L_i(i_i,\theta)i_i \tag{5-2}$$

在不考虑非线性的假设条件下，将式（5-2）代入式（5-1），得

$$\begin{aligned} U_i &= R_i i_i + \frac{\partial \psi_i}{\partial i_i}\cdot\frac{\mathrm{d}i_i}{\mathrm{d}t} + \frac{\partial \psi_i}{\partial \theta}\cdot\frac{\mathrm{d}\theta}{\mathrm{d}t} \\ &= R_i i_i + \left(L_i + i_i\frac{\partial L_i}{\partial i_i}\right)\frac{\mathrm{d}i_i}{\mathrm{d}t} + i_i\frac{\partial L_i}{\partial \theta}\cdot\frac{\mathrm{d}\theta}{\mathrm{d}t} \end{aligned} \tag{5-3}$$

由式（5-3）可知，第 i 相绕组所加组电压由电路中的三部分电压组成，等号右边第一项是电阻上的压降，第二项代表由电流改变造成的变压器电动势，最后一项是由转子位置角变化形成的旋转运动电动势。

2. 转矩机械方程

按照力学基本原理，开关磁阻电机在电磁转矩与负载转矩的共同作用下可以得到转子的机械运动方程为

$$T_e = J\frac{\mathrm{d}\Omega}{\mathrm{d}t} + K_\Omega\omega + T_L \tag{5-4}$$

开关磁阻电机特殊的磁阻性和开关性导致了其运行状态下的电磁场非线性变化以及复杂的工作特性，想要对开关磁阻电机的基本特性有更深入的研究，必须对上述模型进行简化。在理想情况下，提出构建线性模型需满足的假设条件：

1）不考虑电机的磁饱和效应以及高度非线性特征，认为电感不受电流变化的影响。

2）不考虑磁场的边缘扩散效应。

3）不考虑铁心损耗以及涡流效应。

4）默认开关器件动作无延时，均为瞬时动作且无损耗。

5）电机外加电压和转速恒定不变。

3. 电感

就开关磁阻电机而言，随着定子与转子的相对位置变化，电感也会发生相应的变化。绕组电感值会在定、转子凸极中轴线完全对齐，即磁路磁阻最小时达到最大值 L_{max}；在定子凸极中轴线和转子凹槽中轴线完全对齐时，即磁路磁阻最大时达到最小值 L_{min}。

图 5-3 所示为绕组电感与转子位置角的相关曲线。将坐标原点视为位置参考点，则 $\theta=0$

处相电感位于最小值。随后转子开始旋转，至 θ_2 处时定子凸极前沿与转子凸极前沿开始出现重合。随着转子继续旋转，定、转子凸极重叠面积大，在 θ_3 位置时，转子凸极前沿与定子凸极后沿相遇，到达完全重合状态，此时磁路磁阻最小，电感达到最大值。从 θ_3 至 θ_4 过程中，定子凸极和转子凸极一直处于完全重合状态，直至转子转动到 θ_4 位置，转子凸极后沿与定子凸极前沿重叠，完全重合阶段结束。在 θ_4 至 θ_5 的过程中，两凸极重叠部分开始减少，直到转子转动到 θ_5 位置时到达完全不重合状态。

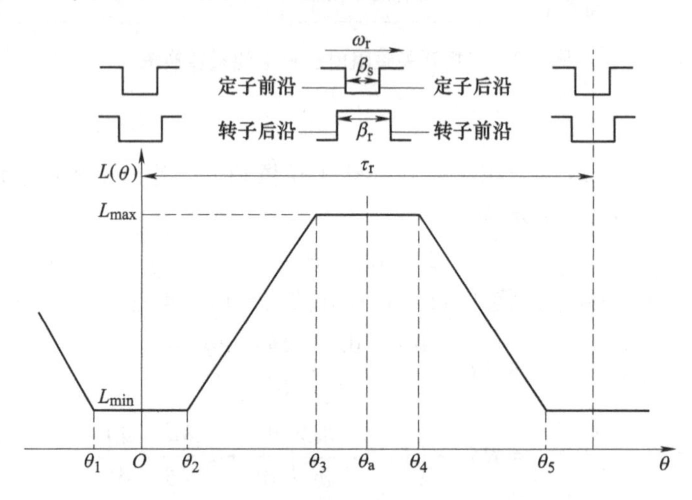

图 5-3　绕组电感与转子位置角的关系

由以上分析可得电感 $L(\theta)$ 与转子位置角 θ 的函数关系可表示为

$$L(\theta)\begin{cases} L_{\min} & (\theta_1 \leqslant \theta < \theta_2) \\ L_{\min} + K(\theta - \theta_2) & (\theta_2 \leqslant \theta < \theta_3) \\ L_{\max} & (\theta_3 \leqslant \theta < \theta_4) \\ L_{\max} - K(\theta - \theta_4) & (\theta_4 \leqslant \theta < \theta_5) \end{cases} \tag{5-5}$$

式中，K 为电感变化率，$K=\dfrac{L_{\max}-L_{\min}}{\theta_3-\theta_2}=\dfrac{L_{\max}-L_{\min}}{\beta_s}$，$\beta_s$ 为定子极弧。

4. *磁链*

在开关磁阻电机的实际运行过程中，因为绕组压降 Ri 相对较小，对电压的计算结果影响不是很大，所以电压平衡方程中可以略去绕组压降，简化为

$$U_k = \frac{d\psi_k}{dt} = \frac{d\psi_k}{d\theta} \cdot \frac{d\theta}{dt} = \frac{d\psi_k}{d\theta}\omega_r \tag{5-6}$$

整理得

$$d\psi_k = \frac{U_k}{\omega_r}d\theta \tag{5-7}$$

由式（5-7）可见，当电动机处于恒转速运行状态时，角速度 ω_r 恒定不变，导通该相绕组时，即有 $U_k=U_s$（U_s 为电源所加电压），随着转子位置角逐渐增大，磁链也会以$\dfrac{U_k}{\omega_r}$为斜率上升，关断该相绕组的瞬间，磁链达到最大值，随后磁链开始减小。当导通角及电压保持恒

定时，磁链与角速度成反比。

开关闭合时，绕组导通，设此时转子位置角 $\theta=\theta_{on}$（θ_{on}为导通角），磁链处于初始值为0的状态。有相电压 $U_k=U_s$，对式（5-7）进行积分求得此时的磁链为

$$\psi_k(\theta)=\int_{\theta_{on}}^{\theta}\frac{U_s}{\omega_r}d\theta=\frac{U_s}{\omega_r}(\theta-\theta_{on}) \tag{5-8}$$

当 $\theta=\theta_{off}$（θ_{off}即为关断角）时关断该绕组，磁链到达最大值，即

$$\psi=\psi_{max}=\frac{U_s}{\omega_r}(\theta_{off}-\theta_{on})+\frac{U_s}{\omega_r}\theta_c \tag{5-9}$$

式中，θ_c 为转子由导通状态到关断状态所转过的角度，$\theta_c=\theta_{off}-\theta_{on}$。

关断后，$U_k=-U_s$，进入续流状态，则有

$$d\psi_k=-\frac{U_k}{\omega_r}d\theta \tag{5-10}$$

磁链为

$$\psi_k(\theta)=\int_{\theta_{off}}^{\theta}\frac{U_s}{\omega_r}d\theta=\frac{U_s}{\omega_r}(2\theta_{off}-\theta_{on}-\theta) \tag{5-11}$$

由式（5-11）可知，当 $\theta=2\theta_{off}-\theta_{on}$ 时，磁链值将降为0。综合以上分析，可以得出绕组磁链 ψ_k 和转子位置角 θ 的相关曲线，如图5-4所示。

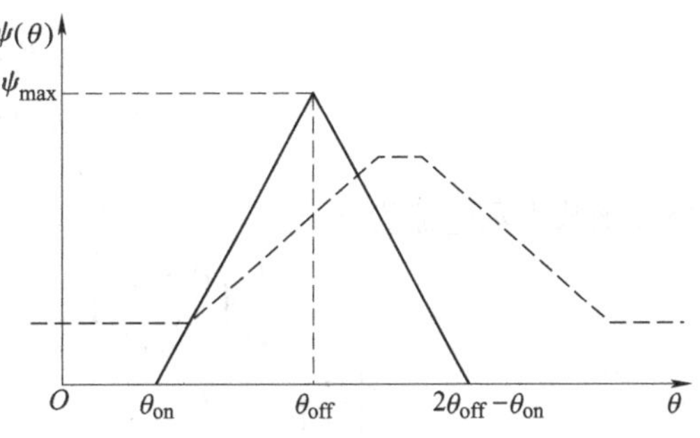

图5-4　磁链与转子位置角的关系

磁链可用分段函数表示为

$$\psi(\theta)=\begin{cases}\dfrac{U_s}{\omega_r}(\theta-\theta_{on}) & (\theta_{on}\leqslant\theta\leqslant\theta_{off})\\ \dfrac{U_s}{\omega_r}(2\theta_{off}-\theta_{on}-\theta) & (\theta_{off}\leqslant\theta\leqslant 2\theta_{off}-\theta_{on})\\ 0 & (\text{其他位置})\end{cases} \tag{5-12}$$

5. 电流

在理想的线性条件下，将 $\psi_k=L(\theta)i(\theta)$ 代入式（5-6）中，得

$$U_k=\frac{d\psi_k}{dt}=L\frac{di}{dt}+i\frac{dL}{dt}=L\frac{di}{d\theta}\omega_r+i\frac{dL}{d\theta}\omega_r \tag{5-13}$$

等式两侧同时乘以 i 则为功率平衡方程，即

$$U_k i=Li\frac{di}{dt}+i^2\frac{dL}{d\theta}\omega_r=\frac{d}{dt}\left(\frac{1}{2}Li^2\right)+i^2\frac{dL}{d\theta}\omega_r \tag{5-14}$$

从图5-3可以看出，电感曲线在 $\theta_2\leqslant\theta\leqslant\theta_3$ 区间内呈上升势态，电动势为正值，产生拖动转矩使电机转动；在 $\theta_3\leqslant\theta\leqslant\theta_4$ 时电感处于恒定值不变，电动势归零，无转矩输出；在 $\theta_4\leqslant\theta\leqslant\theta_5$ 时电感处于下降状态，电动势为负值，产生的制动转矩将电磁能与机械能回馈至电源处，电机处于发电状态。结合上述分析，为达到增大转矩的目的，可以采取措施在电感下降阶段尽快减小电流至零，从而抑制制动转矩的产生，除此之外，还可以在电感曲线上升阶段加大绕组电流，以增大输出的拖动转矩。随着电感变化的电流曲线如图5-5所示。

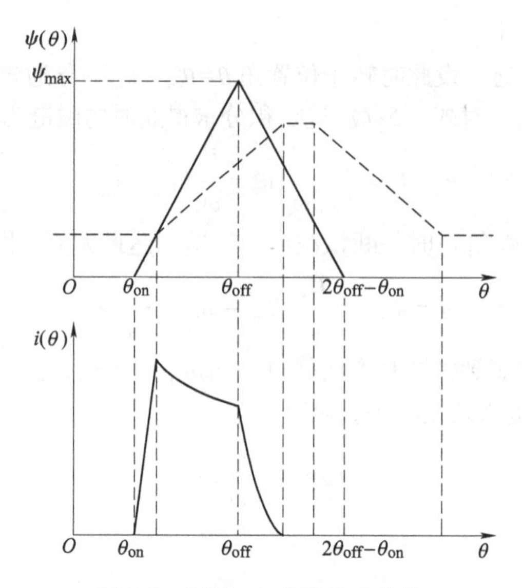

图 5-5　电流与电感的关系曲线

用分段函数表示电流为

$$
i(\theta)=\begin{cases}\dfrac{U_s}{\omega_r}\left(\dfrac{\theta-\theta_{on}}{L_{min}}\right) & (\theta_1\leqslant\theta<\theta_2)\\ \dfrac{U_s}{\omega_r}\left[\dfrac{\theta-\theta_{on}}{L_{min}+K(\theta-\theta_2)}\right] & (\theta_2\leqslant\theta<\theta_{off})\\ \dfrac{U_s}{\omega_r}\left[\dfrac{2\theta_{off}-\theta_{on}-\theta}{L_{min}+K(\theta-\theta_2)}\right] & (\theta_{off}\leqslant\theta<\theta_3)\\ \dfrac{U_s}{\omega_r}\left(\dfrac{2\theta_{off}-\theta_{on}-\theta}{L_{max}}\right) & (\theta_3\leqslant\theta<\theta_4)\\ \dfrac{U_s}{\omega_r}\left[\dfrac{2\theta_{off}-\theta_{on}-\theta}{L_{max}-K(\theta-\theta_4)}\right] & (\theta_4\leqslant\theta<2\theta_{off}-\theta_{on}<\theta_5)\end{cases}\tag{5-15}
$$

由式（5-15）可得，在理想的线性条件下，维持电压和转速不变时，电流与 θ_{on}、θ_{off} 有关，可以调节导通角的大小来优化电流曲线。在电流上升区域内，电流上升的越快，电机输出转矩越大，但与此同时输出的转矩脉动也相对较大。所以为保证电机输出性能的稳定性，需要合理地设置导通角等参数。

6. 转矩

当定子凸极中轴线与转子凸极中轴线重合时，即为完全对齐位置，此时定、转子之间的磁力完全为径向力，无切向磁力故无转矩产生。当转子继续旋转，才会产生转矩。

根据磁场能量关系可得

$$
T_e(i,\theta)=\frac{\partial W_m(i,\theta)}{\partial\theta}\bigg|_{i=\text{const}}\tag{5-16}
$$

$$
W_m=W'_m=\frac{1}{2}i\psi=\frac{1}{2}Li^2\tag{5-17}
$$

将式（5-17）代入式（5-16），得

$$T_{\mathrm{e}} = \frac{i^2}{2} \cdot \frac{\partial L}{\partial \theta} \tag{5-18}$$

可见，电磁转矩的大小与电感的变化率紧密相关。将电感曲线的分段函数代入，得

$$T_{\mathrm{e}} = \begin{cases} 0 & (\theta_1 \leqslant \theta < \theta_2) \\ \frac{1}{2}Ki^2 & (\theta_2 \leqslant \theta < \theta_3) \\ 0 & (\theta_3 \leqslant \theta < \theta_4) \\ -\frac{1}{2}Ki^2 & (\theta_4 \leqslant \theta < \theta_5) \end{cases} \tag{5-19}$$

由式（5-19）可知，电磁转矩与电流二次方值成正比，因此输入的绕组电流方向不影响输出转矩的方向，故开关磁阻电机只需要单向电流。根据式（5-19），可以得出转矩随转子位置角变化的相关曲线，如图5-6所示。

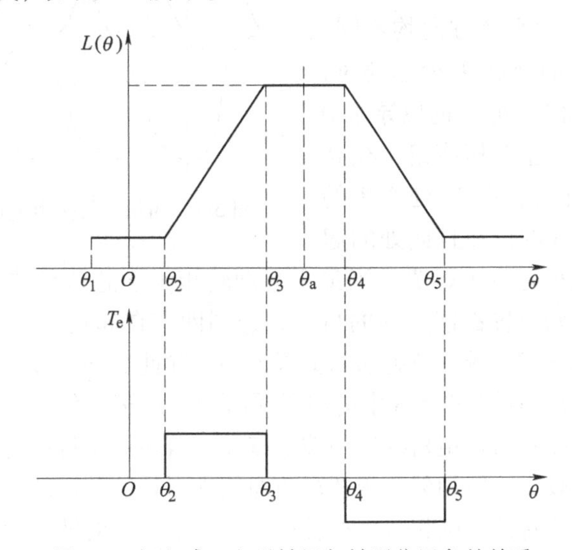

图5-6　相电感、电磁转矩与转子位置角的关系

由图5-6可知，当电感曲线上升时，电机将输出正的电磁转矩，拖动电机旋转；当电感曲线下降时，电机则输出负的电磁转矩，令电机制动。所以可以利用调控电机导通角的方法来选择电机输出拖动转矩或是制动转矩。

5.2　开关磁阻电机的动态过程

5.2.1　起动运行

开关磁阻电机可以分为单相、两相、三相、四相以及多相结构，其中单相开关磁阻电机因为没有自起动能力而被限制了应用场合，只能用于小容量的家用电器上，两相开关磁阻电机尽管结构最简单、控制最简便，但其只能单方向起动，在工业领域应用最多的还是三相及三相以上的开关磁阻电机，它们具有自起动功能并且可以正、反向运行，控制方式灵活多变，开关磁阻电机的相数越多，输出转矩也越平滑，有着较好的输出特性。开关磁阻电机的

起动要求包括：较大的起动转矩，较小的起动电流和较短的起动时间。

在起动瞬间，因转速为零，故无旋转反电动势，若相绕组上加额定电压直接起动，相电流将过大，不仅影响到电路的使用安全，且起动时产生的冲击转矩过大可能损坏电机传动系统，因此必须在起动期间采用电流斩波控制方式限制起动电流的幅值，或采用类似直流PWM调速系统中的软起动技术进行限流。

对开关磁阻电机来说，有一相起动和两相起动两种起动方式。本节以四相（8/6）开关磁阻电机为例，定性分析起动运行的特点。

（1）一相起动

图5-7所示为四相开关磁阻电机的各相绕组通入恒定电流时的转矩角特性曲线。由于各相转矩相互重叠，所以转子处于任何位置时电机都可以起动。不过，在不同位置的起动会造成起动转矩的大小及方向均不同。当电机在各相转矩曲线的交点 θ_s 处起动时，起动转矩最小。当转子位于 θ_s 之前应导通D相绕组，在 θ_s 之后应导通A相绕组，在 θ_s 处导通其中任意一相即可，在 θ_s 处产生的A、D相起动转矩是相等的，并且此处的起动转矩最小，被称为最小起动转矩 T_s。当最小起动转矩大于总负载转矩时，开关磁阻电机可以实现在任意转子初始位置都能起动的目标，否则即存在起动死区。所以说，T_s 代表了开关磁阻电机一相起动方式下带负载起动的上限大小。除此之外，转矩曲线的幅值就是最大起动转矩，它的起动转矩曲线为图5-8中的粗实线所示。T_s 值不仅与起动电流、相邻相绕组转矩角特性重叠有关，而且与转矩角特性的波形有关。若转矩角特性为尖顶，前沿或后沿较平坦，尽管最大静转矩较大，但相邻两相转矩角曲线交点处的转矩却不大，故带负载起动能力较弱。若为平顶转矩角特性，则相邻两相转矩角曲线交点处的转矩较大，故带负载起动能力较强。具体计算方法如下：

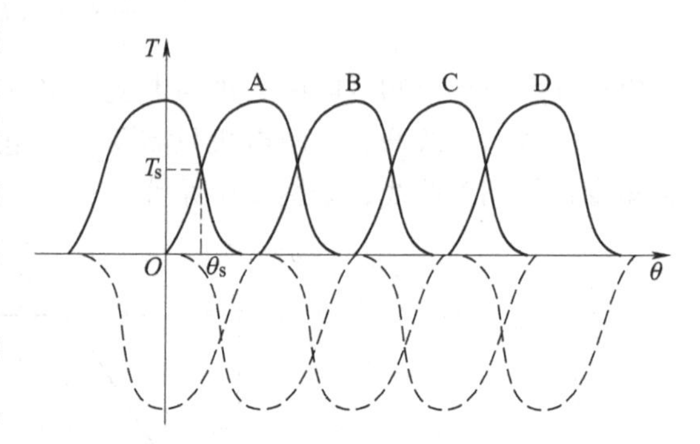

图5-7　四相开关磁阻电机起动转矩角特性

一相起动时的起动电流 I_s 等于斩波控制时的最大限制电流有效值，即

$$I_s = I_{cmax} \tag{5-20}$$

最小起动转矩 T_{smin} 为

$$T_{smin}(\theta_s, I_s) = T(0, I_s) \tag{5-21}$$

且有

$$T(\theta_s, I_s) = T\left(\theta_s + \frac{\tau_r}{q}, I_s\right) \tag{5-22}$$

将式（5-21）与式（5-22）联立，能够得到最小起动转矩 T_{smin} 和重叠角 θ_s。所以根据给定的负载转矩就可以求得电动机起动所需的电流 I_s。

（2）两相起动

两相起动指的是起动时同时以相同大小的电流导通两相绕组的起动方式，其间起动转矩由两相绕组产生的相转矩叠加而成。若不考虑绕组间的磁耦合效应，则起动转矩可由各相转矩曲线叠加而得，如图5-8所示，由图可知，最小起动转矩增大时，最大和最小起动转矩 T_{max}/T_{min} 减小，随之转矩波动减小，平均转矩增大。因此，电机在两相起动过程中输出的性能会比一相起动好，并且在给定负载转矩时，两相起动所需的起动电流将小于一相起动，就生产的经济性而言，降低开关器件的电流容量可以降低电机及其调速系统的制造成本，并且在两相起动时各相绕组的导通角将增加为一相起动的两倍，提高了绕组利用率，所以电流有效值将略微增大。因此，两相导通方式较为常用。四相开关磁阻电机在两种不同起动方式下的起动性能对比，见表5-1。

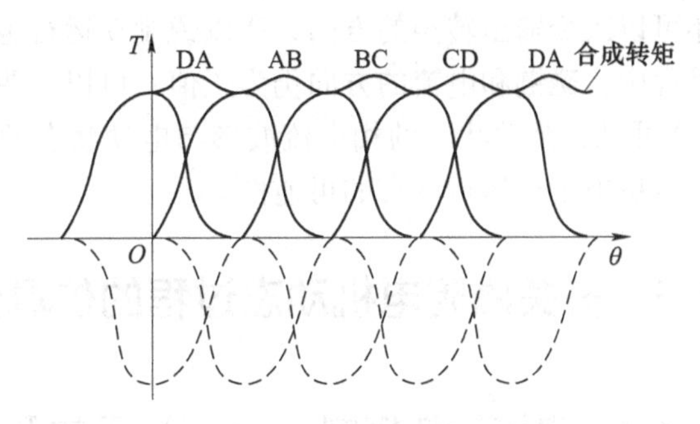

图5-8　四相开关磁阻电机两相起动矩角特性

表5-1　四相开关磁阻电机起动性能比较

起动方式	起动电流/A		起动转矩/(N·m)	
	幅值	有效值	最小值	最大值
一相起动	2	1	1	2
两相起动	1.47	1.04	1.18	1.6

5.2.2　制动运行

在电机实际应用中从制造需求或使用安全方面考虑，开关磁阻电机调速系统应具备能尽快使电机停转，或者由高速运行快速进入低速运行的功能，因此需要研究电机的制动过程。通常，制动运行过程有两种意义：一是利用电磁制动转矩实现电机的降速或停转；二是将电机转轴上输入的机械能转变为电能，即电机进入发电状态，成为开关磁阻发电机（SRG）。在开关磁阻电机中采用回馈制动（亦称再生制动）比较方便，即在转轴上输入一个与当前旋转方向相反的转矩。

图5-9给出了当触发角 θ_{on} 和关断角 θ_{off} 都位于电感下降区时（即 $\frac{dL}{d\theta}<0$），电流、磁链和转矩的波形曲线，关断时旋转电动势与相电流方向一致，若忽略绕组的电阻压降，当旋转电动势高于外电源电压时，续流电流将继续上升，直至在最小电感区域，旋转电动势消失，续流电流快速下降，此时开关磁阻电机处于回馈制动状态，输出转矩为负值。开关磁阻电机将转轴上输入的机械能转化为电能并反馈给电源或者电容等其他储能元件。所以改变 θ_{on} 和 θ_{off}，不仅对开关磁阻电机输出转矩的大小有影响，

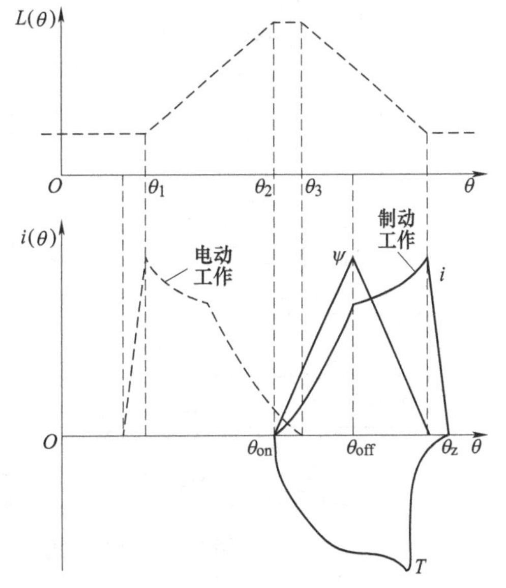

图5-9　制动运行时磁链、电流、电感和转矩特性

还可以改变输出转矩的方向，所以说制动运行也是一种角度位置控制方式。并且在制动运行过程中，磁链和电流的方向仍为正值，可以说明开关磁阻电机只需要单极性激励电流。由图5-9可见，制动状态的相电流波形与电动状态的相电流波形是关于 i 轴对称的，说明开关磁阻电机电动机运行状态的可逆性。

5.3 开关磁阻电机动态过程的仿真分析

5.3.1 电流斩波控制（CCC）下的开关磁阻电机非线性动态仿真建模

由5.2节中关于开关磁阻电机的基本理论，本节在MATLAB/Simulink环境中搭建了四相8/6极开关磁阻电机调速系统的仿真模型，采用CCC方式，并且加入了PID调速器构成了闭环调速系统。开关磁阻电机本体模块输出的电磁转矩 T_{em} 除去给定的负载转矩 $T_L=0.2\text{N}\cdot\text{m}$ 和摩擦转矩［黏性摩擦系数 $D=0.00813\text{N}\cdot\text{m}/(\text{rad/s})$］，获得加速转矩 $J\cdot\text{d}\omega/\text{d}t$（$J=0.0017\text{kg}\cdot\text{m}^2$），经过积分获得转速 ω_r。本系统输入的直流电源 $U_s=120\text{V}$，给定转速为62.8rad/s，导通角取−4°，关断角取26°。本文设计的CCC方式下的开关磁阻电机系统在MATLAB/Simulink中的仿真模型如图5-10所示。

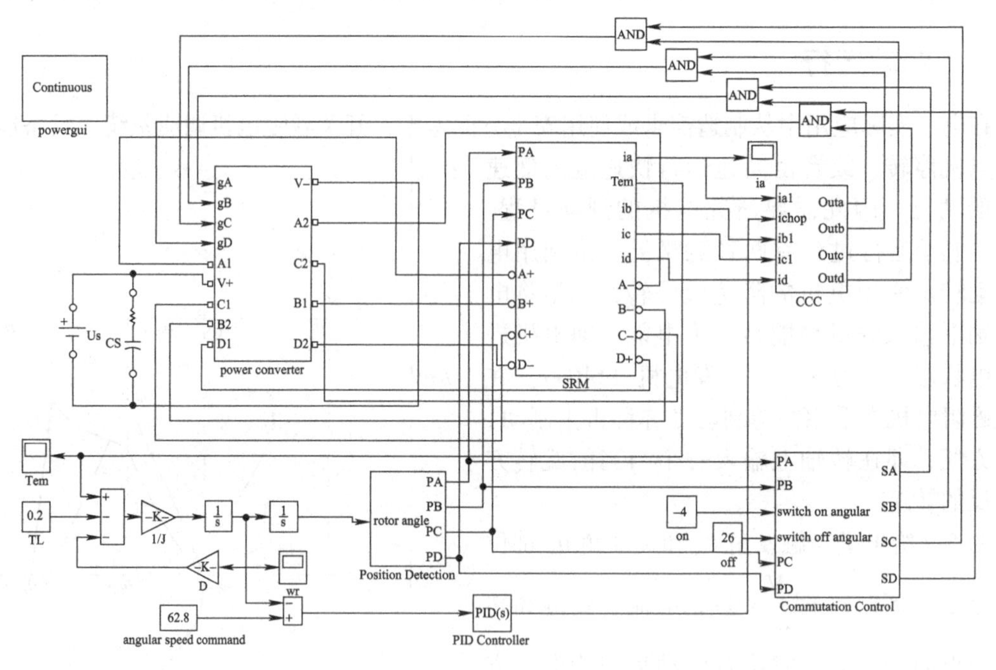

图5-10 CCC方式下的开关磁阻电机系统仿真模型

接下来介绍该模型中的各组成模块：

（1）功率变换模块

该模块是开关磁阻电机本体与电源的连接部分，控制开关磁阻电机各相绕组的工作状态，将直流电源变成连续开关型的电源。这里根据四相8/6极开关磁阻电机的不对称半桥驱动电路结构，搭建出如图5-11所示的功率变换电路（以A相为例）。每相都有上下两个绝

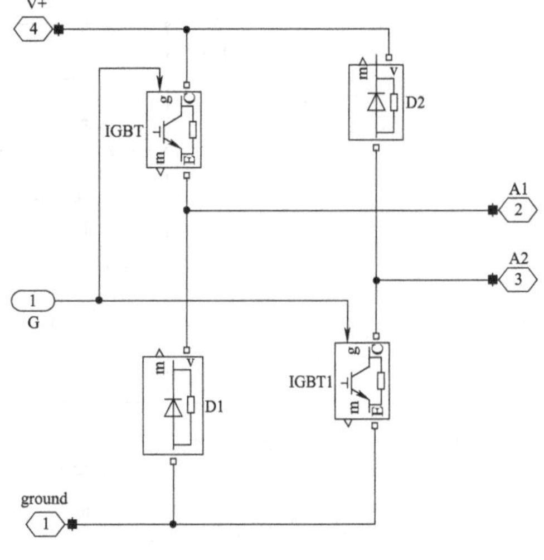

图 5-11 功率变换模块（A 相）

缘栅双极型晶体管（IGBT）以及两个用以续流的二极管，各相的导通信号为输入内容，输出信号依次对应接到开关磁阻电机本体模块中的各相绕组，以调控各相的工作状态。

（2）开关磁阻电机本体模块

假设各相参数对称且忽略相间互感耦合，则每相都具有相同的电磁特性。就这里用到的四相 8/6 极开关磁阻电机的 A 相模型（如图 5-12 所示）来说，A+、A−两端为功率变换装置施加给 A 相绕组的电压 U_A，电压测量输出端输出的是 $U_A-i_AR_A$，此模型中绕组电阻取值为 $R_A=1\Omega$。其中 L（i，θ）和 T（θ，i）模块都是 2D 表格模块的基础上采用外推插值法查表得来的。

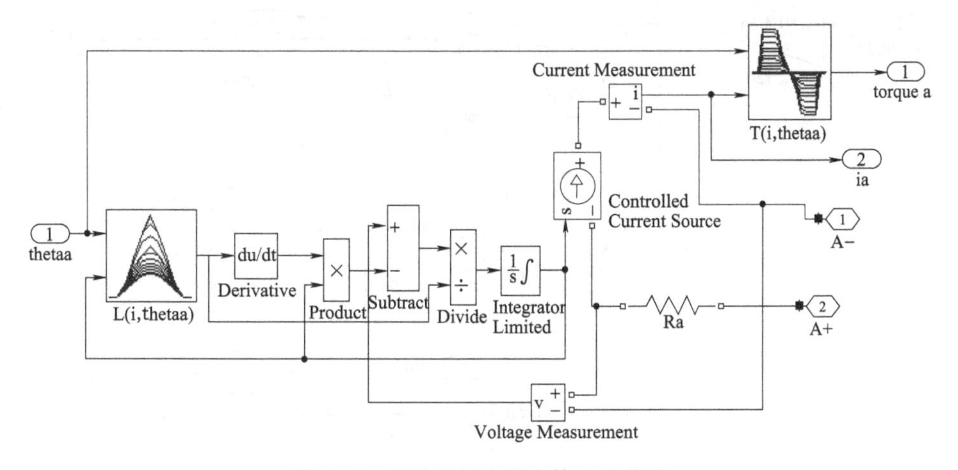

图 5-12 开关磁组电机本体 A 相模块

（3）电流斩波控制（CCC）模块

电流斩波控制（CCC）模块，如图 5-13 所示，将来自转速闭环的限幅指令值 i_{chop} 与每相电流的差值送入电流滞环，其结果与换相逻辑的结果经过相与之后分别决定每相的导通或关断。在相绕组开通时，若 $i_k<i_{chop}-\Delta I$，则输入结果为 1。在 Relay1-3 中设置电流滞环的宽度 $2\Delta I$，宽度越小，抑制转矩脉动的效果越好，但开关频率越高，损耗越大，这里初步设定 $\Delta I=0.1$A。

（4）位置监测模块

如图 5-14 所示，该模块的输入信号是开关磁阻电机的转子角度，主要功能是用来确定并量化转子凸极相对于各相定子绕组的位置角。因这里采用四相 8/6 极开关磁阻电机，转子角周期为 60°，步进角度为 15°，故先用比例环节将弧度化为角度，再设置每相相差 15°。因为考虑到开关磁阻电机本体各绕组建模时用到的表格数据都是 60°的转子周期，且 $T(\theta, i)$ 和 $L(\theta, i)$ 都是按角度对称分布的，所以需要将 P_k（k 为 A，B，C，D）都归算在［0°，60°］。例如转子角度为 20°时，经该模块运算的结果为 $P_A=20°$，$P_B=5°$，$P_C=50°$（在表格中与−10°相同），$P_D=35°$（在表格中与−25°相同）。

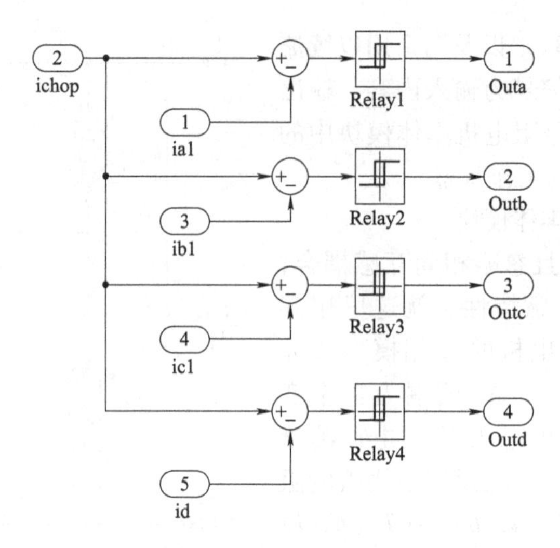

图 5-13　电流斩波控制模块

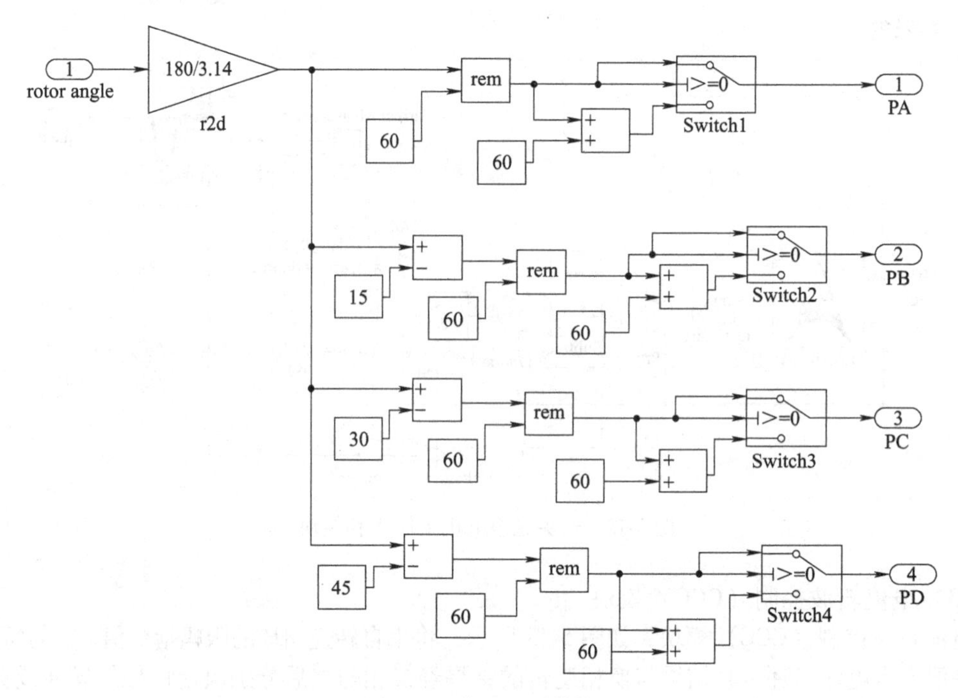

图 5-14　位置监测模块

（5）换相逻辑控制模块

该模块如图 5-15 所示，它的输入信号为转子相对于某一相的位置角、导通角和关断角，先判断转子相对于某相的位置角是否在导通角和关断角的区间中。若在，则导通该相的控制信号 $S_k=1$，（k 为 A，B，C），反之，$S_k=0$。

（6）PID 调速器

将给定转速与实际转速的转速偏差 e 导入 PID 调速装置，转换为电流的限幅指令值 I_{max}。PID 调节器中的比例值与动态响应成正比，但比例值过大将会导致超调；PID 调节器中的积分系数可以削弱静态误差，它与动态响应也成正比，而积分系数太小将导致过渡过程的延长。

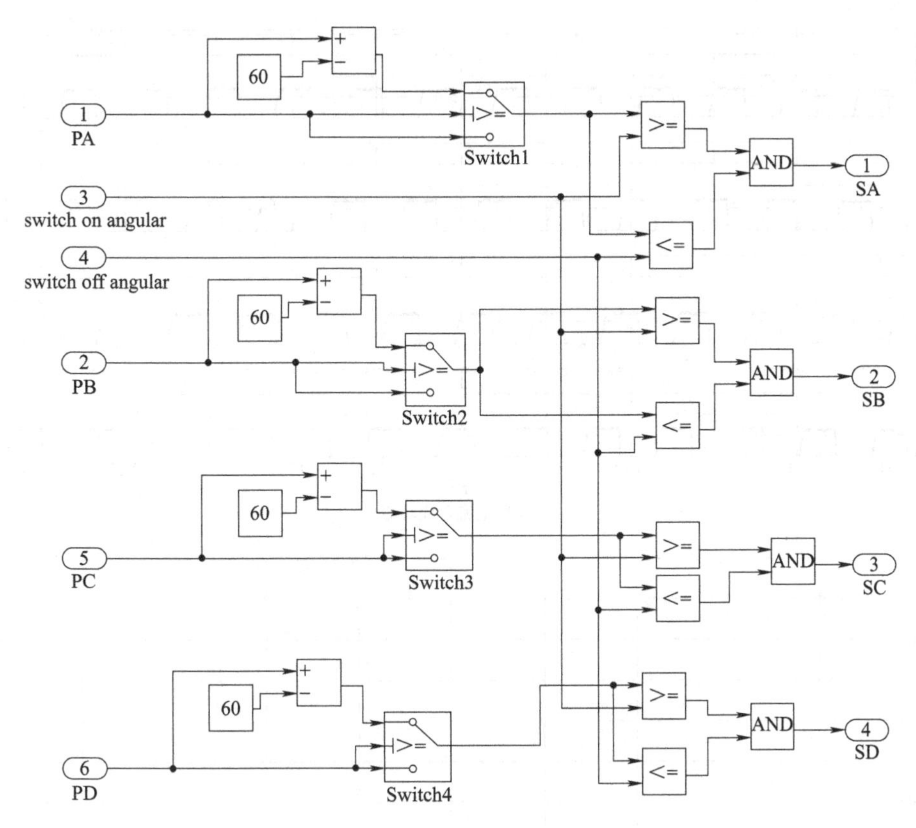

图 5-15　换相逻辑控制模块

5.3.2　开关磁阻电机非线性动态仿真分析

仿真系统在空载时的起动转速、相电流与转矩波形如图 5-16 所示。

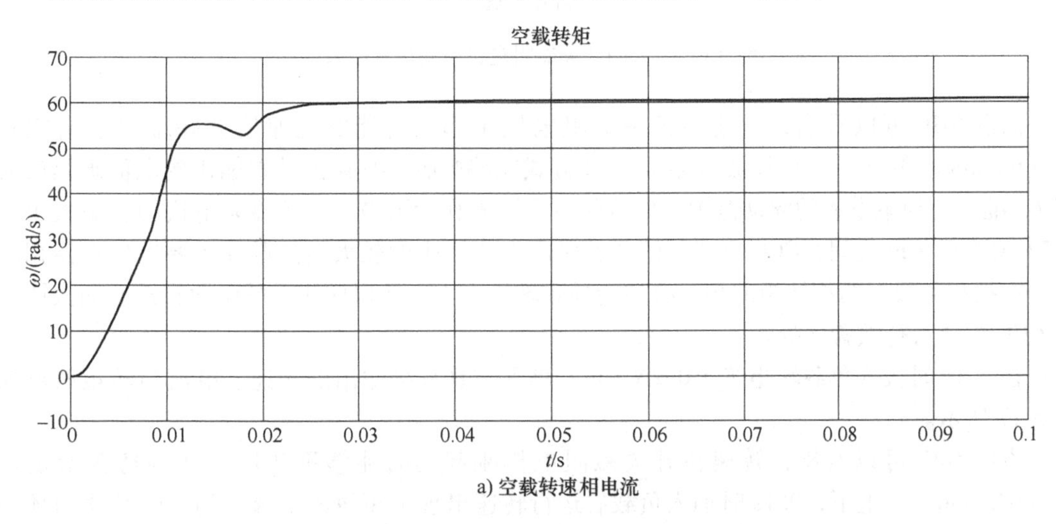

a) 空载转速相电流

图 5-16　CCC 方式的开关磁阻电机空载仿真结果

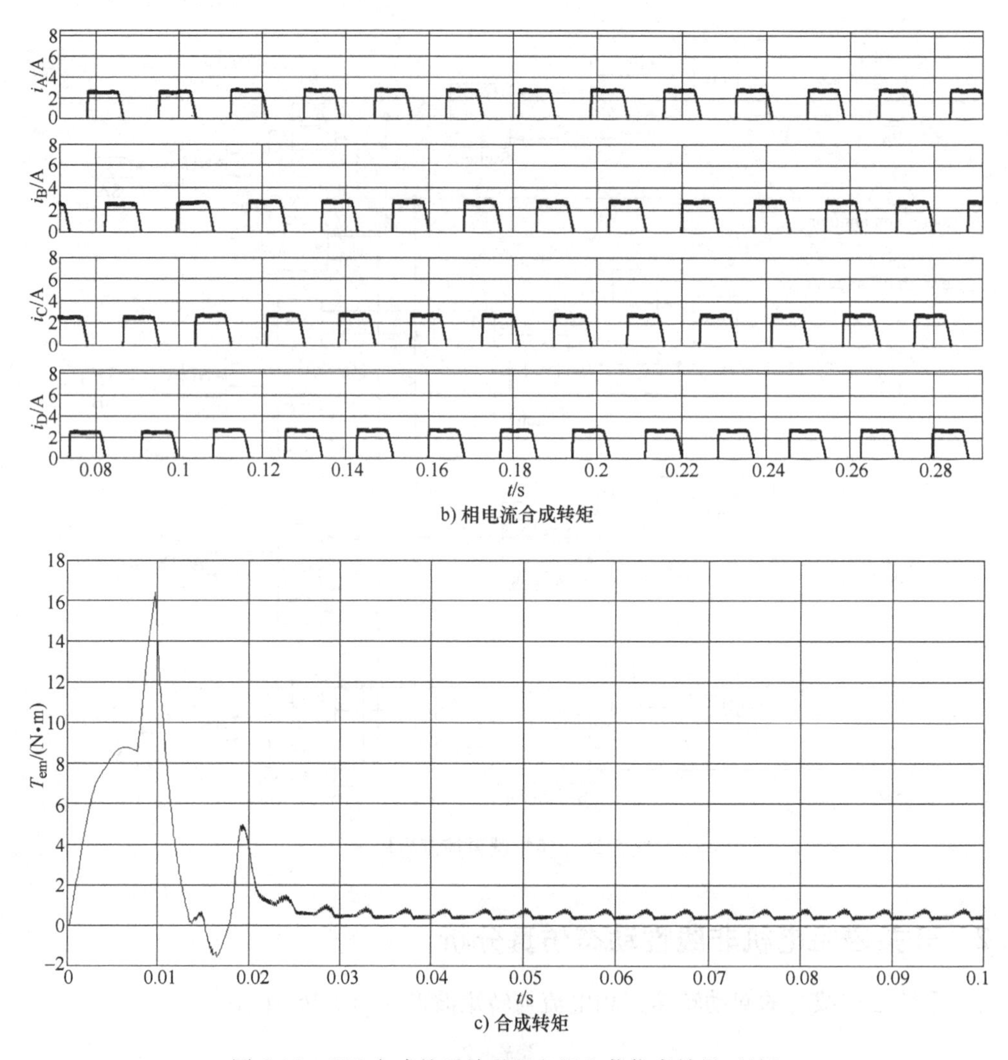

b) 相电流合成转矩

c) 合成转矩

图 5-16　CCC 方式的开关磁阻电机空载仿真结果（续）

由图 5-16 可以看出，转速在开关磁阻电机刚起动时能够迅速增大并维持在给定转速（62. 8rad/s）上下。电流波形显示 CCC 方式能够按照 PID 调速装置输出的电流限幅最大值 I_{max}准确地约束电流的浮动范围，电流的波形可看作矩形波。开关磁阻电机的转矩大小在 0. 32~0. 85N · m 之间，CCC 方式下的开关磁阻电机产生的较大转矩脉动主要发生在换相阶段。在换相阶段。两相转矩的相互叠加会导致转矩过大，所以两相重叠阶段转矩脉动太严重是 CCC 方式有待改善之处。

在 0. 1s 时投入负载转矩 T_L = 0. 2N · m，得到仿真系统输出的转速、电流与转矩波形如图 5-17 所示。

由图 5-17 可以看出，转速在开关磁阻电机刚起动时能够迅速增大并维持在给定转速（62. 8rad/s）上下，0. 1s 时加入负载后运行转速出现了短暂的下降，随后经转速闭环调节迅速恢复至 62. 8rad/s。电流波形显示加入负载后系统能够按照 PID 调速装置相应地改变电流限幅最大值 I_{max}并准确约束电流的浮动范围，电流波形可看作矩形波。开关磁阻电机输

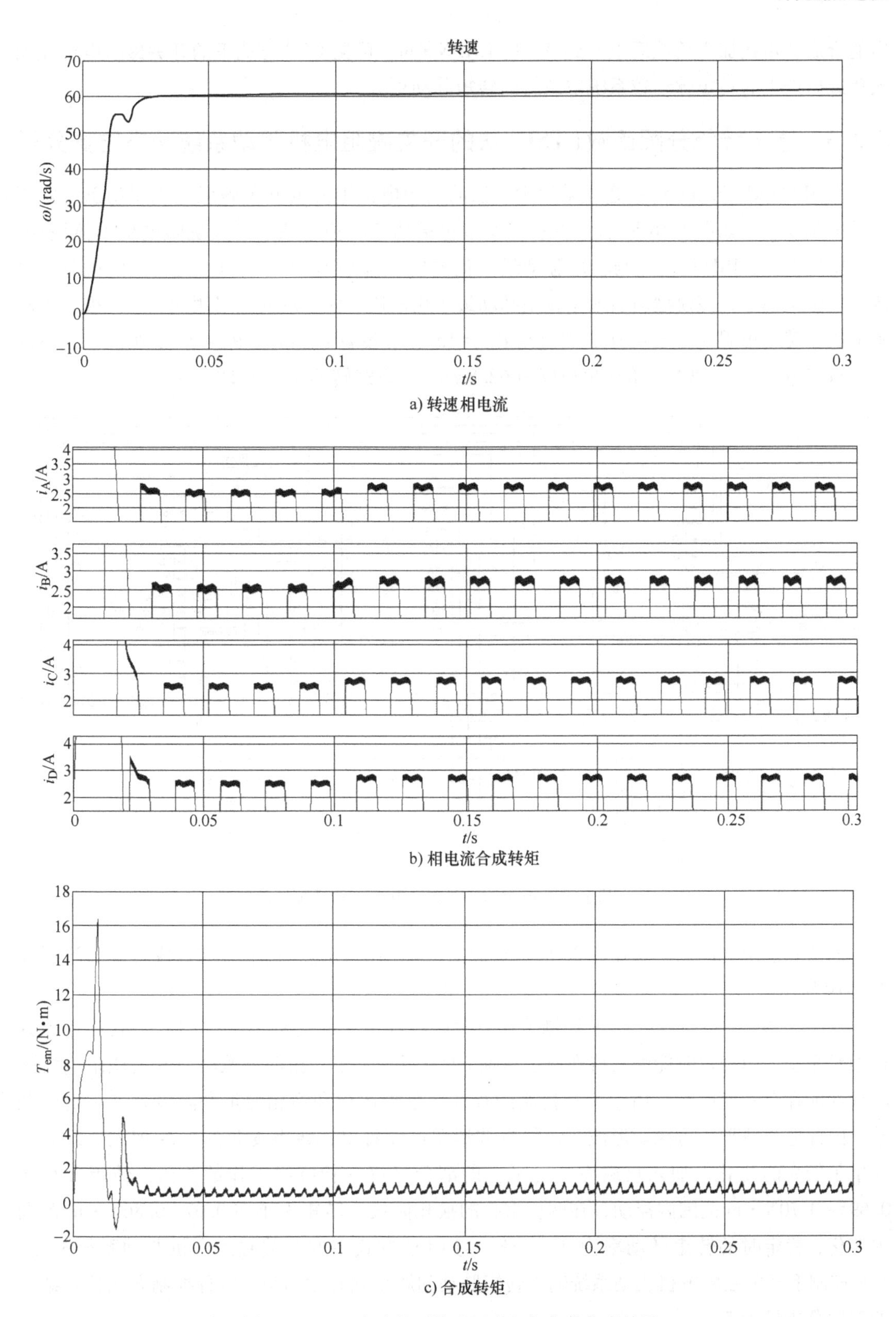

a) 转速相电流

b) 相电流合成转矩

c) 合成转矩

图 5-17　CCC 方式的开关磁阻电机加负载仿真结果

出的合成转矩在加入负载后上升到0.48~1.15N·m，可见CCC方式下的开关磁阻电机在加入负载后产生的转矩脉动较系统空载时的转矩脉动更大。

5.3.3 基于转矩分配函数(TSF)法的开关磁阻电机驱动系统动态仿真分析

在MATLAB/Simulink中建立采用TSF法的期望电流追踪的开关磁阻电机驱动系统转矩脉动抑制模型，如图5-18所示。该系统模型包括功率转换模块、开关磁阻电机本体模块、位置检测模块、PID调节器与转矩脉动最小化模块，与CCC方式下的开关磁阻电机驱动系统模型区别在于，该模型新引入了转矩脉动最小化模块。该系统同样采用四相8/6极开关磁阻电机，转子角周期为$\tau_r=60°$，步进角$\theta_{step}=15°$，故设置$\theta_{on}=7°$，$\theta_{off}=22°$，$\theta_{ov}=7°$，系统输入直流电源$U_s=120V$，给定角速度为62.8rad/s，负载转矩$T_L=0.2N·m$。

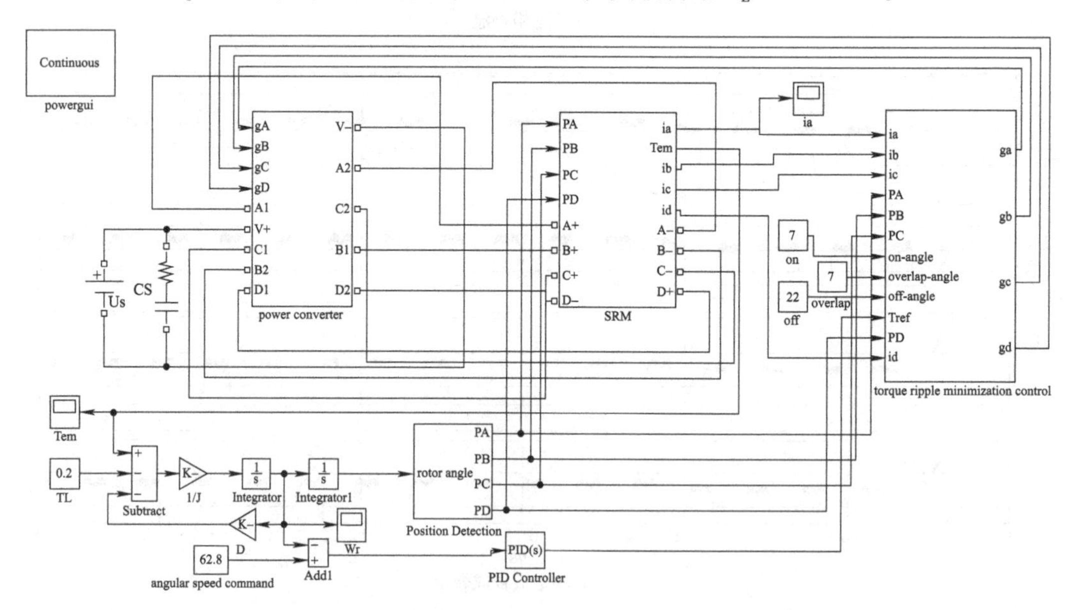

图5-18 基于TSF控制的开关磁阻电机驱动系统仿真模型

该仿真系统在起动时及在0.2s加入负载时所输出的转速、相电流和合成转矩的波形如图5-19所示。

从图5-19的波形来看，TSF控制下的开关磁阻电机在起动时转速与CCC方式相比上升得相对缓慢，但稳定时能够维持在给定转速62.8rad/s上下，说明该策略对开关磁阻电机的起动性能存在一定影响。由于滞环控制的存在，单相运行和换相的重叠阶段有了一定的调整，因此电流波形不再像矩形波。由仿真波形图可以看出，转矩波形在0.2s加入负载前后发生了较大的变化，加入负载后相对平稳的部分是仅一相绕组工作的阶段，转矩大小在0.695~0.70N·m范围内浮动，在两相重叠的换相阶段，转矩大小在0.67~0.86N·m范围内变化，稳定时的转矩脉动率为25.07%，与CCC方式下的开关磁阻电机驱动系统相比，TSF控制下开关磁阻电机驱动系统输出转矩脉动问题得到有效抑制，两种控制方式仿真结果的对比分析见表5-2。

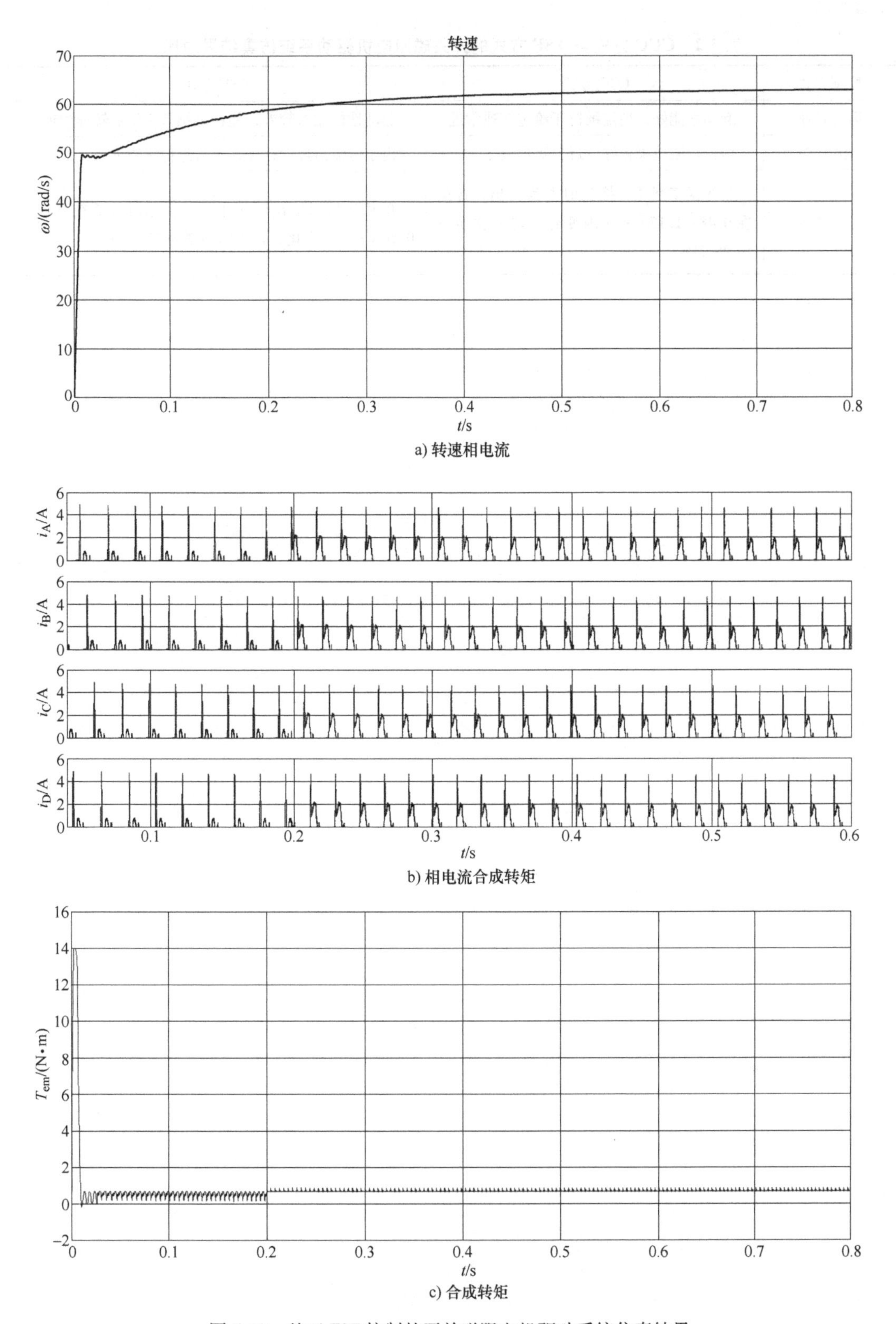

图 5-19　基于 TSF 控制的开关磁阻电机驱动系统仿真结果

表 5-2 CCC 方式与 TSF 方式的开关磁阻电机驱动系统仿真结果对比

控制方式	CCC 方式	TSF 方式
运行转速	起动性能好，稳定维持于给定转速附近	起动性能相对较差，能稳定维持于给定转速附近
相电流	电流斩波效果较好，近似矩形波	由于电流滞环的存在，不再近似于矩形波
合成转矩	整体振荡严重，换相时尤为突出，转矩在 0.48～1.15N·m 内变化，转矩脉动率为 95.71%	单相运行时输出转矩平稳，换相时转矩在 0.67～0.86N·m 内变化，转矩脉动率为 25.07%

参 考 文 献

[1] 黄守道，邓建国，罗德荣．电机瞬态过程分析的 MATLAB 建模与仿真 [M]．北京：电子工业出版社，2013.

[2] 辜承林，陈乔夫，熊永前．电机学 [M]．武汉：华中科技大学出版社，2005.

[3] 汤蕴璆，张奕黄，范瑜．交流电机动态分析 [M]．北京：机械工业出版社，2004.

[4] 李庆扬，王能超，易大义．数值分析 [M]．武汉：华中科技大学出版社，2006.

[5] 王宏华．开关磁阻电动机调速控制技术 [M]．北京：机械工业出版社，2014.

[6] 马志云．电机瞬态分析 [M]．北京：中国电力出版社，1998.

[7] 袁雷，胡冰新，魏克银，等．现代永磁同步电机控制原理及 MATLAB 仿真 [M]．北京：北京航空航天大学出版社，2016.

参考文献

[1] [illegible]

[2] [illegible]

[3] [illegible]

[4] [illegible]

[5] [illegible]

[6] [illegible]